催化剂

——从理论基础到研究进展

杨　骏◎编著

暨南大学出版社
JINAN UNIVERSITY PRESS

中国·广州

图书在版编目（CIP）数据

催化剂：从理论基础到研究进展 / 杨骏编著.

广州：暨南大学出版社，2025.6.

ISBN 978-7-5668-4153-7

Ⅰ．TQ426

中国国家版本馆 CIP 数据核字第 2025363GJ0 号

催化剂——从理论基础到研究进展

CUIHUAJI——CONG LILUN JICHU DAO YANJIU JINZHAN

编著者：杨　骏

出 版 人：阳　翼
策划编辑：曾鑫华
责任编辑：彭琳惠
责任校对：刘舜怡　何江琳
责任印制：周一丹　郑玉婷

出版发行：暨南大学出版社（511434）
电　　话：总编室（8620）31105261
　　　　　营销部（8620）37331682　37331689
传　　真：（8620）31105289（办公室）　　37331684（营销部）
网　　址：http://www.jnupress.com
排　　版：广州尚文数码科技有限公司
印　　刷：广州市金骏彩色印务有限公司
开　　本：787mm×960mm　1/16
印　　张：16
字　　数：293 千
版　　次：2025 年 6 月第 1 版
印　　次：2025 年 6 月第 1 次
定　　价：69.80 元

前　言

在这个科技日新月异的时代，催化科学作为化学工业的心脏，其重要性不言而喻。它不仅是推动现代化工技术进步的关键力量，还是实现可持续发展目标的重要基石。正是基于这样的认识，我撰写了《催化剂——从理论基础到研究进展》一书，旨在为读者搭建一座连接催化理论与实际应用的桥梁，探索这一领域的深邃与广阔。本书主要为中、高级专业人员提供一本全面掌握催化化学基础理论、了解该学科最新发展动态的参考书。

本书共九章，前六章是理论基础部分，它们如同构筑知识大厦的基石，层层递进，环环相扣。第 1 章"绪论"引领我们踏入催化的世界，概述其定义、历史沿革及在现代社会中的核心作用，为后续章节做背景铺垫。第 2 章"吸附作用与多相催化"深入探讨了分子如何在催化剂表面吸附，这是催化反应发生的前提，也是理解催化机理的基础。第 3 章"多相催化反应动力学"则将焦点转向反应速率与机制，通过数学模型解析催化过程，揭示影响反应效率的关键因素。第 4 章"催化剂的宏观性质"进一步拓展视野，讨论催化剂结构、形态等宏观特性如何决定其性能。第 5 章"催化剂载体和助剂"则聚焦于催化剂的辅助成分，分析它们如何优化催化性能，拓宽催化剂的应用范围。第 6 章"固体酸催化剂"详尽阐述作为特殊类型的催化剂，固体酸催化剂在绿色化学与环境友好型工艺中展现出巨大潜力。

本书后三章则侧重于研究进展与应用实例，旨在展现催化科学的最新动态与未来趋势。第 7 章"合成氨催化"回顾了合成氨工业自创立以来的发展历程，并探讨了其对未来的影响；强调了经典的传统合成氨工业与新兴产业之间的密切联系，展示了合成氨技术如何成为现代化工、能源、材料及环保领域关键技术的基础。第 8 章"C1 化学催化"着重介绍了 C1 化学领域的最新研究和发展趋势。C1 化学主要研究以含有一个碳原子的化合物（如甲烷、甲醇等）为基础原料，通过催化转化过程生成各种化学品的技术路线。本章不仅概述了

C1 化学的基本概念和重要性，而且详细介绍了几种关键的 C1 转化反应及其工业应用前景。第 9 章"新型催化剂"则聚焦于两种源于中国智慧的独特催化剂——单原子催化剂和铠甲催化剂。单原子催化剂代表了催化剂设计的极限简化，通过将活性金属原子高度分散在载体上，实现了极高的原子效率和选择性。铠甲催化剂则是一种新型的核壳结构催化剂，它将内核材料的催化性能与外壳材料的保护性能相结合，提高了催化剂的稳定性和抗毒性。这两种催化剂的研发不仅展现了中国在催化科学研究领域的创新精神，还为全球范围内的催化技术进步做出了贡献。本书由杨骏策划，高庆生撰写"绪论"部分，开启精彩序章；朱毅撰写第 2 章；杨骏撰写第 3 ~ 9 章。

整体而言，本书力求做到内容丰富而精练，既覆盖催化化学的核心知识点，又紧跟科学发展的脉搏，并展望催化科学的未来方向。

撰写本书的过程对我而言，既是一次知识的梳理与整合，也是一场思维的碰撞与升华。我希望通过本书激发更多学者、工程师乃至学生对催化科学的热爱与探索，共同推动这一领域向更高层次发展。在此，我诚挚邀请各位读者一同踏上这场催化之旅，从基础理论到前沿进展，共同见证并参与谱写催化科学的辉煌篇章。

在编写本书的漫长历程里，我心怀感激，同事们的智慧碰撞，朋友们的鼓励支持，让我充满动力；家人默默付出，是我坚实的后盾，尤其感谢夫人沈晓梅的悉心照顾，也多谢研究生郑兴兴、卢粤如、何绍基和苏美欣在参考文献核对上的认真负责，更感谢编辑曾鑫华与彭琳惠等的辛劳。感恩有你们！

同时，我也期待着读者们的反馈和建议，希望本书能够不断更新和完善，与时俱进。

愿本书能够激发您对催化科学的兴趣，引领您走进这个充满挑战和机遇的领域。

杨 骏

2025 年 4 月

目　录

1 绪 论

1.1 概述

催化化学作为化学科学的一个重要研究方向，其在人类文明中的重要性不容小觑。催化化学，这个看似深奥的科学领域，实际上在人类文明的发展中扮演着至关重要的角色。从古代文明的火种到现代工业的基石，从能源生产到环境保护，从医药健康到食品工业，催化化学如同隐形的英雄，默默地推动着人类社会的前进。催化技术是现代化学工业的支柱，90%以上的化工过程、60%以上的工业产品都与催化技术有关。随着科技的不断进步，催化技术的应用领域将更加广泛，为解决全球面临的能源、环境、健康等重大挑战提供新的解决方案。

催化化学在国民经济中具有十分重要的意义，有人将其比作现代化学工业的心脏。催化化学通过开发新催化剂和新工艺，从而革新包括化工、石油加工、能源和医药等重大工业在内的生产工艺，大幅降低生产成本和提高产品的竞争力，同时通过学科渗透为发展新型材料、利用新型能源和促进人类健康等做出贡献。

1. 能源与工业

催化化学在能源生产和工业领域发挥着革命性的作用。例如，石油精炼过程中的催化裂化和催化重整技术使得重油能够转化为更高质量的汽油和柴油，极大提高了能源的利用率。合成氨的哈伯－博施过程中，铁催化剂的使用使得大规模固定空气中的氮气以生产化肥成为现实，极大地推动了农业的发展，为全球人口的增长提供了粮食保障。此外，催化化学在生产塑料、合成纤维、橡胶等材料中也起着关键作用，促进了现代工业的繁荣。

2. 医药与健康

在医药领域，催化化学是药物合成的守护者。通过催化剂，化学家能够精确控制药物分子的合成过程，提高反应效率，减少副产品，使得许多关键药物的生产成为可能。例如，帕罗西汀（一种抗抑郁药）的合成过程中，使用手性催化剂可以确保产物的立体选择性，从而提高药物的活性和安全性。此外，催化化学还被用于药物的绿色合成，减少有害溶剂的使用，从而保护环境和守卫人类健康。

3. 环境保护

催化化学在环境保护中扮演着绿色卫士的角色。汽车尾气净化器通过使用铂、钯等贵金属催化剂，将尾气中有害的物质转化为无害的二氧化碳、水和氮气，大大减少了汽车尾气排放对环境的污染。在工业废气处理中，催化氧化技术能够高效地将有害气体转化为无害物质，保护大气环境。此外，催化化学还被用于废水处理，通过催化降解有机污染物，实现水资源的循环利用。

4. 食品与农业

在食品工业中，催化化学通过催化反应改善食品的品质和营养。例如，油脂的氢化过程，使用催化剂将不饱和脂肪酸转化为饱和脂肪酸，延长食品的保质期，改善口感。此外，催化化学还被用于食品添加剂的合成，如抗氧化剂、香料等，提升食品的营养价值和风味。

5. 材料科学

催化化学在材料科学中激发了无数创新。通过催化剂，科学家能够设计和合成新型材料，如纳米材料、智能材料等，这些材料在电子、建筑、航空航天等多个领域展现出巨大的应用潜力。例如，催化剂在制备高分子材料中的作用使得具有特殊性能的塑料、涂料、黏合剂等材料成为可能，推动了材料科学的进步。

6. 能源转换与储存

在可再生能源领域，催化化学是能源转换与储存的关键。催化剂在太阳能电池、燃料电池、超级电容器等新能源技术中起着核心作用，能够提高能源转换效率，降低能量损耗。例如，在太阳能电池中，催化剂能够促进光能转化为电能，提高光电转换效率。在氢能源领域，催化剂在电解水制氢、氢燃料电池中发挥着关键作用，推动了氢能源的商业化应用。

截至 2024 年，在 21 世纪已颁发的 24 次诺贝尔化学奖中，其中就有 5 次颁给了催化研究领域。获奖者及其研究方向分别是：2021 年，李斯特（德）

和麦克米伦（美），在不对称有机催化研究方面的进展；2018 年，阿诺德（美）、史密斯（美）和温特（英），在酶的定向演化，以及用于多肽和抗体的噬菌体展示技术方面取得的成果；2010 年，赫克（美）、根岸荣一（日）和铃木章（日），在有机合成领域中钯催化交叉偶联反应方面的卓越研究；2007 年，埃特尔（德），对固体表面化学过程的研究，其代表成果是利用固体表面技术成功地对哈伯－博施法合成氨机理以及一氧化碳在铂表面的催化氧化反应机理进行了解释；2001 年，诺尔斯（美）、夏普莱斯（美）和野依良治（日），在手性催化氢化反应方面的卓越贡献。催化化学学科在新世纪诺贝尔化学奖获奖数的占比超过 20%，彰显出催化化学在化学中的特殊地位。

2019 年是化学领域非常特殊的一年。这一年有两个重要的纪念意义：国际纯粹与应用化学联合会（IUPAC）成立 100 周年、化学家门捷列夫首次发表元素周期表 150 周年。IUPAC 是一个全球性的组织，在众多的组织中，它为化学研究、教育和贸易建立了一种共同的语言。在联合会成立 100 周年纪念日上，IUPAC 首次公布了化学领域十大新兴技术名单（见表 1－1）。化学未来的十大新兴技术中，催化技术就占了两项，即对映选择性有机催化和选择性酶的定向进化，这预示着未来催化技术在化学科学和工业应用中的广阔前景。随着催化科学的不断进步和催化技术的广泛应用，催化技术将为解决全球面临的能源、环境、健康等重大问题提供更为绿色、高效和精准的解决方案，推动人类社会的可持续发展和文明进步。

表 1－1　IUPAC 2019 年发布的化学领域十大新兴技术名单

序号	新兴技术	序号	新兴技术
1	纳米农药	6	用于集水的 MOFs 和多孔材料
2	对映选择性有机催化	7	选择性酶的定向进化
3	固态电池	8	从塑料到单体
4	流动化学	9	自由基聚合反应的可逆失活
5	反应挤出	10	3D 生物打印

1.2 催化化学的发展简史

催化现象的出现可以追溯到数千年前的古代化学阶段。古代劳动人民在长期的生产生活实践中，由于物质生活发展的需要，逐渐洞察了自然界的许多秘密，积累了不少有关催化剂的知识。我国很早就已利用发酵方法以谷物为原料酿酒和制醋等，这是生物催化剂（biocatalyst）在古代的重要应用（见图1-1）。

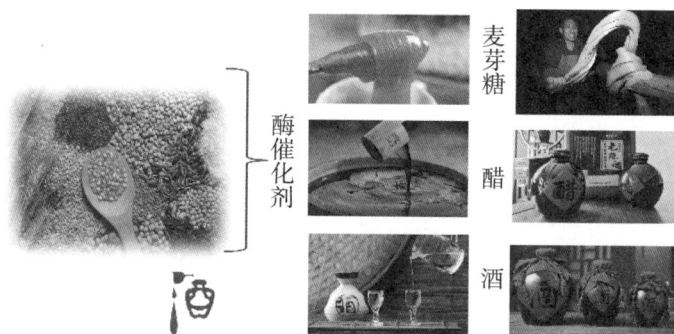

图1-1 谷物在酶的作用下转化为麦芽糖、醋和酒

相传我国早在公元前21世纪夏朝初年大禹时期，仪狄已能造酒。所谓以"曲"为"媒"（即酶），使五谷为酒，就是以酒母为媒介物（即催化剂），催化谷物中糖类转化为酒。西汉《战国策》记载：梁王魏婴觞诸侯于范台。酒酣，请鲁君举觞。鲁君兴，避席择言曰："昔者，帝女令仪狄作酒而美，进之禹，禹饮而甘之，遂疏仪狄，绝旨酒，曰：'后世必有以酒亡其国者。'……"

1.2.1 "催化"概念的提出

人类最早记载有催化现象的资料，可以追溯到1595年德国炼金术士利巴菲乌斯著的《炼金术》（*Alchymia*）一书。然而，这一时期"催化作用"还没有作为一个正式的概念提出。

1740年，英国医生沃德在伦敦附近建立了一座燃烧硫磺和硝石制硫酸的工厂，该过程中氧化氮作为催化剂促进了二氧化硫的氧化，这一事件标志着利用催化技术从事工业规模生产的开端。1746 年，英国人罗巴克创建了世界上第一个用铅室法制造硫酸的工厂，实质上是利用高级氮氧化物（主要是三氧化二氮）使二氧化硫氧化并生成硫酸，反应式如下：

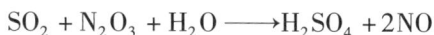

$$SO_2 + N_2O_3 + H_2O \longrightarrow H_2SO_4 + 2NO$$

生成的一氧化氮又迅速氧化成高级氮氧化物：

$$2NO + O_2 \longrightarrow 2NO_2$$

$$NO + NO_2 \longrightarrow N_2O_3$$

1811 年，俄国化学家基尔霍夫做了淀粉和蔗糖在稀硫酸催化下水解为葡萄糖的实验，发现整个过程中，硫酸并没有什么变化，它似乎只是在促进这一反应的进行，本身并未参加反应。1815 年，英国化学家戴维发现了铂粉能在常温下将酒精氧化为醋酸，而铂粉本身不发生变化，开创了常温下直接氧化有机物的新方法。1818 年，法国化学家泰纳尔系统地研究了锰、银、铂、金等金属对过氧化氢分解的加速作用。1823 年，德国化学家德贝莱纳发现铂丝可以促进 H_2 和 O_2 在常温下化合成水。这是多相催化反应，气体反应物在固体催化剂作用下反应。1831 年，英国人菲利浦把硫黄装入内部镶有铂催化剂的瓷管里加热，并通入足量的空气与其反应，再将生成的三氧化硫溶于水制得了硫酸。这一时期，有关催化现象的报道很多，然而"催化"这一概念尚未被正式提出。

瑞典化学家贝采里乌斯妻子的生日晚宴发生了颇具传奇色彩的魔术"神杯"的故事。当天，匆匆从实验室赶回家中的贝采里乌斯顾不上洗手就拿起一杯酒一饮而尽，却感觉自己喝的不是美酒而是酸酸的醋。贝采里乌斯观察发现自己的手上沾满了化学试剂，而且有一些粉末掉进了酒杯中。但这些化学试剂是什么呢？它又是如何导致酒变酸的呢？贝采里乌斯回想起在实验中曾用到过铂粉，又联想到英国人菲利浦在专利中记载铂能促进二氧化硫氧化生成三氧化硫。贝采里乌斯感到异常兴奋，第二天就立即着手进行实验验证，结果发现铂果然可以让酒（乙醇）变成醋（乙酸），而且反应前后铂的质量既没有增加也没有减少。1835 年，根据已经出现的诸多催化现象，他在《物理学与化学年鉴》期刊上发表了论文，首次提出了除了人们早已知道的亲和力（affinity）之外，尚有所谓"催化力（catalysis）"一词。此词源于希腊语单词"kata"，意为"向下"，而"lyein"意为"放松"。他认为催化剂是一种具有"催化力"的外加物质，在这种作用力影响下的反应叫催化反应。此后，与催化现象有关的化学反应不断涌现。1868 年，英国化学家迪肯以 $CuSO_4$ 作为催化剂，开发了 HCl 氧化制备 Cl_2 的 Deacon 工艺。1875 年，德国人雅各布建立了第一座生产发烟硫酸的接触法装置，并制造了所需的铂催化剂，这是固体工业催化剂的先驱。1898 年，德国巴斯夫（BASF）公司的化学家克尼奇成功研制了更为廉价的 V_2O_5 催化剂，这种硫酸接触工艺使 BASF 公司成为全球的硫酸制造的执牛耳者。

虽然贝采里乌斯提出了"催化力"的概念，催化现象的化学反应也日益增多，但是人们对于催化作用特点的认识过程是漫长的。随后的几十年中，对于催化剂和催化现象的本质的争论一直没有终止。其中就有德国杰出的化学家李比希，他因创立有机化学而被称为"有机化学之父"。他认为贝采里乌斯提出的"催化力"概念，与过去的"燃素说"类似，都是用一种模糊不清的概念来解释化学反应的本质，这种做法并没有揭示出催化作用的根本。尽管李比希并未能揭示催化作用的根本，但他确实促进了催化作用的研究。可以说，他本人就像一个催化剂，推动了化学的进展。

1888 年，德国物理化学家奥斯特瓦尔德在对各种酸与脂的水解作用以及蔗糖转化等均相的酸碱催化作用的研究基础上，提出了他所认为的催化剂本质，即可以加快反应的速度但不是反应发生的诱因，这一定义在当时普遍被化学界所接受。1895 年，他发表了《催化过程的本质》一文，对催化现象和催化剂的概念做出明确的解释：催化的本质在于将某些具有强烈加速作用的物质加入慢化学反应过程中，起着加快化学反应速度的作用，而不参加到化学反应的最终产物中去。同时，他依据热力学第二定律提出，催化剂在可逆反应中，仅仅加速反应平衡的到达，而不改变平衡常数。1902 年，奥斯特瓦尔德的研究成果《论催化作用》出版，震动了整个化学界。奥斯特瓦尔德指出：催化剂只能改变化学反应速率而不能影响化学平衡，它的催化作用原理是降低了活化能。1906 年，奥斯特瓦尔德以 Pt/Rh 合金网作为催化剂，开发了氨气的接触氧化工艺，用于生产硝酸。至今为止，该工艺仍是硝酸工业的核心。由于奥斯特瓦尔德在催化研究方面功绩卓著，他于 1909 年荣获诺贝尔化学奖。

1.2.2　工业领域一些重要的催化反应

催化反应在化学工业史上扮演了至关重要的角色。毫不夸张地说，催化领域的每一次重大突破，都极大地改变了人类的生产与生活方式。下面我们简单介绍历史上工业领域几个重要的催化反应，包括硫酸的生产、氯气的生产、硝酸的生产、氨的合成、甲醇合成、催化裂化（FCC）、烯烃聚合等。这些工业领域催化剂和催化工艺的成功研发极大地推动了科技进步，也促进了经济繁荣。工业催化剂发展史上的研发者可谓是群星璀璨，是他们用光芒指引着人类在这个星球上谱写了不断进步的文明史。其中合成氨催化反应的研究者们（弗里茨·哈伯、卡尔·博施、格哈德·埃特尔），就曾因此被授予诺贝尔化学奖。

1. 硫酸的生产

硫酸是化学工业使用极广泛的无机酸之一，遍及化肥、冶金、石油、机械、医药、军事、原子能和航天等领域。例如，国防工业中，硝化棉、三硝基甲苯（TNT）等化合物的制备都需要使用浓硫酸或发烟硫酸。在化肥及农药生产中，硫酸是生产硫酸铵、过磷酸钙等化肥的重要原料，也是许多农药生产的必需品。

1806 年，法国科学家德斯莫斯和克莱门特合作，阐明了在氧化氮作用下，SO_2 转化成 SO_3 的机理。这一发现对于硫酸工业的发展具有重要意义，标志着利用催化技术从事工业规模生产的开端。

1875 年，德国人雅各布建立了第一座生产发烟硫酸的接触法装置，并制造出所需的铂催化剂，这是固体工业催化剂的先驱。

1898 年，德国 BASF 公司的化学家克尼奇开发了一种经济高效的替代工艺，采用目前广泛使用的 V_2O_5 为催化剂，这种硫酸接触工艺使 BASF 公司一跃成为当时全球最大的硫酸生产商。

1937 年 1 月，在范旭东和侯德榜的领导下，南京永利铔厂竣工。随后，硫酸厂、氨厂和硫酸铵厂相继依次开车成功，生产出第一批合格的硫酸铵，以此开创中国化肥生产的历史。当时永利铔厂规模和人才都堪称一流，有人甚至将其与杜邦公司相媲美，视它为"远东第一大厂"。

2. 氯气的生产

氯气主要用于生成乙烯树脂、含氯化工原料、自来水消毒等。第一次世界大战期间，氯气曾被作为化学武器使用过，这是人类史上第一次大规模的化学战。这一时期，德国著名的化学家哈伯担任兵工厂厂长，负责研制氯气、芥子气等毒气。

1868 年，英国化学家迪肯以 $CuSO_4$ 作为催化剂，开发了 HCl 氧化制备 Cl_2 的 Deacon 工艺。反应式为：$4HCl + O_2 \longrightarrow 2Cl_2 + 2H_2O$。

然而，当直流电普及之后，氯碱电解法使得 Deacon 工艺黯然失色。目前，绝大部分的氯气是通过氯化钠水溶液电解生产的。

3. 硝酸的生产

硝酸在工业上可用于制化肥、炸药、农药、染料、盐类等。早期，硝酸工业的发展主要得益于军事（炸药）和农业（化肥）的强大需求。

1906 年，德国科学家奥斯特瓦尔德以 Pt/Rh 合金网作为催化剂，开发了氨气的接触氧化工艺，用于生产硝酸。至今为止，该工艺仍是硝酸工业的核心，其主要流程是将氨和空气的混合气通入灼热（760 ℃ ~ 840 ℃）的 Pt/Rh 合金网。在合金网的催化下，氨首先被氧化成一氧化氮（NO），NO 进一步被氧化为二氧化氮，随后将二氧化氮通入水中制取硝酸。

在奥斯特瓦尔德开发氨气接触氧化之前，人们也曾采用硝石和浓硫酸制备硝酸，但这种方法耗酸量大，对设备腐蚀严重。

4. 合成氨工业

合成氨工业被认为是 20 世纪伟大的化学发明之一，也被称为多相催化中的圣杯（Holy Grail）反应。合成氨工业作为人工固氮的主要途径，使氮肥的大规模生产成为现实，这极大地提高了粮食产量，解决了数以亿计人口的吃饭问题。

1903 年，德国科学家哈伯发现，氢气和氮气在 1 020 ℃ 常压条件下反应会有极微量的氨（0.005%）产生。虽然这个反应远远不能被用于工业化大规模生产，但受到这个发现的启发，哈伯想到了通过封闭流程和循环操作工艺将氮气和氢气转化为氨的新合成思路。1909 年，哈伯用锇（Os）催化剂成功将氮气与氢气在 17.5 ~ 20 MPa 和 500 ℃ ~ 600 ℃ 下直接转化为氨，反应器出口得到 6% 的氨。随后，哈伯在卡尔斯鲁厄大学建立了一个每小时合成 80 g 氨的实验装置。1918 年，哈伯因对合成氨的杰出贡献获得诺贝尔化学奖。

1909 年，德国 BASF 公司的米塔施（Mittasch）提出合成氨的催化剂应该是多组分体系。接下来的一年半时间内，米塔施和 BASF 公司的同事们做了大量的催化剂和反应条件筛选工作。通过对 2 500 种催化剂的约 6 500 次实验，他们最终发现性能优异的含有钾 - 氧化铝助剂的铁催化剂，这也是现代合成氨工业催化剂成分的雏形。

1911 年，博施研发出第一台高压合成氨反应器，并成功商业化。由哈伯和博施等人最终确立的合成氨工艺是将氮气和氢气在 20 MPa 及 400 ℃ 的条件下，通过熔铁催化剂催化转化为氨。这种合成氨法被称为哈伯 - 博施（Haber-Bosch）法，它是工业上实现高压催化反应的第一个里程碑。1931 年，博施因发明与发展化学高压技术获得诺贝尔化学奖。

2007 年，埃特尔因在"固体表面化学过程"研究中做出的贡献，为合成氨研究再获一次诺贝尔化学奖。埃特尔对人工固氮技术的原理提供了详细的解释：首先，氮分子在铁催化剂金属表面上进行化学吸附，使氮原子间的化学键减弱进而解离。接着，化学吸附的氢原子不断地跟表面上解离的氮原子作用，在催化剂表面上逐步生成—NH、—NH$_2$ 和 NH$_3$。最后，氨分子在表面上脱吸而生成气态的氨。埃特尔还确定了原有方法中化学反应中最慢的步骤——N$_2$ 在金属表面的解离，这一突破有利于更有效地设计和控制人工固氮技术。

5. 煤制烃工业

煤制烃是"富煤少油"国家缓解石油供需矛盾的关键技术，比如第二次世界大战时的德国、石油禁运时期的南非。

1913 年，德国化学家柏吉斯（Bergius）研发出煤在高温高压条件下通过铁催化剂加氢液化反应生成燃料的煤直接液化技术，并获得世界上第一个煤直接液化的专利。1931 年，由于柏吉斯在高压化学方面的成就，他与博施同时获得了诺贝尔化学奖，成为高压化学的创始人之一。

1927 年，德国燃料公司的皮尔（Pier）等人开发了硫化钨和硫化钼催化剂新体系，大大提高了煤液化过程的加氢速度，并把加氢分成气相和液相两步，初步实现了煤液化的直接工业化。煤直接液化工业也被称为 Bergius - Pier 工艺。

1923 年，德国化学家费舍尔（Fischer）和托罗普施（Tropsch）采用铁屑作为催化剂，以 CO 和 H$_2$ 作为原料，在 400 ℃ ~ 455 ℃ 和 10 ~ 15 MPa 的条件下，成功制备了烃类化合物，标志着煤间接液化技术的诞生。随后，他们又开发了 Ni 和 Co 基催化剂。这种合成气催化剂作用下合成烃类或者醇类燃料的方法称为费托合成（又称 F - T 合成）法。

由于我国是一个"富煤少油"的国家，费托合成技术具有特殊的意义。国内有不少研究团队和企业投入费托合成技术的研发和应用，由于在"C1 化学催化"中会详细介绍，在此不做赘述。

6. 合成气制甲醇

甲醇在全球能源结构中占据着不可忽视的位置，既是重要的化工原料，也作为替代能源显示出其重要性。甲醇作为一种基本的有机化工原料，自身产业链长，涉及化工、建材、能源、医药、农药等多个行业。

1923 年，德国 BASF 公司的米塔施开发了合成气（CO/H_2）制甲醇的 ZnO/Cr_2O_3 催化剂，其反应压力为 25~35 MPa，反应温度为 320 ℃~400 ℃。

1966 年，英国帝国化工公司（ICI）采用 Cu 基催化剂在 5~10 MPa 和 230 ℃~280 ℃条件下，开发了低压合成甲醇工艺。后来由于低压工艺操作压力较低，设备体积过于庞大，科学家们进一步发展了中压工艺，反应压力增加到 10~20 MPa。

目前，世界上主要采用低压和中压工艺合成甲醇，75% 的甲醇采用 ICI 低压工艺生产。国外主要采用天然气作为原料制甲醇，而我国主要采用煤制合成气作为原料。2023 年，我国甲醇产量约为 7 800 万吨，总产能约 10 630 万吨。其中煤制甲醇产能占比为 73.49%，焦炉气制甲醇产能占比为 16.69%，天然气制甲醇产能占比仅为 9.28%。

7. 石油炼制工业

石油化工工业是现代工业的重要支柱，石化工业领域 90% 的工艺过程都需要使用催化剂，催化剂因而也被誉为"工业血液的炼金师"。催化剂的每一次重大突破都极大地改变了人类的生产和生活方式。石油化工催化剂主要应用于以下几类关键反应：催化裂化、加氢裂化、催化重整、异构化、脱氢、氧化等。

（1）国外石化催化剂发展。

①催化裂化：催化裂化工艺的诞生是炼油工艺技术的一个重要里程碑。所谓催化裂化，就是在催化剂作用下进行的裂化反应，同热裂化相比，轻质油的产率更高，汽油的辛烷值更高，并且同时产生大量富含烯烃的液化气。

1927 年，法国工程师兼工业家胡德利（Houdry）发明了对原油的重质馏分进行催化裂化的新工艺，可以比热裂化得到更高的汽油收率。1928 年，胡德利与索科尼真空油公司以及太阳石油公司三者共同经营胡德利工艺公司，成功研发出重油的催化裂化的 Al_2O_3/SiO_2 分子筛固体酸催化剂。1936 年 6 月 6

日，世界第一座半商业化的催化裂化装置在伯尔斯波罗投产了。

1937年3月15日，太阳石油公司在它的马库斯胡克炼油厂建成投产了一套完全商业化的胡德利催化裂化装置，处理能力约60万吨/年。

1938年，新泽西标准石油公司、印第安纳标准石油公司等6家财团联合成立了催化研究协会，该协会研究开发的是流化催化裂化技术。

1941年，美国化学家刘易斯（Lewis）和工程师吉利兰（Gilliland）在催化研究协会的支持下开发出流化催化裂化技术。随后，三座处理量约60万吨/年的流化催化裂化装置相继建成。其中第一套由凯洛格公司设计、在巴吞鲁日炼油厂建造，投产日期是1942年5月25日。

②催化重整：在加热、氢压和催化剂存在的条件下，使原油蒸馏所得的轻汽油馏分（或石脑油）转变成富含芳香烃的高辛烷值汽油（重整汽油），并副产液化石油气和氢气的过程。

1940年，埃克森美孚（Exxon Mobil）公司建成了全球第一套催化重整装置，当时用的是 MoO_3/Al_2O_3 催化剂。

1949年，环球油品公司（UOP）开发了含铂重整催化剂，并成功地将 Pt/Al_2O_3 催化剂（R-4）投入工业运转，标志着铂重整的开始。

1967年，雪佛龙（Chevron）公司首次宣布成功发明 $Pt-Re/Al_2O_3$ 双金属重整催化剂，并在埃尔帕索炼厂投入工业应用，命名为铼重整。

（2）我国石化催化剂发展。

中华人民共和国成立时，原油年产不足12万吨，石油炼制基本空白，国内消费的石油产品基本上依靠进口，但是，2023年我国石油加工能力超十亿吨，石油加工能力、三大合成材料生产能力全面位居世界第一。几十年间，我国石化工业为解决十几亿人口的衣、食、住、行做出了重大贡献，创造了令世界瞩目的工业发展奇迹，其中催化剂的研发者们功不可没。

1959年9月26日，松基三井喷射出工业油流，标志着大庆油田的发现。为了解决大庆油田出产的原油的炼制问题，1961年年底到1962年年初，石油部在香山召开了一个科技座谈会，后来被称为"香山会议"。为适应以大庆原油为代表的我国石油资源特点，会议确定了五项攻关项目，即催化裂化、催化重整、延迟焦化、尿素脱蜡、新型常减压，后来把第五项新型常减压改成炼油催化剂和添加剂，这五项技术后来被称为"五朵金花"。

这五项技术从重要性来说排在第一位的就是催化裂化。催化裂化能将大庆原油中的重质蜡油转化为质量比较高的汽油和柴油,采用其他技术只能生产少量国家需要的油品,不能解决当时炼油工业的燃眉之急。

1963 年 4 月,催化裂化装置施工图纸在抚顺石油设计院完成。

1963 年 11 月,抚顺石油二厂催化裂化装置开始施工建设。

1965 年 5 月,催化裂化装置建成后一次投产成功,这标志着催化裂化这朵"金花"实现了工业化,首次在我国生产出高标号汽油。

到 1966 年,被喻为我国炼油业"五朵金花"的这些新技术分别在抚顺、大庆、锦西先后实现了工业化,使得我国当时的石油产品品种达到了 494 种,汽油、煤油、柴油、润滑油四大类产品年产量达到 617 万吨,自给率达 100%。自此我国彻底结束了用"洋油"的历史,炼油工业由落后三四十年一下子跃至当时的世界先进水平。

8. 烯烃聚合工业

烯烃聚合是高分子化学和聚合物工业中的关键技术,它能够将简单的烯烃分子通过催化聚合反应转化为具有复杂结构和优异性能的高分子材料,如聚乙烯、聚丙烯等。

(1) 齐格勒 – 纳塔(Ziegler – Natta)催化剂的发现。

烯烃聚合催化剂的革命性突破始于 20 世纪 50 年代,德国化学家齐格勒(Ziegler)和意大利化学家纳塔(Natta)分别独立发现了 Ziegler – Natta 催化剂。

1953 年,德国科学家齐格勒开发了 $TiCl_4$ 或 $ZrCl_4$ 与三乙基铝催化剂,能够在常温和常压下以高的活性催化乙烯聚合得到相对分子质量高的聚乙烯。该催化剂后被纳塔称为 Ziegler 催化剂。

1954 年,意大利科学家纳塔开发了 $TiCl_3/AlEt_3$ 催化剂,该催化剂使丙烯在低压下高收率地聚合生成分子结构高度规整的立体定向聚合物——聚丙烯。

1963 年,齐格勒和纳塔两人共同荣膺诺贝尔化学奖。

(2) 茂金属催化剂的开发(20 世纪 80 年代)。

1980 年,卡明斯基和辛恩采用甲基铝氧烷(MAO)与 Cp_2ZrMe_2(其中 Cp 代表环戊二烯,Me 代表甲基)组成的催化剂体系催化乙烯聚合,这一发现标志着茂金属催化剂的重大突破。这个催化剂体系展现出了极高的活性,比当时活性最高的以 $MgCl_2$ 为载体的催化剂高几十倍。

1.3 催化剂及其催化作用

1.3.1 催化剂的定义

什么是催化剂和催化作用？

1895 年，奥斯特瓦尔德提出了他对催化作用和催化剂的解释：催化现象的本质，在于某些物质具有一种特别强烈的使原本没有它参加而速度很慢的反应加速的特殊性能；任何不参加到化学反应的最终产物中去而只是改变这个反应的速率的物质即称为催化剂。

根据 IUPAC 于 1981 年提出的定义，催化剂是一种物质，它能够改变反应的速率而不改变该反应的标准吉布斯自由焓变化。这种作用称为催化作用。涉及催化剂的反应称为催化反应。催化剂所起的作用称为催化作用。固体催化剂在工业上也称为触媒。

也有一种说法，催化剂参与化学反应，在一个总的化学反应中，催化剂的作用是降低该反应发生所需要的活化能，本质上是把一个比较难发生的化学反应变成了两个较容易发生的化学反应。在第一个反应中，催化剂扮演反应物的角色；在第二个反应中，催化剂扮演生成物的角色，因此从总的反应方程式来看，催化剂在反应前后没有变化。

人们利用催化剂，可以提高化学反应的速度。大多数催化剂都只能加速某一种化学反应，或者某一类化学反应，而不能被用来加速所有的化学反应。催化剂并不会在化学反应中被消耗，不管是反应前还是反应后，它们都能够从反应物中被分离出来。不过，它们有可能会在反应的某一个阶段中被消耗，然后在整个反应结束之前又重新产生。

使化学反应加快的催化剂，叫作正催化剂；使化学反应减慢的催化剂，叫作负催化剂。例如，酯和多糖的水解，常用无机酸作正催化剂；二氧化硫氧化为三氧化硫，常用 V_2O_5 作正催化剂。在食用油脂中加入少量的没食子酸正丙酯，可以有效地防止油脂的酸败和氧化，没食子酸正丙酯在这里是一种负催化剂。

1.3.2 催化作用的本质

贝采里乌斯提出催化概念至今已有近两百年，催化一词对化学工作者来说也早已耳熟能详。但是催化作用的本质是什么？这个问题至今尚未完全弄清楚。目前，均相催化、多相催化和酶催化还无法达到理论上的统一，催化作用的本质也是处于描述性阶段，但是这对于进一步认识催化是大有裨益的。

为了能够弄清楚催化剂在化学反应中的作用，我们需要比较催化反应和非催化反应之间的异同点。我们知道有许多化学反应是无须催化剂就可以进行的，这类反应归结起来有以下特点：

（1）纯粹离子间的反应；

（2）与自由基相关的反应；

（3）极性大或者配位性强的反应物之间的反应；

（4）提供充分能量的高温反应。

化学反应的进行过程中，反应物之间需要进行原子间重新组合，就要求原有的某些化学键必须解离，从而形成新的化学键。上面提到的无须催化剂就可以进行的反应涉及的反应物都有一个共同点，就是反应的活化能很低。对于多数的稳定化合物，尤其是以共价键为主的有机化合物，发生反应的前提是需要克服较高的活化能而进行解离，因此不容易反应。在这类反应体系中加入催化剂，反应可以顺利进行。故而催化作用的本质就是：在反应体系中加入催化剂后，某些物质就会发生离子化、自由基化或者配位化，改变了原来的反应历程，从而使得反应能够顺利进行。

在大多数情况下，人们认为催化剂本身和反应物一起参加了化学反应，降低了反应所需要的活化能。这样就会使更多的反应物分子成为活化分子，大大增加单位体积内反应物分子中活化分子所占的百分数，从而成千成万倍地增大化学反应速率。如图1-2所示，与非催化反应相比，催化反应有更低的反应活化能，尤其是酶促反应。催化剂的加入，对于反应物分子来说就像是汽车找到了一条穿山隧道，可以快捷便利地穿越大山。

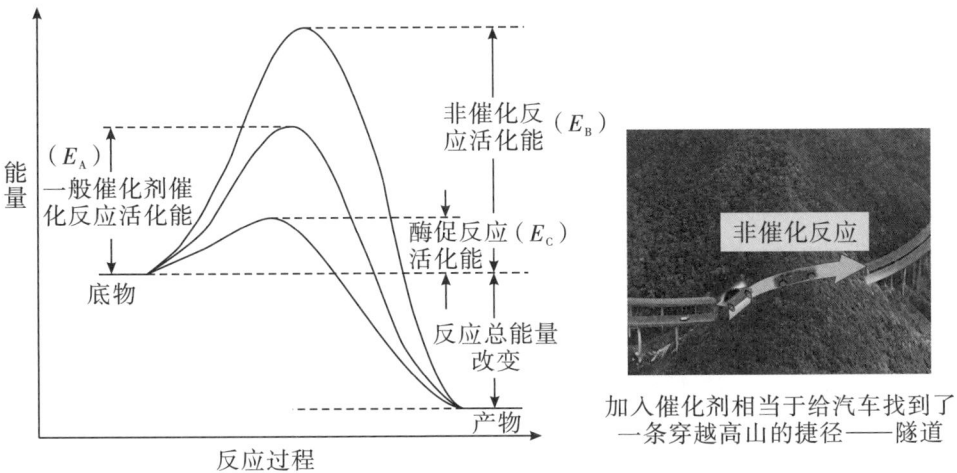

图 1-2　催化反应与非催化反应中的能量变化

对于催化剂参与化学反应，如何降低反应的活化能，有不同的理论解释。下面是关于多相催化和均相催化的两种经典理论。

1. 吸附作用理论

在多相催化反应中，固体催化剂对反应物分子发生化学吸附作用，使反应物分子得到活化，降低了反应的活化能而使反应速率加快。吸附作用发生在催化剂表面某些活泼的区域，即吸附位点。

2. 中间化合物理论

在均相催化反应中，由于催化剂与反应物形成了不稳定的中间物即活化络合物，使反应机理转变为另一个拥有较低活化能的新机理。然后中间物又跟另一反应物迅速作用（活化能也较低）生成最终产物，并再生出催化剂。该过程可表示为：

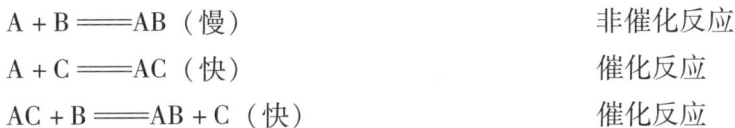

$$A + B \Longrightarrow AB（慢）\qquad\qquad 非催化反应$$
$$A + C \Longrightarrow AC（快）\qquad\qquad 催化反应$$
$$AC + B \Longrightarrow AB + C（快）\qquad\quad 催化反应$$

式中，A、B 为反应物，AB 为产物，C 为催化剂。

与非催化反应相比，在催化剂作用下，反应的途径发生了改变，原来一步进行的反应分为两步进行。这两步的活化能都比原来一步反应的活化能小得多。根据阿伦尼乌斯公式 $k = A e^{\frac{E}{RT}}$，由于催化剂参与反应，活化能（E）减小，从而使反应速率显著提高。

1.3.3　催化剂的分类

催化反应可以分为两个大类：化学催化和生物催化。目前，化学工业中采用的催化技术和催化剂大多数是化学催化。生物催化与化学催化是完全不同的领域，生物催化远远早于我们人类存在于大自然中，可以称为自然界的精妙化学家。在生物体内有千百种生物催化剂，促进着各类生化反应完成，没有它们，生命难以维持。2018 年，诺贝尔化学奖授予阿诺德（美）、史密斯（美）和温特（英）三位科学家，以表彰他们在酶的定向演化，以及用于多肽和抗体的噬菌体展示技术方面取得的成果。这预示着未来生物催化会在化学化工、医药和生命科学方面发挥重要的作用。

根据催化剂与反应物所处的状态不同，催化剂可以分为三种类型：多相催化剂（heterogeneous catalyst）、均相催化剂（homogeneous catalyst）和生物催化剂（biocatalyst）。

多相催化剂和它们催化的反应物处于不同的状态。多相催化是目前工业上应用最广泛的催化反应类型，可分为气－固、液－固和气－液－固多相催化等。其中，由气体反应物和固体催化剂构成的反应体系是最常见且最重要的一类反应，例如，氨的合成（熔铁催化剂），乙烯氧化合成环氧乙烷（Ag 催化剂），乙苯催化脱氢（Styromax－5 催化剂），接触法制硫酸（钒催化剂）等。

在生产人造黄油时，将氢气鼓入含有分散悬浮 Ni 粉的油中，使得油硬化，再除掉 Ni，添加色素、维生素等便制成了人造黄油。在这个工艺中，固态 Ni 是一种多相催化剂，反应物是液态的植物油和气态的 H_2，产物是加氢后的饱和脂肪，属于气－液－固多相催化。

均相催化剂和它们催化的反应物处于同一种物态，有液相均相催化剂和气相均相催化剂。例如：笑气（N_2O）在氯气（Cl_2）和光照条件下会分解成氮气和氧气。在这里，氯气就是一种气相均相催化剂。水解、水合与酯化反应中，硫酸作为催化剂，属于液相均相催化剂。

生物催化剂由生物体、细胞器、酶、抗体酶、模拟酶等组成，大多情况下生物催化剂主要指酶，它是生物体内产生的一类具有生物催化功能的蛋白质或 RNA 分子。酶的催化作用具有高度的特异性和高效性，能够在温和的条件下（如常温常压）加速化学反应而不改变自身的结构和功能。

　　酶的特点决定了催化同时具有多相和均相的性质。一方面，酶在反应体系中呈胶体均匀分散，具有均相性质；另一方面，反应从反应物在其表面积聚开始，具有多相性质。

　　酶拥有独特且卓越的催化性能，主要特点和优点如下：

　　（1）高效性：酶的催化效率远高于非生物催化剂。在酶的催化下，化学反应的活化能大大降低，反应速率可提高数百万倍，甚至数十亿倍，这主要归功于酶与底物之间的精确匹配和高的催化活性。

　　（2）特异性：酶具有高度的底物特异性和立体选择性，即只能催化特定的底物或在底物的特定位置进行反应，这种选择性使得酶在合成复杂分子，尤其是手性分子时，展现出无可比拟的优势，能够精准合成目标产物，减少副产物的生成。

　　（3）温和的反应条件：酶在温和的条件下（如常温、常压和生理 pH 值）即可进行高效的催化反应，避免了高温、高压等极端条件对反应体系的破坏，这不仅有利于保护底物和产物的结构稳定性，还减少了能耗，降低了生产成本，符合绿色化学的原则。

　　（4）可调控性：酶的活性可以通过改变反应条件（如温度、pH 值）或添加辅酶、激活剂等方式进行调控，这为酶的应用提供了灵活的操作空间，可以根据不同的反应需求调整催化性能。

　　（5）环境友好：酶在化学反应中几乎不产生有害副产品，反应后容易分离和回收，减少了对环境的影响，体现了绿色化学的理念。

　　（6）多功能性：酶不仅能够催化单一步骤的化学反应，还能参与复杂的生物代谢途径，实现多步连续反应，这种多功能性为复杂分子的合成提供了可能。

1.3.4　催化反应的基本特征

催化反应的基本特征具体如下：

　　（1）催化剂只能加速或减速热力学上可以进行的反应，而不加速或减速热力学上无法进行的反应。

　　（2）催化剂只能加速或减速反应趋于平衡，不能改变反应的平衡位置（标准平衡常数）。

　　（3）催化剂对反应具有选择性，当反应可能有两个以上不同方向时，催化剂仅加速或减速其中一种。

（4）催化剂具有一定的寿命。催化剂能改变化学反应速率，在理想情况下不为反应所改变，但在实际反应过程中，催化剂长期受热、摩擦和挤压，导致颗粒破碎、发生化学作用等，也会发生一些不可逆的物理化学变化。

催化剂对化学反应速率的影响非常大，有的催化剂可以使化学反应速率加快几百万倍以上。催化剂一般具有选择性，它仅能使某一反应或某一类型的反应加速进行。例如，加热时，甲酸发生分解反应，一条路径是进行脱水生成一氧化碳，另外一条路径是进行脱氢生成二氧化碳：

$$HCOOH \Longrightarrow H_2O + CO$$
$$HCOOH \Longrightarrow H_2 + CO_2$$

如果用固体 Al_2O_3 作催化剂，则只发生脱水反应；如果用固体 ZnO 作催化剂，则单独进行脱氢反应。这种现象说明，不同性质的催化剂只能各自加速特定类型的化学反应过程。因此，我们利用催化剂的选择性，可使化学反应主要向某一方向进行。

1.3.5　催化剂的组成

绝大多数催化剂有三类可以区分的组分：活性组分、载体、助催化剂。

1. 活性组分

活性组分是催化剂的主要成分，有时由一种物质组成，有时由多种物质组成。例如，合成氨熔铁催化剂的组成为 Fe_3O_4（FeO 和 Fe_2O_3）、Al_2O_3 和 K_2O，其中 Fe_3O_4 作为活性组分。双金属重整催化剂 $Pt-Re/Al_2O_3$ 中，Pt 和 Re 为活性组分。

2. 载体

载体是催化剂活性组分的分散剂、黏合剂或支撑体，是负载活性组分的骨架。将活性组分、助催化剂负载于载体上所制得的催化剂称为负载型催化剂。例如，上述的双金属重整催化剂中，Al_2O_3 作为载体。

常用载体的类型有：小比表面积的有刚玉、碳化硅、浮石、硅藻土、石棉、耐火砖；大比表面积的有氧化铝、SiO_2-Al_2O_3、铁矾土、白土、氧化镁、硅胶、活性炭等。

3. 助催化剂

助催化剂是加入催化剂中的少量物质，是催化剂的辅助成分，其本身没有活性或者活性很小，但是将它们加入催化剂后，可以改变催化剂的化学组成、化学结构、离子价态、酸碱性、晶格结构、表面结构、孔结构、分散状态、机械强度等，从而提高催化剂的活性、选择性、稳定性和寿命。

助催化剂在化学工业上极为重要。例如，在合成氨的铁催化剂中加入少量 Al_2O_3 和 K_2O 作为助催化剂，可以大大提高催化剂的活性及延长其寿命。

1.3.6 一些常用术语

1. 活性（activity）

广义来说，催化活性，是指催化剂加快化学反应的程度，但在不同情况下，其表达方式是不同的。衡量催化活性有很多方法，主要有转化率、反应速率和活化能表示法。其中，转化率是最常用的一种表示法，工业上常用这种参数来衡量催化剂的活性高低。

（1）转化率。

对于反应 $A + B \longrightarrow C$，转化率的定义为

$$转化率(\chi_A) = \frac{反应物 A 已转化的物质的量}{反应物 A 的起始物质的量} \times 100\%$$

采用这种表示法时，必须注明条件，以保证在反应温度、反应压力、反应物浓度和接触时间（空时）相同时进行反应。在这种情况下，转化率越高，说明催化剂活性越好。

（2）反应速率。

空速：对于连续流动的反应体系，反应物的流速 $\left(F = \dfrac{体积}{时间}\right)$ 除以催化剂的体积（V）就是体积空速。空速的单位为 h^{-1} 或 s^{-1}。当通过催化剂的物料是气体时，常用气体空速（$GHSV$）表示；当通过催化剂的物料是液体时，常用液体空速（$LHSV$）或者重时空速（$WHSV$）表示。

$$体积空速(GHSV 或者 LHSV) = \frac{原料的标准体积流量}{反应器中催化剂的体积}$$

空时：这是催化剂与反应物接触的平均时间，是空速的倒数，常用 τ 表示。空时的单位为 h 或者 s。

$$空时(\tau) = \frac{催化剂的体积(V)}{反应物的流速(F)}$$

根据 1979 年 IUPAC 的规定，化学反应速率的定义是单位体积的反应系统

中，反应进度（ξ）随时间的变化率。

反应速率是衡量反应快慢的指标，当比较催化剂的活性时，应保证反应温度、反应压力和原料的配比等条件相同。在这种情况下，反应速率越快，表示催化剂的活性越好。

由于反应速率与催化剂的体积、质量、比表面积和活性中心数有关，因此必须引进比活性（specific activity）的概念。比活性，就是相对于催化剂某一特定性质而言的活性，如每单位体积的活性［单位为 mol/（cm³·h）］、每单位质量的活性［单位为 mol/（g·h）］、每单位比表面积的活性［单位为 mol/（cm²·h）］等。

$$体积比速率 = \frac{1}{V}\frac{\mathrm{d}\xi}{\mathrm{d}t}$$

$$质量比速率 = \frac{1}{W}\frac{\mathrm{d}\xi}{\mathrm{d}t}$$

$$面积比速率 = \frac{1}{S}\frac{\mathrm{d}\xi}{\mathrm{d}t}$$

然而，比活性并不能完全体现催化剂的内在催化活性，因为许多催化剂组成复杂且分布并不均匀，而且即使催化剂化学组成与比表面积都相同，它的催化比活性也会有差异，所以上述几种比活性不能反映催化剂"真正"的催化活性。因此根据催化剂活性位点数来表征反应速率似乎更能接近催化剂的本质速率。

催化剂并不是所有部位都有催化作用的，我们把催化剂中真正起催化作用的那些部位称为活性位点（active site），也称活性中心。在催化反应中，反应物或中间体能吸附在活性位点上，这种吸附作用不是一般的物理吸附，它能够改变反应物的键的结构，降低活化能。

转化频率（Turnover Frequency，TOF）是指在给定的温度、压力、反应物比率以及一定的反应程度下，单位时间内单位活性位点上发生反应的次数（或定义为单位时间单位活性位点上发生催化反应的次数或生成目标产物的数目或消耗反应物的数目）。这个概念在化学领域中特别重要，因为它直接反映了催化剂的活性位点在单位时间内能够转化的反应物分子的数量，从而衡量了催化剂的催化效率。转化频率是衡量催化剂本征活性的重要指标之一，它表示了催化剂在特定条件下的催化速率。

（3）活化能。

活化能是指一个反应在某催化剂上进行时所需的最低能量。一般来说，在反应条件相同时，活化能低表示该催化剂的活性高，通常使用总包反应的表观活化能来进行比较。

2. 选择性（selectivity）

当同一原料经过几种不同反应可生成不同产物时，选择性可以用实际生成的特定产物的物质的量除以所耗用的原料在理论上能生成同一产物的物质的量来表示。

$$选择性 = \frac{某一产物（转化成产物的物质的量）}{总产物量（理论上转化成产物的物质的量）} \times 100\%$$

这个公式用于量化催化剂对某一特定产物的选择性。当原料和产物含有几个组分时，我们需要指明所求选择性为哪种产物对于哪种原科而言的选择性。例如，在乙烯与氧的反应中，可以使用优良的银催化剂使环氧乙烷成为主要产物，此时应指明环氧乙烷的选择性是对乙烯而言的。

3. 稳定性（stability）

催化剂的稳定性是指催化剂在反应条件下维持活性和选择性的能力，通常用寿命来表示。催化剂的稳定性包括化学稳定性、耐热稳定性、抗毒稳定性和机械稳定性等方面。

（1）化学稳定性：催化剂在使用过程中保持化学组成、化学状态等的稳定性能。例如：活性组分不与助催化剂发生反应，能够耐酸、耐碱和耐强氧化性等。

（2）耐热稳定性：催化剂在高温苛刻反应条件下，长期具有稳定的催化性能。温度对催化剂的影响是多方面的，它能使活性组分烧结或者使晶粒长大，导致催化剂比表面积减小和活性位点数减少；它能使催化剂的某个或某些活性组分发生升华或化学反应而流失，从而降低催化剂的活性和选择性。

（3）抗毒稳定性：催化剂对少量有害杂质的毒化所具备的抵制能力。不同催化剂对不同杂质具有不同的抗毒稳定性，同一种催化剂对同一种杂质在不同的反应条件下也有不同的抗毒稳定性。催化剂的毒物通常是一些含 S、P、As 的化合物和卤素化合物等，这些毒物容易被吸附在催化剂活性位点上，减少了可供反应物反应的活性位点数。中毒可分为永久性中毒（也称不可逆中毒）和暂时性中毒（也称可逆中毒）两种，其中暂时性中毒可以通过再生处理恢复活性。

（4）机械稳定性：催化剂抗摩擦、冲击和重力作用的能力。催化剂在使用过程中如果机械稳定性差，催化剂颗粒与颗粒之间、颗粒和反应器壁之间、颗粒和流体之间的摩擦和撞击会导致催化剂颗粒破碎和磨损，使得催化剂床层阻力增大、活性组分流失等。

4. 比表面积（specific surface area）

比表面积是催化剂性能的重要指标之一，是指单位质量催化剂（通常为 1 g）所具有的总表面积（外表面加内表面），单位为 m^2/g。目前，常用氮气低温吸附法测定催化剂的比表面积。

2　吸附作用与多相催化

催化是化工产业的核心技术，深刻影响着人类社会与现代科学的发展，诺贝尔化学奖历史上先后有15次和催化直接相关或者密切相关。催化作用的种类有很多，包括多相催化、均相催化和生物催化等，其中约90%的工业催化过程属于多相催化。对于多相催化过程，首先就是反应物（多为气相）吸附在固体催化剂表面，然后才有可能在催化剂内、外表面发生一系列复杂的反应，到最后生成的产物脱离表面，结束一个催化循环。气体分子在固体表面化学吸附时可能引起解离、变形等，可以大大提高它们的反应活性。德国化学家埃特尔因其对"固体表面的化学过程"研究做出开拓性贡献而独享2007年诺贝尔化学奖。他的重要贡献是通过表面吸附研究成功解释了哈伯－博施法合成氨机理和尾气净化器中Pt催化剂上CO催化氧化的振荡反应机理。

多相催化反应的机理可以归纳为Langmuir－Hinshelwood（简称L－H机理）和Eley－Rideal机理（也常称作Rideal机理）两种。其中L－H机理要求两种反应物都吸附在催化剂表面，反应是在吸附态的反应物之间进行的。例如，Fe催化剂上的合成氨，就是N_2和H_2首先在催化剂表面解离吸附，转变为吸附态的N^*和H^*，然后吸附态的N^*和H^*多步反应生成NH_3^*（这里*代表催化剂表面的吸附位点）。反应式如下：

$$N_2 + 2^* \longrightarrow 2N^* \qquad （解离吸附）$$

$$H_2 + 2^* \longrightarrow 2H^* \qquad （解离吸附）$$

$$N^* + H^* \longrightarrow NH^* + {}^*$$

$$NH^* + H^* \longrightarrow NH_2^* + {}^*$$

$$NH_2^* + H^* \longrightarrow NH_3^* + {}^*$$

Eley－Rideal机理是一种反应物为吸附态，而另一种反应物为气相分子，两者之间进行的反应。以尿素降低柴油机NO_x排放的选择性催化还原（SCR）

技术为例，还原剂 NH_3 首先与 SCR 脱硝催化剂作用成为吸附态的 NH_3^*，然后吸附态的 NH_3^* 在活性位点上与 NO_x 发生还原反应。反应式如下：

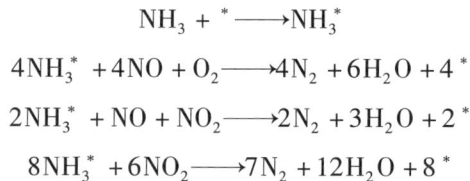

$$NH_3 + {}^* \longrightarrow NH_3^*$$
$$4NH_3^* + 4NO + O_2 \longrightarrow 4N_2 + 6H_2O + 4^*$$
$$2NH_3^* + NO + NO_2 \longrightarrow 2N_2 + 3H_2O + 2^*$$
$$8NH_3^* + 6NO_2 \longrightarrow 7N_2 + 12H_2O + 8^*$$

由此可见，多相催化反应中无论采用何种机理，反应物在催化剂表面的化学吸附是反应能够顺利进行的首要条件。吸附研究对阐明催化机理具有至关重要的作用。

2.1　物理吸附与化学吸附

固体表面是敞开的，表面分子所处的环境与体相分子截然不同。由于配位不饱和，它会受到一个不平衡力的作用，有被拉入体相的趋势。当与清洁固体表面接触时，气体分子将与固体表面发生相互作用，气体分子在固体表面出现了累积，其浓度高于气相，这种现象被称为吸附现象（adsorption）。

吸附气体的固体物质称为吸附剂（adsorbent），被吸附的气体称为吸附质（adsorbate），吸附质在表面吸附以后的状态称为吸附态。吸附发生在吸附剂表面的局部位置上，这样的位置就叫吸附中心或吸附位。当气体分子到达固体表面，其浓度在固体表面逐渐增加的过程被称为吸附过程；反之，吸附质离开固体表面而变为气体分子的过程则被称为脱附过程。当固体表面气体分子的浓度不随时间变化而变化，此时吸附速率与脱附速率相等，这时被称为吸附平衡。吸附一般为放热过程，吸附放出的热量称为吸附热。气体分子在固体表面的吸附有两种类型：物理吸附和化学吸附。

2.1.1　物理吸附

物理吸附也称范德华吸附，是一个普遍的现象，存在于接触吸附气体（吸附质）的固体表面。物理吸附由分子间作用力，即范德华力（包括色散力、静电力和诱导力）引起，它的性质类似于蒸气的凝聚和气体的液化。由于范德华力存在于任何两分子间，因此物理吸附可以发生在任何固体表面。

物理吸附测量方法主要有三种：静态容量法、流动法和重量法。当前广泛应用的物理吸附仪大都是根据静态容量法而设计的，其主要测量的是在一定温度下样品吸附量与压力的关系。

2.1.2 化学吸附

化学吸附是由于吸附质分子与固体表面原子（或分子）发生电子的转移、交换或共有，形成吸附化学键而产生的吸附。化学吸附的作用力强，属于化学键力（静电力、共价键力和配位键力）。在化学吸附中，吸附质分子与吸附剂表面的吸附中心发生反应生成表面络合物，其吸附热接近化学反应热。化学吸附类似化学反应。

化学吸附的测量方式主要有静态法和动态法两种。静态化学吸附法常需在高真空容量装置上进行。动态化学吸附法用于测量样品在流动气氛下，气体流过样品后组分的变化。动态化学吸附法通常包括程序升温技术，如程序升温还原（TPR）、程序升温脱附（TPD）、程序升温氧化（TPO）、程序升温表面反应（TPSR）等，以及脉冲化学吸附。

2.1.3 物理吸附与化学吸附的差异

化学吸附与物理吸附在吸附机制、吸附力的性质与强度、吸附结构、吸附热、吸附过程的可逆性以及应用领域等方面存在显著差异。以下是化学吸附与物理吸附的主要差异点：

1. 吸附力的性质与强度

（1）物理吸附：基于较弱的分子间作用力，如范德华力、氢键。吸附力相对较弱，通常为 $1 \sim 10$ kJ/mol。

（2）化学吸附：基于较强的化学键力，如共价键、离子键和配位键等。吸附力显著强于物理吸附，通常为 $50 \sim 400$ kJ/mol。

2. 吸附结构

（1）物理吸附：吸附质分子可以多层吸附在吸附剂表面，形成多层吸附结构。

（2）化学吸附：吸附质分子倾向于形成单层吸附结构，紧密地与吸附剂表面结合。

3. 吸附热

（1）物理吸附：因为吸附力较弱，吸附热较低，通常在 10 kJ/mol 以下。

（2）化学吸附：因为涉及化学键的形成，吸附热较高，通常在 50 kJ/mol 以上。

4．吸附过程的可逆性

（1）物理吸附：吸附与解吸过程可逆，容易通过升高温度或降低压力来实现解吸。

（2）化学吸附：吸附与解吸过程通常不可逆，解吸需要更剧烈的条件。

5．应用领域

（1）物理吸附：适用于气体和液体的分离、净化、储存等，如活性炭吸附有害气体；分子筛分离混合气体。

（2）化学吸附：常用于特定气体的高效分离与捕获、表面化学反应等，如利用金属表面的化学吸附活化反应物来促进催化反应。

化学吸附与物理吸附的差异反映了它们在吸附过程中的不同特性，这些特性决定了它们在实际应用中的选择与优化方向。

2.1.4　吸附位能曲线

物理吸附和化学吸附的位能曲线是描述吸附质分子接近吸附剂表面时，能量如何变化的重要工具。位能曲线揭示了吸附过程中能量的变化趋势，以及吸附质分子与吸附剂之间相互作用的性质（见图 2-1）。

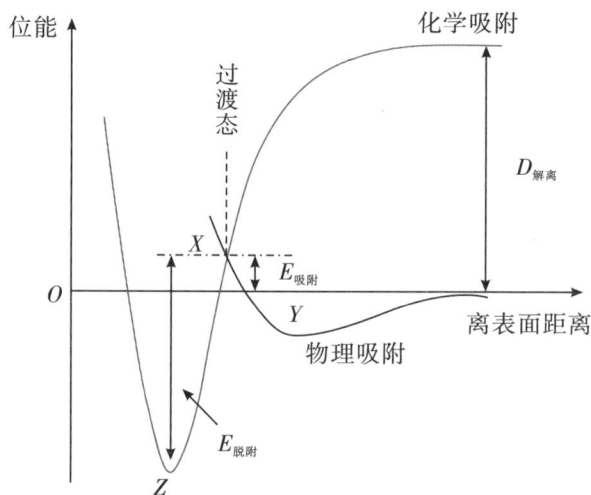

图 2-1　物理吸附和化学吸附的位能曲线

由图 2-1 可见，物理吸附的位能曲线通常表现为一个较浅的"凹槽"，反映吸附质分子与吸附剂表面之间基于范德华力或氢键的相互作用。随着吸附质分子接近吸附剂表面，能量首先降低，达到一个最低点，即吸附位能最低的点 Y。然后随着分子进一步接近，能量开始增加，这是因为分子间距离过近时，斥力开始起主导作用。物理吸附的位能曲线的深度较浅，表明吸附力较弱，吸附热较小，吸附过程容易逆向进行，即解吸。与此相反，化学吸附的位能曲线则表现为一个较深的"凹槽"，反映吸附质分子与吸附剂表面之间通过化学键形成强的相互作用。当吸附质分子接近吸附剂表面时，能量同样会先降低，达到一个深度更大的最低点 Z，这代表了化学键形成时的最低能量状态。化学吸附的位能曲线深度显著，表明吸附力强，吸附热大，吸附质分子与吸附剂表面的结合紧密，解吸过程需要更强烈的条件，例如更高的脱附温度。

由图 2-1 还可以看出物理吸附对于化学吸附过程的重要性。从化学吸附位能曲线看，如果吸附分子直接化学吸附，需要事先把分子解离为原子才能发生，提供的能量为解离能 D。而物理吸附时，可使吸附分子以很低的位能接近固体表面，吸收能量 E（通常称为吸附活化能）后成为过渡态（交叉点 X）。由于吸附过渡态不稳定，吸附分子的位能会沿 XZ 曲线迅速降低到能量最低点 Z，形成化学吸附态。由此可见，由于物理吸附的存在，吸附分子可以走一条能量更低的路径实现化学吸附，而不需要事先克服一个高的能垒 $D_{解离}$ 解离为原子。因而，物理吸附发生时，化学吸附不一定会发生，但发生化学吸附时，一定发生了物理吸附。

图 2-2 是 H_2 在金属 Ni 表面从物理吸附到化学吸附的转变示意图。通过过渡态，化学吸附的发生仅仅需要克服形成吸附过渡态的最低能量（吸附活化能 $E_{吸附}$），远远低于 H_2 的解离能 $D_{解离}$。

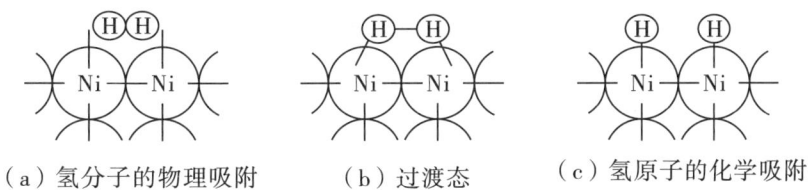

（a）氢分子的物理吸附　（b）过渡态　（c）氢原子的化学吸附

图 2-2　H_2 在金属 Ni 表面从物理吸附到化学吸附的转变

[研究实例]

2019 年，德国雷根斯堡大学的基利司布（Giessibl）教授在《科学》期刊上发文揭示 CO 在金属表面的化学吸附机理。研究表明，通过克服能垒，表面分子可以通过弱范德华力从物理吸附转变为牢固结合的化学吸附。吸附在原子力显微镜（AFM）尖端的 CO 分子能够实现对键形成过程的受控观察，包括其从物理吸附到化学吸附的潜在转变。在对 Cu（1 1 1）表面的 Cu 和 Fe 原子进行成像的过程中，CO 不是化学惰性的，而是通过物理吸附的局部能量最小值转变为化学吸附的全局能量最小值。

2.1.5　吸附热

吸附热是指吸附过程产生的热效应，反映了吸附剂与吸附质之间的相互作用强度。吸附热按吸附作用力划分，可分为物理吸附热和化学吸附热。其中，化学吸附热在催化研究中是一个重要的参数，它影响着催化剂的活性和反应性能。吸附热是在吸附过程中发生的，又可分为积分吸附热与微分吸附热。

积分吸附热，是指从初始吸附状态至特定吸附量累积过程中的总热效应，它综合反映了吸附质在吸附剂表面吸附过程中能量变化的累积效应。

微分吸附热与此不同，它更加专注于描述在特定吸附量下，每增加单位吸附量时的即时热效应。它通过微分的方法，精确捕捉吸附过程中热效应的局部变化，揭示了吸附剂表面活性位点的性质以及吸附质与吸附剂相互作用的强度。微分吸附热的直接测量通常借助于高精度的量热技术，如微量热法，能够细致地描绘出不同吸附量下微分吸附热的分布，为深入理解吸附机制提供关键信息。

多相催化反应发生的首要条件是反应物的化学吸附，因此，在大多数情况下，可以根据吸附热的大小推测催化活性，并以此为基础来筛选催化剂。一般来说，如果吸附热过低，表明反应物分子被催化剂表面吸附得很弱，被吸附分子活化程度不够（即被吸附分子的各原子或者基团间的化学键被削弱得不够），不利于催化反应的进行。如果吸附热过高，表明反应物分子在催化剂表面吸附太强，不利于进一步地与其他分子（或基团）反应和脱附，催化活性也会很差。因此，通常是那些对反应物分子具有中等吸附的催化剂，具有较高的催化活性。

1958 年，特拉萨蒂（Trasatti）发表了氢析出活性的火山型曲线，横坐标是 H 原子在不同金属上的吸附热（见图 2-3），该图形象地展示了一个火山型的活性-吸附热关系，又被称为巴兰金（Balandin）"火山型曲线"。

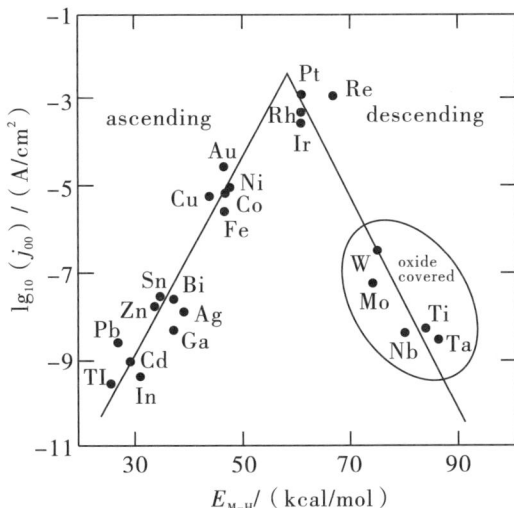

图 2-3 巴兰金"火山型曲线"（吸附热与催化活性的关系）

随着吸附热的增加，催化活性先升高，经过一个极大值之后再降低。因此，如果我们希望获得氢析出的活性最高的催化剂，那么我们需要设计什么样的催化剂呢？由图 2-3 可见，火山顶点所对应的 H 原子的吸附能大概是 55 kcal/mol。为此，我们设计和构筑最优的催化剂要选择将 H 吸附在其表面时放出的热量控制为 55 kcal/mol 左右。

[研究实例]

2019 年，东南大学王金兰团队利用 N_2 吸附能和 NH_3 脱附能成功地高通量筛选出高活性固氮催化剂。他们利用第一性原理的计算方法，根据反应中间体相对吸附强度，进行了两步筛选。第一步以 N_2 的吸附能与氢化自由能为描述符，排除低活性体系；第二步以 NH_2 的氢化自由能和 NH_3 的脱附自由能为描述符，对第一步得到的材料进行二次筛选。采用该方法，他们成功地从 270 种备选催化材料中筛选出了 10 种具有高固氮催化活性的材料。

2.2　化学吸附的类型和化学吸附态

2.2.1　化学吸附的类型

化学吸附的类型主要有活化吸附与非活化吸附、均匀吸附与非均匀吸附、解离吸附与非解离吸附（缔合吸附）等几种。

1. 活化吸附与非活化吸附

活化吸附与非活化吸附的主要区别在于是否需要活化能。活化吸附需要较高的活化能（$E_{吸附} > 0$）。如图 2-4（a）所示，物理吸附与化学吸附位能曲线的交点位于零能量线的上方。活化吸附需要克服能垒，这导致吸附过程进行较慢，因此被称为慢化学吸附。活化吸附的特点包括仅发生单分子层吸附、吸附热与化学反应热相当、具有选择性、大多为不可逆吸附，并且吸附层能在较高温度下保持稳定。

非活化吸附，如图 2-4（b）所示，物理吸附与化学吸附位能曲线的交点位于零能量线上，吸附活化能 $E_{吸附} = 0$。由于不需要克服能量障碍，吸附过程较快，因此被称为快化学吸附。

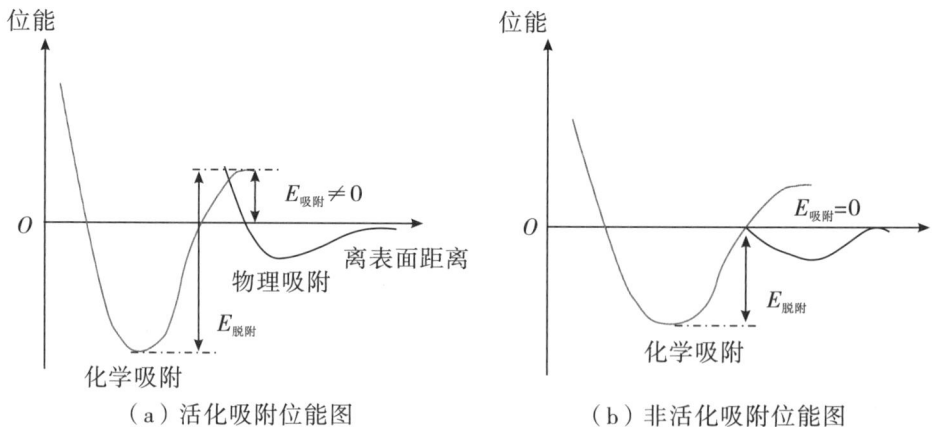

（a）活化吸附位能图　　　　　　（b）非活化吸附位能图

图 2-4　活化吸附和非活化吸附

2. 均匀吸附和非均匀吸附

均匀吸附发生在吸附剂表面性质均匀一致的情况下，即吸附剂表面的所有活性位点具有相同的化学性质和能量。在均匀吸附中，吸附质分子与吸附剂表面的相互作用力相同，这意味着每个吸附质分子在吸附剂表面的吸附能相同。这种吸附过程通常表现出简单的吸附等温线，吸附量随气体压力的增加而线性或按幂函数增加，直到吸附剂表面被完全覆盖。

非均匀吸附则发生在吸附剂表面性质不完全相同的情况下，即吸附剂表面的活性位点存在化学性质或能量的差异。在非均匀吸附中，吸附质分子与不同活性位点之间的相互作用力不同，导致吸附能的差异。这种情况下，吸附过程更为复杂，吸附量随压力的变化可能呈现出非线性的特征，吸附等温线可能会表现出台阶状或其他复杂形状，反映了吸附剂表面不同活性位点的逐步饱和。

3. 解离吸附和非解离吸附

解离吸附是指吸附质在吸附剂表面吸附时，分子结构发生断裂，形成原子、自由基、离子或其他化学活性物种的过程。在这种吸附模式下，吸附质分子的化学键被破坏，其原子或分子片段直接与吸附剂表面的活性位点结合。解离吸附通常发生在吸附剂表面具有足够高能量的活性位点上，能够提供足够的能量来克服吸附质分子的化学键能。

解离吸附在催化过程中尤其重要，因为许多催化反应依赖于吸附质分子的解离，以便在吸附剂表面进行转化反应。例如，在合成氨反应中，氮气（N_2）和氢气（H_2）在 Co 基催化剂表面通过解离吸附转化为 N 和 H，并逐步加氢形成氨（NH_3），如图 2-5 所示。

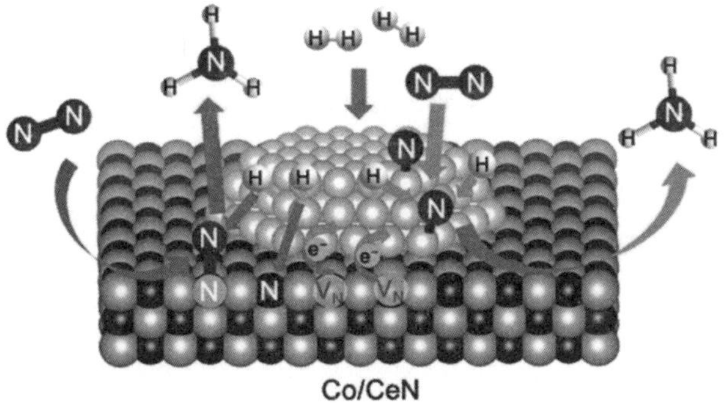

图 2-5　合成氨反应中，Co 基催化剂表面 N_2 和 H_2 的解离吸附

非解离吸附，也称为缔合吸附，是指吸附质在吸附剂表面吸附时，其分子结构保持完整，不发生化学键的断裂，整个分子与吸附剂表面形成化学键。这种吸附模式通常发生在吸附质与吸附剂之间的相互作用相对较弱，不足以破坏吸附质分子内部的化学键时。例如，CO 在金属上的化学吸附，可表示为：

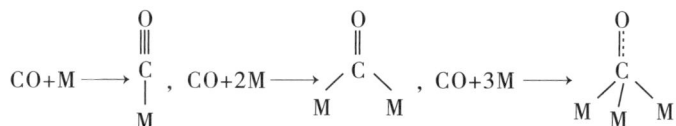

$$
CO+M \longrightarrow \overset{\displaystyle O}{\underset{\displaystyle M}{C}} \,,\quad CO+2M \longrightarrow \overset{\displaystyle O}{\underset{\displaystyle M\quad M}{C}} \,,\quad CO+3M \longrightarrow \overset{\displaystyle O}{\underset{\displaystyle M\ M\ M}{C}}
$$

其中，M 为金属原子。

2.2.2 化学吸附态

化学吸附态指的是气体分子与催化剂表面形成化学键时的化学状态、电子结构和几何构型。化学吸附态在催化反应中扮演着关键角色，它不仅决定了催化反应的起始步骤，还影响着反应的中间体和最终产物。通过调控化学吸附态，我们可以优化催化剂的活性和选择性，提高催化效率，这是催化剂设计和催化过程优化的重要策略。

早期人们只能利用电导测定、吸附等温线、程序升温等结果对吸附态进行间接推论。近几年，随着先进的催化剂表征技术，如 X 射线光电子能谱（XPS）、傅里叶变换红外光谱（FTIR）、扫描隧道显微镜（STM）、原子力显微镜（AFM）、俄歇电子能谱法（AES）、低能电子衍射（LEED）、高分辨能量损失谱（HREELS）、紫外光电子能谱（UPS）等的广泛使用，再结合量子化学等辅助手段，人们对化学吸附态的认识日趋深入，但是由于催化剂表面的复杂性和吸附物种的多样性，以及真实反应条件下催化剂表面的重构等，我们往往难以准确描述和预测反应物的化学吸附态。因此，理解反应物的化学吸附态仍然是一项颇具挑战性的任务。

下面我们主要讨论几种常见物质的化学吸附态。

1. 氢的化学吸附态

氢气的化学吸附态主要涉及氢气在金属表面和金属氧化物表面的吸附。

H_2 分子在金属表面吸附时，H—H 键发生均匀断裂，即均裂，两个氢原子与金属表面通过化学键结合，形成稳定的化学吸附态，可表示为：

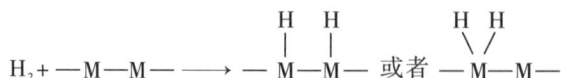

$$
H_2+ \text{—M—M—} \longrightarrow \overset{\displaystyle H\quad H}{\underset{}{\text{—M—M—}}} \text{ 或者 } \overset{\displaystyle H\ H}{\underset{}{\text{—M—M—}}}
$$

H_2 分子在金属氧化物表面发生化学吸附时，常常发生不均匀的断裂，有时也会均裂。例如，H_2 分子在氧化锌上的化学吸附通常发生异裂，形成两种吸附物种，可表示为：

$$H_2 + —Zn—O— \longrightarrow \overset{\displaystyle \overset{H^-}{\vdots}\quad \overset{H^+}{\vdots}}{—Zn^{2+}—O—}$$

[研究实例]

2019 年，中国科学技术大学黄伟新教授与德国弗洛恩德（Freund）教授合作，通过多种表征技术（包括 TEM、XRD、LEED、XPS、RPES、EELS、ESR 和 TDS）研究了氢与还原氧化铈（CeO_{2-x}）粉末和 CeO_{2-x}（1 1 1）薄膜的相互作用。结果表明，常温 H_2 在 CeO_{2-x} 表面吸附能够导致 CeO_{2-x} 的氧化，从而揭示了 H_2 在 CeO_{2-x} 氧缺陷位均裂，生成 Ce^{4+}—H^- 并氧化氧化物的全新模式（见图 2-6），而且生成的 H^- 物种易于从 CeO_{2-x} 表面扩散至体相。

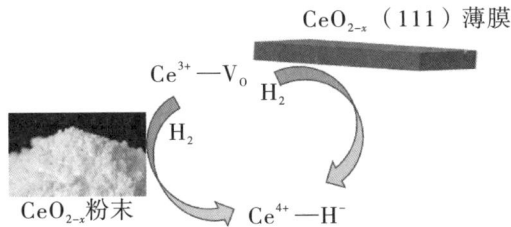

图 2-6　氢在 CeO_{2-x} 粉末和 CeO_{2-x}（1 1 1）薄膜上的化学吸附

2. CO 的化学吸附态

CO 分子的化学吸附态有多种形式，如顶式、桥式、孪式、三重位和解离型等，这是由于 CO 分子既可利用 π 电子，又可利用孤对电子，与固体表面形成化学吸附。

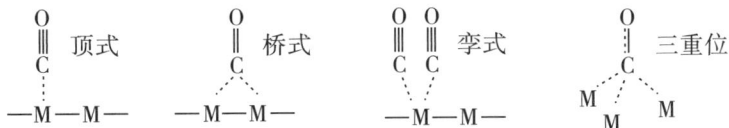

顶式吸附态是 CO 分子直接吸附在金属表面的原子顶部，与单个金属原子形成化学键（M 代表金属原子）。桥式吸附态是 CO 分子跨越两个金属原子吸

附，与金属表面形成桥接结构。三重位吸附态是 CO 分子吸附在三个金属原子形成的凹陷处，这种吸附态在金属表面的特定结构上可以观察到。解离吸附态是 CO 分子在金属表面分解为 C 和 O 原子，分别吸附在金属表面。例如，高温下金属 Fe 和 Ni 上不出现属于 CO 的紫外电子光谱，CO 是以解离为 C 和 O 原子的方式吸附的。

对于元素周期表偏左边的活性金属，如 Na、Ca、Ti 以及稀土元素，CO 一般是解离吸附，生成吸附态的 C 和 O 原子，有时甚至会形成表面氧化物和碳化物。元素周期表右边的 d 区元素，如 Cu 和 Ag 等，CO 主要以分子形式吸附。

这些不同的吸附态反映出 CO 分子与金属表面相互作用的复杂性和多样性。

[研究实例]

在 Cu 催化剂表面进行的电催化还原 CO_2 反应中，线性结合的一氧化碳（$^*CO_L$）通常被认为是生成多碳产物的关键中间体。然而，2024 年，来自新加坡国立大学的 Yeo 教授及其研究团队的最新发现颠覆了这一传统观点，他们指出桥式结合的一氧化碳（$^*CO_B$）实际上是一个重要的 CO_2 电化学还原活性物种。该研究通过一系列的实验和理论计算揭示了 CO_B 的重要性。研究团队首先利用原位拉曼光谱表征技术观察到，吸附在 Cu 催化剂表面的 CO 能够诱导线性吸附的 CO_L 转变为桥式吸附的 CO_B。此外，他们还运用气相色谱和液相色谱对电化学还原 $^{12}CO + ^{13}CO_2$ 两种同位素标记的反应物进行了分析，发现 CO_B 倾向于生成乙酸和丙醇，而 CO_L 则更偏向于生成乙烯和乙醇。

3. 氧的化学吸附态

氧在催化剂表面的吸附极其复杂，有分子形式吸附的缔合吸附和原子形式吸附的解离吸附，而且氧原子可以进入金属晶格内部，生成表面氧化物。氧分子在金属表面采用何种吸附态取决于金属的类型、表面结构以及氧分子的表面覆盖度等因素。

（1）分子吸附氧：氧分子在金属表面的吸附态通常可分为三种类型［见图 2-7（a）］：一种端对型（Pauling - type）、两种侧对型（Griffiths - type 和 Yeager - type）；在单原子催化剂上一般采用端对型化学吸附态［见图 2-7（b）］。

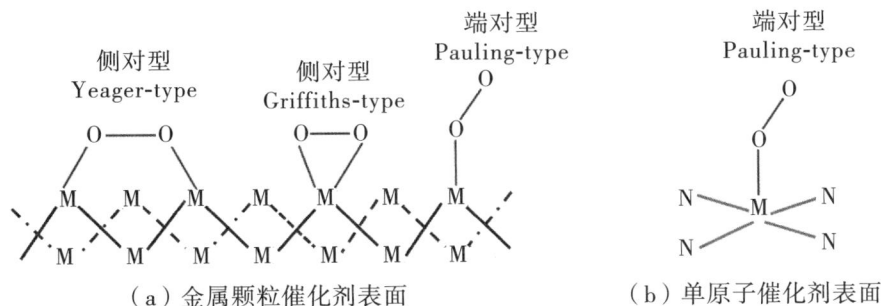

图 2-7　氧分子在金属表面和单原子催化剂表面的化学吸附态

（2）原子吸附氧：氧分子在金属表面可以解离成氧原子，以原子态吸附在金属表面。例如，在 AgY 分子筛上，氧以原子态吸附在银表面，表现为 TPD 谱图上的特定温度范围内的峰，这表明氧原子与金属表面形成了化学键。

一般在氧化物上主要存在的氧物种有：分子氧 O_2、分子吸附氧 O_2^*、原子吸附氧 O^*、表面晶格氧 O^{2-} 以及体相晶格氧 O^{2-} 等。

相互转化关系：

分子氧 O_2 ⟷ 分子吸附氧 O_2^* ⟷ 原子吸附氧 O^* ⟷ 表面晶格氧 O^{2-}

4. 乙烯的化学吸附态

烯烃在金属表面的吸附态可以是解离吸附，也可以是缔合吸附。例如，乙烯在金属表面的吸附，在解离吸附时可以脱氢，可表示为：

$$C_2H_4 + 2M \longrightarrow \begin{array}{c} HC=CH_2 \\ | \\ M \end{array} + \begin{array}{c} H \\ | \\ M \end{array}$$

乙烯在金属表面的吸附也可以是下列的缔合吸附方式。其中，（a）方式中乙烯打开了 C=C 双键，碳原子改变了杂化轨道的方式（sp^2 到 sp^3），碳原子与金属间形成 σ 键。而在（b）方式中，乙烯的 C=C 双键依然保持，碳原子与金属原子间以 π 键结合。

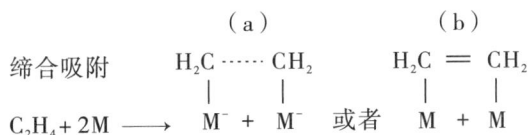

$$C_2H_4 + 2M \longrightarrow \begin{array}{cc} (a) & (b) \\ H_2C\cdots CH_2 & H_2C=CH_2 \\ | \quad | & | \quad | \\ M^- + M^- \text{ 或者 } & M + M \end{array}$$

2.3 吸附平衡与等温方程

固体表面对气体（吸附质）的吸附量取决于几个因素，即吸附温度、气体压力和亲和力（固体表面与气体分子之间）。当达到吸附平衡时，吸附质的吸附速度和脱附速度相等，表观吸附速度为零，吸附质在气相中的浓度和吸附剂表面的浓度均不再改变。吸附平衡通常有三种：等温吸附平衡、等压吸附平衡和等容吸附平衡。其中等温吸附平衡是应用最广、研究最多的类型。

2.3.1 气固吸附等温线的类型

等温吸附平衡是指在恒定的温度下，吸附过程达到平衡时，吸附剂对吸附质的吸附量与吸附质在气相中的浓度关系达到一种平衡状态。IUPAC 将气固吸附等温线分为六种类型（见图 2-8），这些类型反映了气体在固体吸附剂上的吸附行为与固体吸附剂的孔结构特征之间的关联。

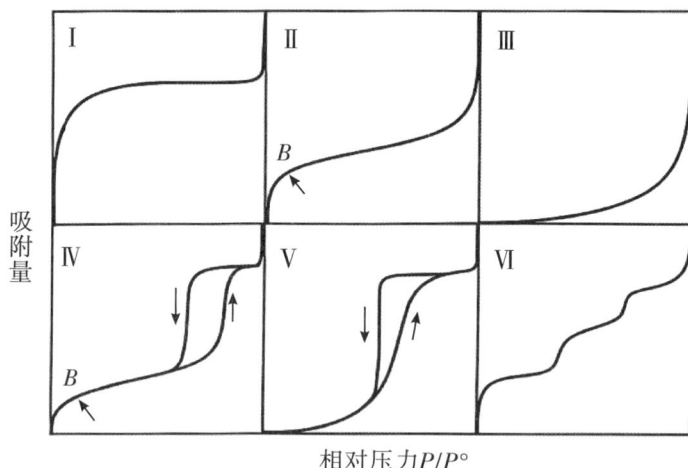

图 2-8 IUPAC 分类的六种吸附等温线

根据 IUPAC 的分类，孔根据尺寸大小分三种：尺寸小于 2 nm 的叫作微孔；尺寸大于 50 nm 的叫作大孔；尺寸介于 2 nm 和 50 nm 之间的叫作中孔或者介孔。

图 2-8 中的纵坐标是吸附量，横坐标是气体（吸附质）的相对压力。图中 Ⅰ 型等温线对应于朗格缪尔（Langmuir）单层可逆吸附过程，其特点是低压区域气体吸附量快速增长，随后的水平或近水平平台表明微孔已经充满，几乎没有进一步的吸附发生。这类等温线常见于微孔固体，如活性炭、分子筛沸石和某些多孔氧化物。有机物蒸气在活性炭上的吸附等温线就属于此类。Ⅱ 型等温线，又称为 S 型等温线，通常发生在非多孔性固体表面或大孔固体上，反映自由的单一多层可逆吸附过程（BET 等温线就属于此类等温线）。这类等温线在低 $\dfrac{P}{P_0}$ 值处有拐点 B，它指示单分子层的饱和吸附量。随着相对压力的增加，开始形成第二层，在饱和蒸气压时，吸附层数无限大。这类等温线在吸附剂孔径大于 20 nm 时常遇到，固体孔径尺寸无上限。氮气在非孔型硅胶或 TiO_2 上的吸附等温线就是这类。Ⅲ 型等温线与 Ⅱ 型等温线类似，但在整个压力范围内向下凹，曲线没有拐点 B，表明吸附剂和吸附质之间的作用力相当弱，如溴在硅胶上的吸附等温线。Ⅳ 型等温线通常由介孔固体产生，其特点是吸附等温线与脱附等温线不一致，可以观察到迟滞回线。在较高 $\dfrac{P}{P_0}$ 值区，吸附质发生毛细凝聚现象，当所有孔均发生凝聚后，吸附只在远小于内表面积的外表面发生，曲线平坦。当相对压力接近 1 时，在大孔上吸附，曲线上升。水在石墨上的吸附等温线属于Ⅳ型。对于 Ⅴ 型等温线，低 $\dfrac{P}{P_0}$ 值区与 Ⅲ 型等温线相似，表明吸附剂和吸附质之间的作用力弱，在高 $\dfrac{P}{P_0}$ 值下出现快速的吸附量增加，表明大孔的填充。这种类型的吸附等温线相对不常见。Ⅵ 型等温线非常罕见，以其吸附过程的台阶状特性著称，这些台阶源于均匀非孔表面的依次多层吸附。

2.3.2 吸附等温方程

等温吸附平衡过程常常用到数学模型，也就是等温方程来描述在恒定温度下，吸附质在吸附剂上的吸附量与溶液中吸附质的浓度（或者气体的分压）之间的关系。常见的等温方程包括：Langmuir 等温方程、Freundlich 等温方程、BET 等温方程、Temkin 等温方程和 Redlich – Peterson 等温方程。

1. Langmuir 等温方程

Langmuir 等温方程基于一个理想的单层吸附模型，假设：

（1）吸附剂表面是均匀的，各吸附位点能量相同；

（2）每个吸附位点只能吸附一个吸附质分子；

（3）已吸附的吸附质分子之间无相互作用；

（4）一定条件下，吸附与脱附达到动态平衡。

吸附速率为：

$$v_{吸附} = k_{吸附}P(1 - \theta) \qquad (2-1)$$

其中，θ 为表面覆盖度。

脱附速率为：

$$v_{脱附} = k_{脱附}\theta \qquad (2-2)$$

吸附达平衡时，$v_{吸附} = v_{吸附}$，因此

$$k_{吸附}P(1 - \theta) = k_{脱附}\theta \qquad (2-3)$$

这里令 $\lambda = \dfrac{k_{吸附}}{k_{脱附}}$，吸附等温方程为：

$$\theta = \frac{k_{吸附}P}{k_{脱附} + k_{吸附}P} = \frac{\lambda P}{1 + \lambda P} \qquad (2-4)$$

Langmuir 等温方程的形状如图 2-9 所示，纵坐标为表面覆盖度 θ，横坐标为压力 P。由图 2-9 可见，吸附量随压力增加而增加，当到了某个值之后，吸附量不再继续增加，呈现出水平或者平台状态。

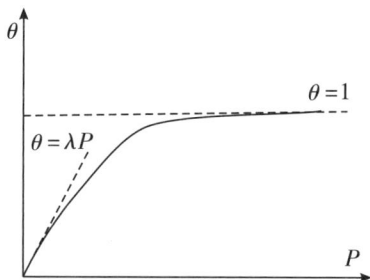

图 2-9　Langmuir 等温线的形状

Langmuir 等温方程存在两种极限情况：吸附很弱或者压力很低时，$\lambda P \ll 1$，则 Langmuir 等温方程可以简化为 $\theta = \lambda P$，表面覆盖度与压力成正比，相当于 Langmuir 等温线的低压部分接近于一条直线；吸附很强或者压力很高时，$\lambda P \gg 1$，Langmuir 等温方程可以简化为 $\theta = 1$，这时吸附剂表面达到饱和吸附，Langmuir 等温线的末端近似于一条直线。

2. Freundlich 等温方程

这是一个经验模型，适用于描述非理想吸附过程，特别是多层吸附。

吸附等温式为：

$$q = kP^{\frac{1}{n}} \quad (n > 1) \tag{2-5}$$

其中，q 是吸附量，k 和 n 是经验常数，P 是吸附质的压力。

Freundlich 等温方程有时也表示为：

$$V = kP^{\frac{1}{n}} \tag{2-6}$$

其中，V 是吸附的气体体积。

如果对 Freundlich 等温方程取对数，方程可变为：

$$\ln q = \ln k + \frac{1}{n}\ln P \tag{2-7}$$

3. BET 等温方程

这是一个物理吸附的多层吸附模型，是由布诺瑞尔（Brunauer）、爱默特（Emmett）和泰勒（Teller）三位科学家共同提出的。模型基于以下假设：

（1）固体表面是均匀表面，空白表面对所有的分子吸附机会相等，吸附位点在热力学和动力学意义上是均一的，吸附热与表面覆盖度无关；

（2）已吸附的分子之间无相互作用，没有横向相互作用；

（3）吸附可以是多分子层的，且不一定完全铺满单层后再铺其他层；

（4）第一层吸附是气体分子与固体表面直接作用，其吸附热与以后各层吸附热不同。而第二层以后各层则是相同气体分子间的相互作用，各层吸附热都相同，为吸附质的液化热。

图 2-10 为多分子层吸附模型，从中可以推导出 BET 等温方程。

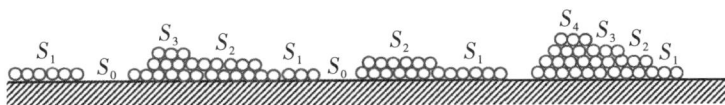

图 2-10 多分子层吸附模型

$$\frac{P}{V(P_0 - P)} = \frac{1}{CV_m}\left[1 + (C-1)\right]\frac{P}{P_0} \tag{2-8}$$

其中，P 为吸附平衡时气体的压力，P_0 为吸附气体在该温度下的饱和蒸气压，V 为压力 P 时达到吸附平衡时的吸附量，V_m 为催化剂表面吸附一层单分子所需的气体体积（又称为单层饱和吸附量），C 是与第一层吸附热有关的常数。

BET 等温方程最重要的应用就是求催化剂的比表面积。具体步骤为：通过在给定温度下测得不同分压 P 下某种气体的吸附体积，可以求得 C 和 V_m 的值。已知每个气体分子在吸附剂表面所占的面积，就可以计算吸附剂的比表面积。该方法成为测定固体比表面积的标准方法，特别是使用氮气、氩气、氦气等作为吸附质时，因为它们的截面积可查，使得测量更为准确。

式（2-8）中，如果以 $\dfrac{P}{V(P_0-P)}$ 对 $\dfrac{P}{P_0}$ 作图，得到一条直线，直线的截距为 $\dfrac{1}{CV_m}$，直线的斜率为 $\dfrac{C-1}{CV_m}$。通过直线的斜率和截距，我们可以计算出催化剂表面铺满单分子时所需的分子个数 V_m。若已知单个吸附气体分子的截面积 A_m，就可以求出吸附剂的总比表面积和比表面积：$S = A_m \times NA \times n$，其中，$S$ 是吸附剂的总比表面积，NA 是阿伏伽德罗常数，n 是吸附质的物质的量。

在使用 BET 等温方程计算催化剂的比表面积时，要特别留意实验的比压 $\dfrac{P}{P_0}$ 范围。因为 BET 基于多层吸附模型，只适用于比压为 0.05 ~ 0.35 的范围。如果比压小于 0.05，压力过低，不足以建立起多层的吸附平衡；如果比压大于 0.35，压力过高，容易出现毛细凝聚现象，从而破坏多层物理吸附平衡。

4. Temkin 等温方程

Langmuir 等温方程是均匀表面的吸附方程，对于一些吸附能随表面覆盖度变化而变化的吸附体系，Langmuir 等温方程并不适用。为了解决这一问题，乔姆金（Temkin）提出了经验性的吸附等温方程。Temkin 等温方程就是其中一种，它适用于描述吸附热随表面覆盖度变化而线性下降的化学吸附过程。

Temkin 等温方程的形式可以表示为：

$$\theta - \frac{1}{f}\ln A_0 P \qquad (2-9)$$

其中，f 和 A_0 为常数，与吸附温度和吸附体系有关。这个方程特别适用于描述 N 和 H 在铁上的吸附等温过程，其中吸附热随着表面覆盖度的增加而线性下降。

5. Redlich – Peterson 等温方程

Redlich – Peterson 等温方程是一个三参数方程，它结合了 Langmuir 等温线和 Freundlich 等温线的特点，可以更准确地描述某些吸附系统的行为。

Redlich – Peterson 等温线的数学表达式为：

$$q = \frac{aP}{1 + b \cdot Pg} \qquad\qquad (2-10)$$

其中，q 是吸附量，P 是吸附气体的平衡压力，a、b 和 g 是 Redlich – Peterson 等温线的参数，这些参数需要通过实验数据来拟合确定。

这个方程的形式允许它描述从 Langmuir 型到 Freundlich 型的各种吸附行为，具体取决于参数 g 的值。当 g 接近 1 时，方程的行为类似于 Langmuir 等温线；而当 g 不等于 1 时，它则表现出 Freundlich 等温线的特性。

3 多相催化反应动力学

多相催化反应动力学是催化科学的核心组成部分，涉及催化剂、反应物、产物和反应环境之间的复杂相互作用。研究催化反应动力学的目的主要有两个：一是研究化学反应的速率，以及浓度、分子结构、温度、反应介质、催化剂和催化剂结构等外界因素对反应速率的影响，从而提供合适的反应条件，使反应按照人们希望的速率进行；二是研究反应的机理，揭示反应物变为产物所经历的途径。对反应机理的研究能使人们进一步了解各种因素对反应速率的影响，从而更好地控制反应速率，确保反应按照人们预期的方向和速率进行。

多相催化作用发生在两相界面上，其中一相是固体催化剂，而另一相是液体或气体反应物。目前，工业上采用的多相催化过程以气固多相催化为主，例如，加氢精制、重整反应、合成氨和甲醇合成等。本章主要讲述气固多相催化反应动力学。

气固多相催化反应大致可分为七个步骤（见图 3-1）：

（1）外扩散：反应物质从气相主体扩散穿过催化剂颗粒表面外的反应相膜，扩散到催化剂外表面。

（2）内扩散：反应物质从催化剂颗粒外表面进一步扩散到催化剂的内表面。

（3）吸附：反应物分子在催化剂表面被吸附，形成活性吸附态。

（4）表面反应：吸附态的反应物在催化剂表面进行化学反应，生成吸附态的产物。

（5）产物脱附：反应生成产物在催化剂内表面脱附，成为自由的产物。

（6）内扩散（反向）：产物从催化剂内表面扩散到外表面。

（7）外扩散（反向）：产物穿过催化剂颗粒表面外的反应相膜扩散到气相主体。

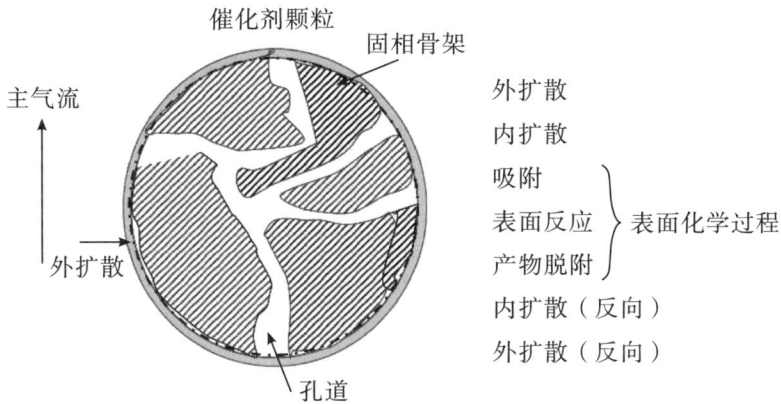

图 3 – 1　气固多相催化反应的基本步骤

　　在多相催化反应的七个步骤中，存在表面化学过程（吸附、表面反应和产物脱附）和物质传递的扩散等多个步骤，每个步骤都可能成为反应的速率控制步骤（速控步骤，RDS）。首先，催化反应发生的前提是反应物必须吸附到催化剂表面，形成化学吸附态，才可能进一步发生反应。其次，反应完成后，产物必须从催化剂表面解吸，释放出活性位点供后续反应使用。如果反应物的吸附和产物的脱附是速控步骤，这时的动力学方程就表现出吸附和脱附动力学的特征。如果反应物穿过催化剂颗粒表面外的反应相膜的外扩散或是孔道内部的内扩散阻力大，总的反应速率由外扩散或者内扩散决定。当消除扩散的影响，反应速率由表面反应决定时，这时的动力学方程才能被称为本征动力学方程。

3.1　催化动力学方程

　　多相催化反应动力学的数学描述通常涉及动力学方程，这些方程可以是经验的或是基于理论的，用于预测反应速率和理解反应机理。下面我们分别介绍表面反应、反应物的吸附和产物的脱附为速控步骤时，如何获取反应的动力学方程。

3.1.1　表面反应为速控步骤

　　如果假定催化剂表面已经建立了反应物和产物的吸附和脱附平衡，并且其行为符合 Langmuir 模型，这种情况属于理想的吸附层模型。表面反应的速率可用质量作用定律来描述，反应物或者产物在催化剂上的表面浓度（吸附态反应物）可用气体的气相压力由 Langmuir 等温方程计算获得。对于双分子反应，常见的模型有 Langmuir – Hinshelwood 模型和 Eley – Rideal 模型。

下面以反应 $A + B \longrightarrow P$ 为例。

1. Langmuir – Hinshelwood 模型

假设反应物和产物的吸附和脱附已经到达平衡，表面反应是速控步骤，反应发生在吸附态的反应物之间。

反应按以下机理进行：

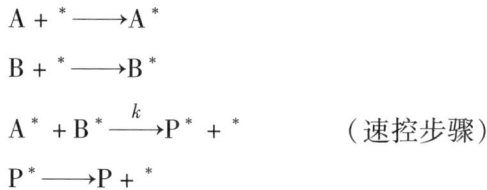

$$A + {}^* \longrightarrow A^*$$

$$B + {}^* \longrightarrow B^*$$

$$A^* + B^* \xrightarrow{k} P^* + {}^* \qquad （速控步骤）$$

$$P^* \longrightarrow P + {}^*$$

根据质量作用定律，反应的总速率为：

$$r = k\theta_A \theta_B \tag{3-1}$$

假设反应物 A 和 B 及产物 P 在催化剂表面的吸附都显著，就存在三者在表面的竞争吸附。按照 Langmuir 竞争吸附模型可得出反应物 A 和 B 的表面覆盖度分别为：

$$\theta_A = \frac{\lambda_A P_A}{1 + \lambda_A P_A + \lambda_B P_B + \lambda_P P_P} \tag{3-2}$$

$$\theta_B = \frac{\lambda_B P_B}{1 + \lambda_A P_A + \lambda_B P_B + \lambda_P P_P} \tag{3-3}$$

将反应物 A 和 B 的表面覆盖度代入式（3 - 1），可得

$$r = k\theta_A \theta_B = \frac{k\lambda_A \lambda_B P_A P_B}{(1 + \lambda_A P_A + \lambda_B P_B + \lambda_P P_P)^2} \tag{3-4}$$

式（3 - 4）根据反应的实际情况可以进行简化。

例如：反应物和产物在催化剂表面覆盖度都非常低时，$1 + \lambda_A P_A + \lambda_B P_B + \lambda_P P_P$ 就可近似为 1；式（3 - 4）简化为：$r = k\lambda_A \lambda_B P_A P_B$。如果只有某种物质在表面吸附最强，成为最丰表面物种，$1 + \lambda_A P_A + \lambda_B P_B + \lambda_P P_P$ 可以简化为 $1 + \lambda_X P_X$，下标 X 代表 A、B 或者 P。

2. Eley – Rideal 模型

表面吸附态反应物和另一种气相反应物之间的表面反应是速控步骤，反应按以下机理进行：

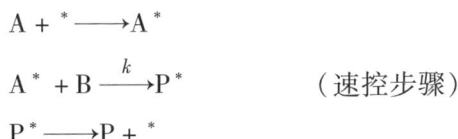

$$A + {}^* \longrightarrow A^*$$

$$A^* + B \xrightarrow{k} P^* \qquad （速控步骤）$$

$$P^* \longrightarrow P + {}^*$$

这时总的反应速率由反应物 A 的表面覆盖度和反应物 B 的气相压力决定，表示为：

$$r = k\theta_A P_B \qquad (3-5)$$

催化剂表面只有反应物 A 和产物 P 吸附，因此 A 的表面覆盖度和总反应速率为：

$$\theta_A = \frac{\lambda_A P_A}{1 + \lambda_A P_A + \lambda_P P_P} \qquad (3-6)$$

$$r = k\theta_A P_B = \frac{k\lambda_A P_A P_B}{1 + \lambda_A P_A + \lambda_P P_P} \qquad (3-7)$$

3.1.2 反应物的吸附或者产物的脱附为速控步骤

反应物的吸附为速控步骤，反应按以下机理进行：

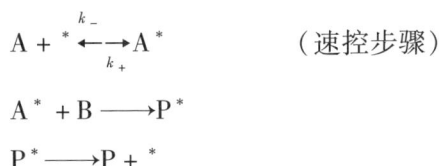

$$A + {}^* \underset{k_+}{\overset{k_-}{\longleftrightarrow}} A^* \qquad （速控步骤）$$

$$A^* + B \longrightarrow P^*$$

$$P^* \longrightarrow P + {}^*$$

反应物 A 的吸附是速控步骤，除这一步之外，其他步骤近似处于平衡。总的反应速率为：

$$r = k_+ \theta_0 P_A - k_- \theta_A \qquad (3-8)$$

由于反应物 A 的吸附是速控步骤，A 的表面覆盖度 θ_A 不能将 P_A 直接代入 Langmuir 等温方程获得，因为还没有建立吸附 – 脱附平衡。这时与 θ_A 相对应的是压力 P_A^*。

$$\theta_A = \frac{\lambda_A P_A^*}{1 + \lambda_A P_A^* + \lambda_P P_P} \qquad (3-9)$$

$$\theta_0 = \frac{1}{1 + \lambda_A P_A^* + \lambda_P P_P} \tag{3-10}$$

除了第一步吸附是速控步骤之外，另外两步反应处于平衡，由总的反应平衡可得

$$K_{\text{总}} = \frac{P_P}{P_A^* P_B} \Longrightarrow P_A^* = \frac{P_P}{K_{\text{总}} P_B}$$

代入式（3-8），得到

$$r = k_+ \theta_0 P_A - k_- \theta_A = \frac{k_+ P_A - k_- \lambda_A \dfrac{P_P}{K_{\text{总}} P_B}}{1 + \dfrac{\lambda_A P_P}{K_{\text{总}} P_B} + \lambda_P P_P} \tag{3-11}$$

如果产物的脱附为速控步骤，采用上面类似的处理方法，可以得到总的速率方程。

3.2　动力学研究示例——费托合成的详细动力学

费托合成是一种将一氧化碳（CO）和氢气（H_2）转化为液态烃和其他碳氢化合物（如蜡、汽柴油、石脑油、甲烷等）的化学过程，其产物多样性极高，反应机理复杂，受多种因素影响。经典的动力学模型是描述主要反应物 CO 的消耗速率的模型。该类模型主要采用经验的幂指数型动力学表达式或通过假设不同的反应机理以及速控步骤推导的 Langmuir-Hinshelwood Hougen-Watson（LHHW）型动力学表达式。该类模型在预测费托合成产物分布上存在不足，不能很好满足反应器分析与设计的要求。

下面以工业 Fe-Mn 超细颗粒铁催化剂上费托合成为例，介绍我们如何利用详细动力学模型来预测产物分布。由于详细动力学模型充分考虑了费托合成复杂聚合机理的细节（如链引发、链增长和链终止等），因此能够很好地将合成气消耗动力学模型和产物选择性模型统一于一体，除了能够给出 CO 的消耗速率之外，还能提供 CO_2 选择性、直链烷烃和烯烃产物分布等多种信息。研究产物分布和动力学行为，可以为工业放大技术软件集成系统提供有价值的工艺参数和动力学数据，为反应器的设计提供依据。

研究详细动力学，可以全面掌握 Fe-Mn 超细颗粒铁催化剂在费托合成过

程中的行为规律，从微观到宏观两方面解析反应机理，量化各因素对催化效率和产物分布的影响，最终实现对整个催化系统的精准控制。详细动力学研究不仅可以促进催化剂和工艺的优化，还可以为后续催化剂的设计奠定坚实的科学基础。

3.2.1 反应历程的确立

费托合成是一个由平行和串联反应组成的复杂网络。在这一过程中，多种反应同时进行，包括平行反应和串联反应，使得产物的分布和产率受到多种因素的影响。为了优化费托合成过程，我们需要对这些反应进行深入的研究，并考虑如何调整操作条件以影响反应路径和产物分布。这包括调整反应温度、压力、H_2 和 CO 物质的量比等因素，以提高催化剂的活性和稳定性，从而优化产物的产率和选择性。因此，费托合成的研究不仅涉及催化剂的制备和性质，还需要深入理解反应机理和动力学，以实现更高效、更环保的合成过程。

整个合成可以简化为费托反应和水煤气变换（WGS）反应的组合。

费托反应主要有五大类步骤：

（1）反应物的吸附（H_2 和 CO）；

（2）链引发；

（3）链增长；

（4）产品的链终止和解吸；

（5）烯烃的再吸附和二次反应。

费托合成的产物极为复杂，有烃类化合物、含氧化合物（醇和酯等），我们关注的重点是烃类化学物的生成。

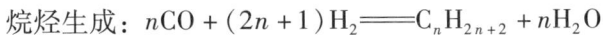

烷烃生成：$nCO + (2n+1)H_2 \Longrightarrow C_nH_{2n+2} + nH_2O$

烯烃形成：$nCO + 2nH_2 \Longrightarrow C_nH_{2n} + nH_2O$

WGS 反应：$CO + H_2O \Longrightarrow CO_2 + H_2$

我们在查阅、整理和综合分析文献的基础上，设计了 10 种可能的费托合成的机理。下面以我们 10 个模型中的 F-TⅢ 为例，演示详细动力学研究过程。表 3-1 列出了 F-TⅢ 模型的一些重要的基元反应，其中第 5、7 和 8 步为速控步骤。

表 3 - 1　Fe - Mn 超细颗粒铁催化剂上费托反应的基元反应（F - T Ⅲ 模型）

步骤	基元反应
1	$CO + s_1 \longrightarrow COs_1$
2	$COs_1 + H_2 \longrightarrow H_2COs_1$
3	$H_2COs_1 + H_2 \longrightarrow CH_2s_1 + H_2O$
4	$H_2 + 2s_1 \longrightarrow 2Hs_1$
5 (n)	$CH_2s_1 + CH_2s_1 \longrightarrow CH_2CH_2s_1 + s_1$ （速控步骤） $CH_2s_1 + C_nH_{2n}s_1 \longrightarrow C_nH_{2n}CH_2s_1 + s_1$
6 (n)	$C_nH_{2n}s_1 + Hs_1 \longrightarrow C_nH_{2n+1}s_1 + s_1$
7 (n)	$CH_3s_1 + Hs_1 \longrightarrow CH_4 + 2s_1$ （速控步骤） $C_nH_{2n+1}s_1 + Hs_1 \longrightarrow C_nH_{2n+2} + 2s_1$
8 (n)	$C_nH_{2n}s_1 \longrightarrow C_nH_{2n} + s_1$ （速控步骤）

注：s_1 表示费托反应的催化反应吸附活性位点。

因为 WGS 反应的机理研究较多，也相对成熟，我们的工作重点是费托合成的烃类生长动力学，故而直接采用已有的 WGS 反应的反应机理和动力学方程。该模型在 2003 年王逸凝的 Fe - Cu - K 催化剂动力学研究中被采用过，能够很好地描述 WGS 反应，反应历程的基元反应和对应的速率表达式详见表 3 - 2。

表 3 - 2　Fe - Mn 超细颗粒铁催化剂上 WGS 反应的基元反应和对应的速率表达式

步骤	基元反应	平衡常数和速率表达式
Ⅰ	$CO + s_2 \rightleftharpoons CO - s_2$	$K_{WGS1} = \dfrac{[CO - s_2]}{P_{CO}[s_2]}$
Ⅱ	$H_2O + 2s_2 \rightleftharpoons OH - s_2 + H - s_2$	$K_{WGS2} = \dfrac{[OH - s_2][H - s_2]}{P_{H_2O}[s_2]^2}$
Ⅲ	$CO - s_2 + OH - s_2 \rightleftharpoons COOH - s_2 + s_2$	$K_{WGS3} = \dfrac{[COOH - s_2][s_2]}{[CO - s_2][OH - s_2]}$
Ⅳ	$COOH - s_2 \rightleftharpoons CO_2 + H - s_2$	$r_4 = k_{-4}[COOH - s_2] - k_4 P_{CO_2}[H - s_2]$ $K_{WGS4} = \dfrac{k_{WGS4}}{k_{-WGS4}}$

（续上表）

步骤	基元反应	平衡常数和速率表达式
V	$2H-s_2 \rightleftharpoons H_2 + 2s_2$	$K_{WGS5} = \dfrac{P_{H_2}[s_2]^2}{[H-s_2]^2}$

注：s_2 表示 WGS 反应的催化反应吸附活性位点。

3.2.2　烃类的速率表达式

根据表 3-1 中列出的费托合成的基元反应步骤，推导出线性烷烃和烯烃的生成速率。

在推导出碳氢化合物生成的速率表达式之前，有以下几点假设：

（1）假设催化剂的表面组成和所有相关中间体的浓度都达到稳态条件；

（2）假设生成碳氢化合物的基元反应中除甲烷外，其他的均与参与该基元反应的中间体的碳数无关；

（3）催化剂表面有两种类型的均匀分布的活性位点，分别用于 F-T 反应和 WGS 反应。

假设速控步骤为步骤 5、7 和 8，其余步骤可以被认为是快速且处于平衡状态的。因此，具有 n 个碳原子的烷烃和烯烃的生成速率可以写成：

$$R_{CH_4} = k_{7M}[CH_3s_1][Hs_1] = \frac{k_{7M}K_6[CH_2s_1][Hs_1]^2}{[s_1]} \tag{3-12}$$

$$R_{C_nH_{2n+2}} = k_7[C_nH_{2n+1}s_1][Hs_1] = \frac{k_7K_6[C_nH_{2n}s_1][Hs_1]^2}{[s_1]} \quad (n \geq 2)\tag{3-13}$$

$$R_{C_nH_{2n}} = k_8^+[C_nH_{2n}s_1] - k_8^- P_{C_nH_{2n}}[s_1] \quad (n \geq 2) \tag{3-14}$$

此处，k_{7M} 为甲烷的生成速率常数；k_7 为烷烃的生成速率常数；k_8^+ 为烯烃的生成速率常数；k_8^- 为烯烃的再吸附速率常数；K_6 为基元反应 6 的平衡常数，s_1 代表费托合成吸附活性位点。

将稳态条件应用于表面中间体 $[C_nH_{2n}s_1]$ 的浓度：

$$-\frac{d[C_nH_{2n}s_1]}{dt} = k_5[C_nH_{2n}s_1][CH_2s_1] - k_5[C_{n-1}H_{2n-2}s_1][CH_2s_1] +$$

$$k_7[C_nH_{2n+1}s_1][Hs_1] + k_8^+[C_nH_{2n}s_1] - k_8^-P_{C_nH_{2n}}[s_1]$$

$$= k_5[C_nH_{2n}s_1][CH_2s_1] - k_5[C_{n-1}H_{2n-2}s_1][CH_2s_1] +$$

$$\frac{k_7K_6[C_nH_{2n}s_1][Hs_1]^2}{[s_1]} + k_8^+[C_nH_{2n}s_1] - k_8^-P_{C_nH_{2n}}[s_1]$$

$$= 0 \, (n \geqslant 1)$$

$$(3-15)$$

重新排列后，式（3-15）得到

$$\frac{[C_nH_{2n}s_1]}{[C_{n-1}H_{2n-2}s_1]} = \frac{k_5[CH_2s_1]}{k_5[CH_2s_1] + \frac{k_7K_6[Hs_1]^2}{[s_1]} + k_8^+\left(1 - \frac{k_8^-P_{C_nH_{2n}}[s_1]}{k_8^+[C_nH_{2n}s_1]}\right)}$$

$$= \frac{k_5[CH_2s_1]}{k_5[CH_2s_1] + \frac{k_7K_6[Hs_1]^2}{[s_1]} + k_8^+(1-\beta_n)} \quad (n \geqslant 2) \quad (3-16)$$

其中，$k_5[CH_2s_1]$ 与碳氢化合物的链生长有关，$k_8^+\left(1 - \frac{k_8^-P_{C_nH_{2n}}[s_1]}{k_8^+[C_nH_{2n}s_1]}\right)$ 是烯烃形成的速率，即碳原子数为 n 的烯烃解吸和再吸附的净效应。这里我们引入一个再吸附因子 β_n，其定义如下：

$$\beta_n = \frac{k_8^-}{k_8^+}\frac{P_{C_nH_{2n}}[s_1]}{[C_nH_{2n}s_1]} \quad (n \geqslant 2) \quad (3-17)$$

具有 n 个碳原子的碳链的链增长概率 α_n 为：

$$\alpha_n = \frac{k_5[CH_2s_1]}{k_5[CH_2s_1] + \frac{k_7K_6[Hs_1]^2}{[s_1]} + k_8^+(1-\beta_n)} \quad (n \geqslant 2) \quad (3-18)$$

表面中间体的浓度可以通过应用准平衡关系表示为 CO、H_2 和 H_2O 分压的函数，

$$[CH_2s_1] = K_1K_2K_3\frac{P_{H_2}^2 P_{CO}}{P_{H_2O}}[s_1] = K_3'\frac{P_{H_2}^2 P_{CO}}{P_{H_2O}}[s_1] \quad (3-19)$$

$$[Hs_1] = \sqrt{K_4 P_{H_2}}[s_1] \quad (3-20)$$

将式（3-19）和式（3-20）代入式（3-18）中，可得到

$$\alpha_n = \frac{\left[C_nH_{2n}s_1\right]}{\left[C_{n-1}H_{2n-2}s_1\right]}$$

$$= \frac{k_5K_3'\dfrac{P_{H_2}^2P_{CO}}{P_{H_2O}}\left[s_1\right]}{k_5K_3'\dfrac{P_{H_2}^2P_{CO}}{P_{H_2O}}\left[s_1\right] + k_7K_6K_4P_{H_2}\left[s_1\right] + k_8^+(1-\beta_n)} \quad (n\geqslant 2) \quad (3-21)$$

式（3-15）可以重新排列为：

$$\left[C_nH_{2n}s_1\right] = \frac{k_5\left[CH_2s_1\right]\left[C_{n-1}H_{2n-2}s_1\right]}{k_5\left[CH_2s_1\right] + \dfrac{k_7K_6\left[Hs_1\right]^2}{\left[s_1\right]} + k_8^+} +$$

$$\frac{k_8^-P_{C_nH_{2n}}\left[s_1\right]}{k_5\left[CH_2s_1\right] + \dfrac{k_7K_6\left[Hs_1\right]^2}{\left[s_1\right]} + k_8^+} \quad (n\geqslant 2) \quad (3-22)$$

式（3-22）可以改写为：

$$X_n = \alpha_A X_{n-1} + BY_n \quad (3-23)$$

其中，X_n、α_A、Y_n 以及 B 定义如下：

$$X_n = \left[C_nH_{2n}s_1\right] \quad (n\geqslant 2) \quad (3-24)$$

$$\alpha_A = \frac{k_5\left[CH_2s_1\right]}{k_5\left[CH_2s_1\right] + k_7K_6K_4P_{H_2}\left[s_1\right] + k_8^+}$$

$$= \frac{k_5K_3'\dfrac{P_{H_2}^2P_{CO}}{P_{H_2O}}\left[s_1\right]}{k_5K_3'\dfrac{P_{H_2}^2P_{CO}}{P_{H_2O}}\left[s_1\right] + k_7K_6K_4P_{H_2}\left[s_1\right] + k_8^+} \quad (3-25)$$

$$B = \frac{k_8^-}{k_5\left[CH_2s_1\right] + k_7K_6K_4P_{H_2}\left[s_1\right] + k_8^+}$$

$$= \frac{k_8^-}{k_5K_3'\dfrac{P_{H_2}^2P_{CO}}{P_{H_2O}}\left[s_1\right] + k_7K_6K_4P_{H_2}\left[s_1\right] + k_8^+} \quad (3-26)$$

$$Y_n = P_{C_nH_{2n}}\left[s_1\right] \quad (n\geqslant 2) \quad (3-27)$$

从式（3-23）中，我们得到

$$X_2 = \alpha_A X_1 + BY_2 \quad (3-28)$$

$$X_3 = \alpha_A^2 X_1 + \alpha_A BY_2 + BY_3 \quad (3-29)$$

$$X_4 = \alpha_A^3 X_1 + \alpha_A^2 B Y_2 + \alpha_A B Y_3 + B Y_4 \qquad (3-30)$$

$$\vdots$$

$$X_n = \alpha_A^{n-1} X_1 + B \sum_{i=2}^{n} \alpha_A^{i-2} Y_{n-i+2} \qquad (n \geq 2) \qquad (3-31)$$

其中，X_1 和 Y_{n-i+2} 定义如下：

$$X_1 = [CH_2 s_1] = \frac{K_3' P_{H_2}^2 P_{CO}}{P_{H_2O}}[s_1] \qquad (3-32)$$

$$Y_{n-i+2} = P_{C_{n-i+2}H_{2(n-i+2)}}[s_1] \qquad (n \geq 2) \qquad (3-33)$$

因此，$[C_n H_{2n} s_1]$ 的浓度可以改写为：

$$[C_n H_{2n} s_1] = \alpha_A^{n-1}[CH_2 s_1] + B[s_1] \sum_{i=2}^{n} \alpha_A^{i-2} P_{C_{n-i+2}H_{2(n-i+2)}}$$

$$= \alpha_A^{n-1} K_3' \frac{P_{H_2}^2 P_{CO}}{P_{H_2O}}[s_1] + B[s_1] \sum_{i=2}^{n} \alpha_A^{i-2} P_{C_{n-i+2}H_{2(n-i+2)}} \qquad (3-34)$$

将式（3-34）和式（3-19）代入式（3-17）中，可得到

$$\beta_n = \frac{k_8^-}{k_8^+} \frac{P_{C_n H_{2n}}}{\alpha_A^{n-1} K_3' \frac{P_{CO}P_{H_2}^2}{P_{H_2O}} + \frac{k_8^-}{k_5 K_3' \frac{P_{CO}P_{H_2}^2}{P_{H_2O}}[s_1] + k_7 K_6 K_4 P_{H_2}[s_1] + k_8^+} \sum_{i=2}^{n}(\alpha_A^{i-2} P_{C_{n-i+2}H_{2(n-i+2)}})}$$

$$(n \geq 2) \qquad (3-35)$$

根据式（3-16），α_n 中链式增长概率的定义有

$$[C_n H_{2n} s_1] = [CH_2 s_1] \prod_{i=2}^{n} \alpha_i = K_3' \frac{P_{H_2}^2 P_{CO}}{P_{H_2O}}[s_1] \prod_{i=2}^{n} \alpha_i (n \geq 2) \quad (3-36)$$

因此，浓度的表达式 $[C_n H_{2n+1} s_1]$ 为：

$$[C_n H_{2n+1} s_1] = \frac{K_6[C_n H_{2n} s_1][H s_1]}{[s_1]} = K_6 K_4^{0.5} K_3' \frac{P_{H_2}^{2.5} P_{CO}}{P_{H_2O}}[s_1] \prod_{i=2}^{n} \alpha_i \quad (n \geq 2)$$

$$(3-37)$$

表面中间体的浓度 $[CH_3 s_1]$、$[CO s_1]$、$[H_2 CO s_1]$ 可以根据 F-TⅢ 模型中的基本步骤 1~4 和 7 得出（见表 3-1）。

$$[CH_3s_1] = K_6 K_1 K_2 K_3 K_4^{0.5} \frac{P_{H_2}^{2.5} P_{CO}}{P_{H_2O}}[s_1] = K_6 K_3' K_4^{0.5} \frac{P_{H_2}^{2.5} P_{CO}}{P_{H_2O}}[s_1]$$

$$(3-38)$$

$$[COs_1] = K_1 P_{CO}[s_1] \qquad (3-39)$$

$$[H_2COs_1] = K_2 P_{H_2}[COs_1] = K_1 K_2 P_{CO} P_{H_2}[s_1] = K_2' P_{CO} P_{H_2}[s_1]$$

$$(3-40)$$

催化剂表面位点浓度的归一化导致

$$1 = [s_1] + [Hs_1] + [COs_1] + [CH_2s_1] + [H_2COs_1] + [CH_3s_1] +$$

$$\sum_{i=2}^{n} [C_nH_{2n}s_1] + \sum_{i=2}^{n} [C_nH_{2n+1}s_1] \qquad (3-41)$$

将式（3-19）、式（3-20）和式（3-37）到式（3-40）代入式（3-41），得到

$$1 = [s_1] + \sqrt{K_4 P_{H_2}} + K_1 P_{CO}[s_1] + K_3' \frac{P_{H_2}^2 P_{CO}}{P_{H_2O}}[s_1] + K_1 K_2 P_{CO} P_{H_2}[s_1] +$$

$$K_6 K_4^{0.5} K_3' \frac{P_{H_2}^{2.5} P_{CO}}{P_{H_2O}}[s_1] + K_3' \frac{P_{H_2}^2 P_{CO}}{P_{H_2O}} \sum_{i=2}^{n} \prod_{j=1}^{i} (\alpha_j)[s_1] +$$

$$K_6 K_4^{0.5} K_3' \frac{P_{H_2}^{2.5} P_{CO}}{P_{H_2O}} \sum_{i=2}^{n} \prod_{j=1}^{i} (\alpha_j)[s_1] \qquad (3-42)$$

因此，游离活性位点 $[s_1]$ 的浓度可以表示如下：

$$[s_1] =$$

$$\frac{1}{1 + \sqrt{K_4 P_{H_2}} + K_1 P_{CO} + K_3' \frac{P_{H_2}^2 P_{CO}}{P_{H_2O}} + K_1 K_2 P_{CO} P_{H_2} + K_6 K_4^{0.5} K_3' \frac{P_{H_2}^{2.5} P_{CO}}{P_{H_2O}} + K_3' \frac{P_{H_2}^2 P_{CO}}{P_{H_2O}} \sum_{i=2}^{n} \prod_{j=1}^{i} (\alpha_j) + K_6 K_4^{0.5} K_3' \frac{P_{H_2}^{2.5} P_{CO}}{P_{H_2O}} \sum_{i=2}^{n} \prod_{j=1}^{i} (\alpha_j)}$$

$$(3-43)$$

将式（3-43）代入式（3-36）和式（3-37）中，可得

$$[C_nH_{2n}s_1] =$$

$$\frac{K_3' \frac{P_{H_2}^2 P_{CO}}{P_{H_2O}} \prod_{i=2}^{n} \alpha_i}{1 + \sqrt{K_4 P_{H_2}} + K_1 P_{CO} + K_3' \frac{P_{H_2}^2 P_{CO}}{P_{H_2O}} + K_1 K_2 P_{CO} P_{H_2} + K_6 K_4^{0.5} K_3' \frac{P_{H_2}^{2.5} P_{CO}}{P_{H_2O}} + K_3' \frac{P_{H_2}^2 P_{CO}}{P_{H_2O}} \sum_{i=2}^{n} \prod_{j=2}^{i} (\alpha_j) + K_6 K_4^{0.5} K_3' \frac{P_{H_2}^{2.5} P_{CO}}{P_{H_2O}} \sum_{i=2}^{n} \prod_{j=2}^{i} (\alpha_j)}$$

$$(n \geqslant 2) \qquad (3-44)$$

$$[C_nH_{2n+1}s_1] =$$

$$\cfrac{K_6 K_4^{0.5} K_3' \dfrac{P_{H_2}^{2.5} P_{CO}}{P_{H_2O}} \prod\limits_{i=2}^{n} \alpha_i}{1 + \sqrt{K_4 P_{H_2}} + K_1 P_{CO} + K_3' \dfrac{P_{H_2}^2 P_{CO}}{P_{H_2O}} + K_1 K_2 P_{CO} P_{H_2} + K_6 K_4^{0.5} K_3' \dfrac{P_{H_2}^{2.5} P_{CO}}{P_{H_2O}} + K_3' \dfrac{P_{H_2}^2 P_{CO}}{P_{H_2O}} \sum\limits_{i=2}^{n} \prod\limits_{j=2}^{i}(\alpha_j) + K_6 K_4^{0.5} K_3' \dfrac{P_{H_2}^{2.5} P_{CO}}{P_{H_2O}} \sum\limits_{i=2}^{n} \prod\limits_{j=2}^{i}(\alpha_j)}$$

$$(n \geqslant 2) \qquad\qquad (3-45)$$

将式（3-44）、式（3-45）代入式（3-12）到（3-14）中，可得到

$$R_{CH_4} =$$

$$\cfrac{k_{7M} K_4 K_6 K_3' \dfrac{P_{H_2}^3 P_{CO}}{P_{H_2O}}}{\left[1 + \sqrt{K_4 P_{H_2}} + K_1 P_{CO} + K_3' \dfrac{P_{H_2}^{2.5} P_{CO}}{P_{H_2O}} + K_1 K_2 P_{CO} P_{H_2} + K_6 K_4^{0.5} K_3' \dfrac{P_{H_2}^{2.5} P_{CO}}{P_{H_2O}} + K_3' \dfrac{P_{H_2}^2 P_{CO}}{P_{H_2O}} (1 + K_6 \sqrt{K_4 P_{H_2}}) \sum\limits_{i=2}^{n} \prod\limits_{j=2}^{i}(\alpha_j) \right]^2}$$

$$(3-46)$$

$$R_{C_nH_{2n+2}} =$$

$$\cfrac{k_7 K_4 K_6 K_3' \dfrac{P_{H_2}^3 P_{CO}}{P_{H_2O}} \prod\limits_{j=2}^{n} \alpha_j}{\left[1 + \sqrt{K_4 P_{H_2}} + K_1 P_{CO} + K_3' \dfrac{P_{H_2}^2 P_{CO}}{P_{H_2O}} + K_1 K_2 P_{CO} P_{H_2} + K_6 K_4^{0.5} K_3' \dfrac{P_{H_2}^{2.5} P_{CO}}{P_{H_2O}} + K_3' \dfrac{P_{H_2}^2 P_{CO}}{P_{H_2O}} (1 + K_6 \sqrt{K_4 P_{H_2}}) \sum\limits_{i=2}^{n} \prod\limits_{j=2}^{i}(\alpha_j) \right]^2}$$

$$(3-47)$$

$$R_{C_nH_{2n}} =$$

$$\cfrac{k_8^+ (1-\beta_n) K_3' \dfrac{P_{H_2}^2 P_{CO}}{P_{H_2O}} \prod\limits_{j=2}^{n} \alpha_j}{1 + \sqrt{K_4 P_{H_2}} + K_1 P_{CO} + K_3' \dfrac{P_{H_2}^2 P_{CO}}{P_{H_2O}} + K_1 K_2 P_{CO} P_{H_2} + K_6 K_4^{0.5} K_3' \dfrac{P_{H_2}^{2.5} P_{CO}}{P_{H_2O}} + K_3' \dfrac{P_{H_2}^2 P_{CO}}{P_{H_2O}} (1 + K_6 \sqrt{K_4 P_{H_2}}) \sum\limits_{i=2}^{n} \prod\limits_{j=2}^{i}(\alpha_j)}$$

$$(3-48)$$

3.2.3　WGS 反应的动力学模型

假设 WGS 反应中最慢的步骤是步骤Ⅳ（WGS3），那么 CO_2 的形成速率可以写成：

$$R_{CO_2} = r_4 = k_{-WGS4}[COOH-s_2] - k_{WGS4} P_{CO_2}[H-s_2] \qquad (3-49)$$

从表 3-2 中列出的基本步骤中，可以得到

$$[CO-s_2] = K_{WGS1} P_{CO}[s_2] \qquad (3-50)$$

$$K_{WGS2} P_{H_2O}[s_2]^2 = [OH-s_2][H-s_2] \qquad (3-51)$$

$$K_{WGS3}[OH-s_2][CO-s_2] = [COOH-s_2][s_2] \qquad (3-52)$$

$$[H-s_2] = \sqrt{K_{WGS5} P_{H_2}}[s_2] \qquad (3-53)$$

根据式（3-50）到式（3-53），表面中间体［$CO-s_2$］、［$OH-s_2$］和［$COOH-s_2$］的浓度可以推导出如下：

$$[CO-s_2] = K_{WGS1}P_{CO}[s_2] \qquad (3-54)$$

$$[OH-s_2] = K_{WGS2}K_{WGS5}^{-0.5}P_{H_2O}P_{H_2}^{-0.5}[s_2] \qquad (3-55)$$

$$[COOH-s_2] = K_{WGS1}K_{WGS2}K_{WGS3}K_{WGS5}^{-0.5}P_{H_2O}P_{CO}P_{H_2}^{-0.5}[s_2] \qquad (3-56)$$

如果 K_P 用于表示 WGS 反应的平衡常数，则可以用 CO、CO_2、H_2 和 H_2O 的均衡分压来表示。

$$K_P = \frac{P_{CO_2}^* P_{H_2}^*}{P_{CO}^* P_{H_2O}^*} \qquad (3-57)$$

根据式（3-50）、式（3-51）和式（3-53），CO、H_2O 和 H_2 的分压可以写成：

$$P_{CO}^* = \frac{[CO-s_2]}{K_{WGS1}[s_2]} \qquad (3-58)$$

$$P_{H_2O}^* = \frac{[OH-s_2][H-s_2]}{K_{WGS2}[s_2]^2} \qquad (3-59)$$

$$P_{H_2}^* = \frac{[H-s_2]^2}{K_{WGS5}[s_2]^2} \qquad (3-60)$$

如果我们假设步骤Ⅳ达到平衡状态，则可以得到如下平衡状态下 CO_2 分压的表达式：

$$P_{CO_2}^* = \frac{[COOH-s_2]^*}{K_{WGS4}[H-s_2]^*} \qquad (3-61)$$

将式（3-58）到式（3-61）代入式（3-57）中，得到

$$K_P = \frac{K_{WGS1}K_{WGS2}[COOH-s_2]^*[s_2]^*}{K_{WGS4}K_{WGS5}[CO-s_2]^*[OH-s_2]^*} \qquad (3-62)$$

将式（3-52）代入式（3-62）中，K_P 可以表示为：

$$K_P = \frac{K_{WGS1}K_{WGS2}K_{WGS3}}{K_{WGS4}K_{WGS5}} \qquad (3-63)$$

式（3-63）可以改写为：

$$K_{WGS3} = \frac{K_{WGS4}K_{WGS5}K_P}{K_{WGS1}K_{WGS2}} \qquad (3-64)$$

将式（3-64）代入式（3-56）中，可得

$$[COOH-s_2] = K_P K_{WGS4}K_{WGS5}^{0.5}P_{CO}P_{H_2O}P_{H_2}^{-0.5}[s_2] \qquad (3-65)$$

由于假设速控步骤为步骤Ⅳ，因此可以认为吸附物质的浓度 $[COOH-s_2]$ 远大于其他吸附物质的浓度。

$$[COOH-s_2] + [s_2] = 1 \qquad (3-66)$$

空活性位点的浓度 $[s_2]$ 可以通过将式（3-65）代入式（3-66）中来获得

$$[s_2] = \cfrac{1}{1 + \cfrac{K_P K_{WGS4} K_{WGS5}^{0.5} P_{CO} P_{H_2O}}{P_{H_2}^{0.5}}} \qquad (3-67)$$

因此，$[H-s_2]$ 和 $[COOH-s_2]$ 的浓度的表达式可以通过将式（3-67）代入式（3-53）和式（3-65）中来获得

$$[H-s_2] = \cfrac{\sqrt{K_{WGS5} P_{H_2}}}{1 + \cfrac{K_P K_{WGS4} K_{WGS5}^{0.5} P_{CO} P_{H_2O}}{P_{H_2}^{0.5}}} \qquad (3-68)$$

$$[COOH-s_2] = \cfrac{\cfrac{K_P K_{WGS4} K_{WGS5}^{0.5} P_{CO} P_{H_2O}}{P_{H_2}^{0.5}}}{1 + \cfrac{K_P K_{WGS4} K_{WGS5}^{0.5} P_{CO} P_{H_2O}}{P_{H_2}^{0.5}}} \qquad (3-69)$$

最后，CO_2 形成的速率表达式可以表示为：

$$R_{CO_2} = \cfrac{k_v \left(\cfrac{P_{CO} P_{H_2O}}{P_{H_2}^{0.5}} - \cfrac{P_{CO_2} P_{H_2}^{0.5}}{K_P} \right)}{1 + \cfrac{K_v P_{CO} P_{H_2O}}{P_{H_2}^{0.5}}} \qquad (3-70)$$

其中，$K_v = K_P K_{WGS4} K_{WGS5}^{0.5}$ 和 $k_v = k_{WGS4} K_v$。

WGS 反应的平衡常数可以通过以下关系式计算：

$$K_P = \frac{5\,078.004\,5}{T} - 5.897\,208\,9 + 13.958\,689 \times 10^{-4} T - 27.592\,844 \times 10^{-8} T^2$$

$$(3-71)$$

3.2.4　详细动力学实验拟合

铁基费托催化剂一旦在典型还原或初始反应条件下暴露在合成气中，通常会被 H_2 和 CO 还原，从它们的氧化物相转变为金属和碳化物相。在这个转化阶段，催化剂的相随着运行时间以及操作条件的变化而发生很大变化，从而导

致实验数据不可重现。为了获得催化剂稳定状态下的动力学实验数据，我们需在正式的动力学实验之前，预先固定操作条件下运行超过 1 000 h 的稳定实验，旨在完全建立用于费托合成的催化剂的相。在此稳定阶段之后，我们根据动力学采样安排切换操作条件。

1. 动力学实验设计

动力学采样条件根据采样点的正交排列进行安排，从而实现实验点的高效和最佳分布。我们需要考虑的反应条件变量是温度、压力和 H_2 与 CO 的比率。对于每个变量，我们计划了四个值，对应大约 16 个实验点［对应于 L_{16} (4^3) 的正交表］，实验结果见表 3-3。

表 3-3 动力学实验的操作条件和实验结果

序号	T/℃	P/MPa	H_2 与 CO 的比率	F_{in}/(mL/min)	反应时间/h	CO 转化率/%	H_2 转化率/%	V_{exit}/(mL/min)	油/g	蜡/g	水相/g
1	283.0	1.98	2.05	342.0	10.60	40.9	28.2	308.9	2.46	2.14	7.20
2	283.2	2.51	2.62	348.6	10.67	57.0	28.9	292.5	3.62	2.83	8.04
3	283.3	3.05	3.08	435.6	7.01	57.6	26.8	375.8	2.16	1.85	8.40
4	283.1	1.50	1.03	343.6	12.86	21.8	21.0	341.6	1.92	3.36	5.10
5	283.2	3.05	3.06	349.3	11.33	70.1	28.9	287.8	3.52	3.24	14.30
6	297.0	2.02	1.03	449.7	6.02	35.8	27.6	404.3	2.28	3.06	4.50
7	297.2	2.51	3.13	462.9	10.83	69.0	25.8	408.7	4.21	3.41	15.52
8	297.1	3.01	2.58	456.1	7.51	74.9	36.6	346.7	3.89	2.64	10.02
9	297.2	3.02	2.59	606.9	10.22	59.2	33.7	482.6	5.83	4.27	15.77
10	297.1	1.50	2.07	454.7	10.51	35.2	26.8	411.5	2.71	2.02	8.20
11	297.0	2.05	2.05	342.0	6.02	66.1	34.5	270.2	2.46	1.62	4.60
12	312.2	2.02	3.05	684.6	7.03	63.3	27.7	575.0	3.02	0.78	12.70
13	312.3	3.02	2.04	686.9	13.25	70.9	38.0	492.5	12.56	4.55	27.59
14	312.1	2.50	1.02	678.6	11.04	42.6	31.1	599.4	9.18	7.49	12.60

（续上表）

序号	T/°C	P/MPa	H_2与CO的比率	F_{in}/（mL/min）	反应时间/h	CO转化率/%	H_2转化率/%	V_{exit}/（mL/min）	油/g	蜡/g	水相/g
15	312.0	1.50	2.55	686.9	9.01	38.9	17.1	672.4	3.23	0.58	11.50
16	312.2	2.02	3.05	684.8	7.02	63.8	27.1	569.2	3.53	0.68	13.23
17	328.5	2.50	2.04	892.6	5.51	67.4	35.0	713.7	5.75	1.96	14.00
18	328.4	2.02	2.55	894.1	7.01	59.3	25.5	788.7	4.60	1.20	15.40
19	328.3	1.51	3.05	896.1	8.05	45.0	17.3	866.4	2.82	0.83	13.30
20	328.4	3.02	1.02	908.4	8.04	63.9	47.2	665.2	13.33	6.72	15.10
21	328.1	2.50	2.55	1 378.9	4.50	66.1	32.4	1 123.5	5.25	1.20	16.50

2. 动力学模型拟合

将动力学实验数据输入模型中进行拟合，F-TⅢ和WGS3机理的参数值见表3-4，发现它们都具有统计显著性。最佳模型表明，两个基本步骤，即亚甲基插入金属-烷基键和烃类产物的解吸，本质上比费托合成中的其他步骤慢，WGS反应的速控步骤是CO_2通过甲酸盐中间物种的解吸。烯烃形成的活化能为82.42 kJ/mol，远小于烷烃形成的活化能105.94 kJ/mol，这可以解释烯烃对Fe-Mn催化剂的选择性高于其他铁基催化剂。甲烷形成的活化能E_{7M}为84.97 kJ/mol，远远小于其他烷烃形成的活化能E_7（105.94 kJ/mol），这可以解释甲烷的选择性高于其他长链的烷烃。

表3-4　F-TⅢ和WGS3机理的参数值

参数	数值	单位	t值	参数	数值	单位	t值
$k_{5,0}$	1.69×10^5	mol/（g·s·bar）	9.45×10^4	E_v	58.43	kJ/mol	2.62×10^7
E_5	85.18	kJ/mol	2.44×10^4	k_{-8}	3.31×10^{-6}	mol/（g·s·bar）	20.48
$k_{7M,0}$	3.98×10^5	mol/（g·s·bar）	8.50×10^8	K_v	5.74×10^{-2}	$bar^{-0.5}$	4.77
E_{7M}	84.97	kJ/mol	5.15×10^2	K_1	4.20	bar^{-1}	160.84
$k_{7,0}$	1.16×10^6	mol/（g·s·bar）	3.29×10^9	K_2	1.13×10^{-2}	bar^{-1}	0.35

（续上表）

参数	数值	单位	t 值	参数	数值	单位	t 值
E_7	105.94	kJ/mol	9.34×10^5	K_3	1.09×10^{-2}		161.89
$k_{8,0}$	1.05×10^3	mol/(g·s)	8.84×10^5	K_4	3.21	bar^{-1}	0.53
E_8	82.42	kJ/mol	8.97×10^7	K_6	7.16×10^{-2}		267.31
$k_{v,0}$	2.93	mol/(g·s·bar$^{1.5}$)	1.51×10^5				

图 3-2 是 CO 转化率的实验值与模型计算值的比较。由图 3-2 可见，实验值与模型计算值能够很好地吻合，说明模型是有效的，能够准确地反映实际情况。图 3-3 是 CO_2 选择性的实验值与模型计算值（F-TⅢ WGS3）的比较。模型计算值与实验值的相对偏差基本在 ±20% 的范围内。图 3-4 是 C_5^+ 选择性的实验值与模型计算值（F-TⅢ WGS3）的比较。模型计算值与实验值的相对偏差基本在 ±20% 的范围内。

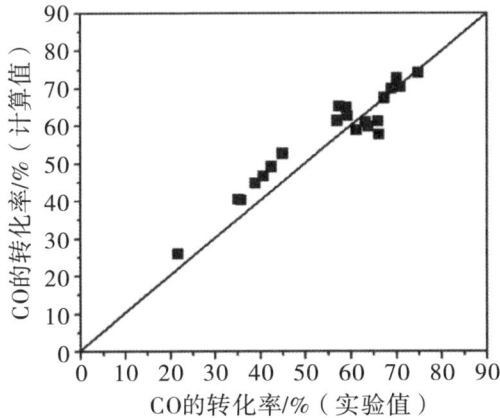

图 3-2　CO 转化率的实验值与模型计算值（F-TⅢ WGS3）比较

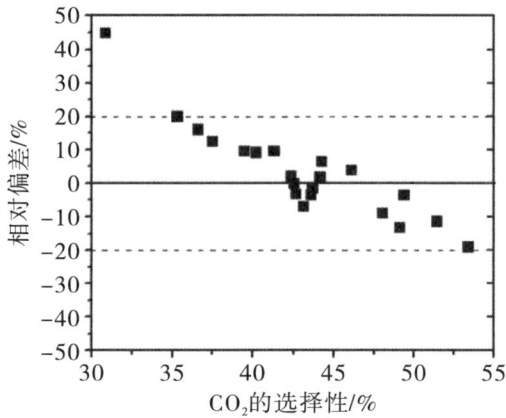

图 3-3 CO$_2$选择性的实验值与模型计算值（F-TⅢ WGS3）比较

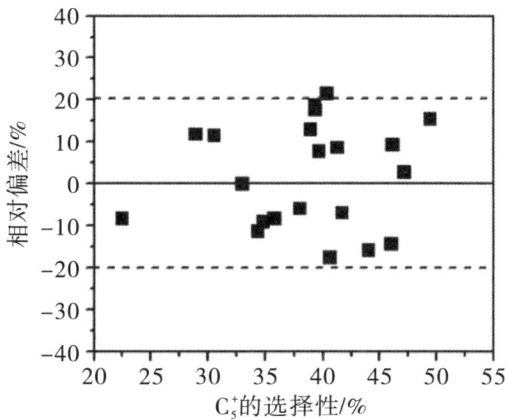

图 3-4 C$_5^+$选择性的实验值与模型计算值（F-TⅢ WGS3）比较

图 3-5 显示了费托合成实验产物分布和计算产物分布的比较。图 3-5
（a）和 3-5（c）是由 F-TⅢ WGS3 模型预测，图 3-5（b）和 3-5（d）
由 Lox 和 Froment 的 ASF 模型预测。由图可见，ASF 模型似乎对碳氢化合物的
选择性有很大的偏差，对甲烷的选择性的估算值偏低，对其他碳氢化合物的选
择性估算值偏高。此外，用 ASF 模型预测的烯烃选择性低于烷烃的选择性，
这与实验结果不符。与之不同的是，使用我们建立的 F-TⅢ WGS3 模型预测
的产物分布与实验选择性结果非常吻合，并且甲烷的偏差描述得相当准确
（因为我们在模型中将甲烷作为一个特别的物种来单独处理）。

反应条件：T=601 K，P=3.02 MPa，H_2/CO=1.02

反应条件：T=601 K，P=1.51 MPa，H_2/CO=3.05

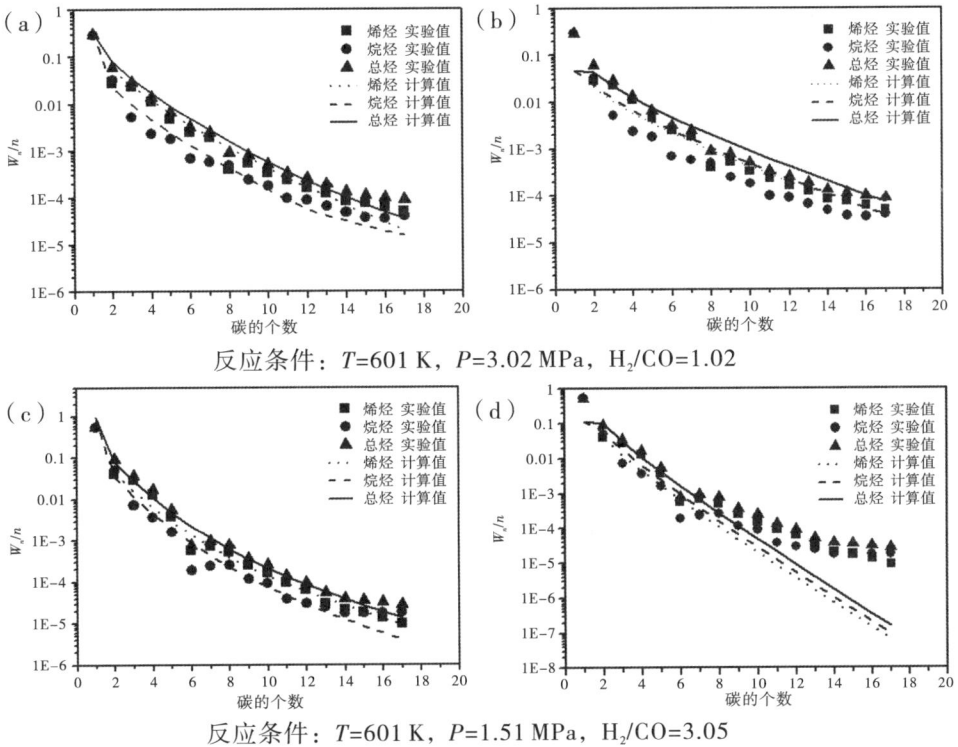

图 3-5 产物分布的实验值和计算值的比较

[（a）和（c）：F-TⅢ WGS3 模型；（b）和（d）：Lox 和 Froment 的 ASF 模型]

动力学研究能够揭示催化反应的微观机制，包括反应路径、中间物种的形成与消失、活性位点的作用等。通过实验数据拟合动力学模型，我们可以确定反应级数、活化能、频率因子等参数，进而推测反应机理和催化剂作用方式，这为理解为什么某些催化剂在特定反应中更为有效提供了理论基础。

4 催化剂的宏观性质

催化剂的宏观性质主要包括比表面积、孔结构、孔径分布、几何形状和尺寸、机械强度、磨损强度、比热容和导热系数等。催化剂的宏观性质不仅决定了催化剂的物理特性，还深刻影响着催化反应的动力学、选择性和稳定性，以及催化剂的处理、装填和回收。下面介绍其中一些性质。

4.1 催化剂的比表面积

催化剂的表面是催化反应发生的主要场所，比表面积的大小直接影响催化剂的活性和选择性。一般来说，大比表面积意味着更多的活性位点，可促进反应物分子更充分地与催化剂接触，从而加速催化反应的速率。以催化加氢反应为例，当不同粒径的催化剂进行反应时，粒径小的催化剂具有较高的催化活性。催化加氢反应过程中，H_2 首先在催化剂表面吸附活化，然后与反应物发生加氢反应。当催化剂比表面积增大时，其表面吸附位点的增多能够促进反应物在表面的吸附，从而提高催化反应速率。在许多催化体系中，尤其是那些依赖于固相催化的过程，比表面积是决定催化剂效率的关键因素。例如，在石油炼制、有机合成和环境治理等领域，催化剂的比表面积优化是提高产品产率和纯度的核心策略之一。

4.1.1 增大催化剂比表面积的方法

增大催化剂比表面积的方法有很多，比如，自上而下切割催化材料，将其切割至纳米颗粒、团簇甚至是单个原子的级别，分散于另一种材料上，形成高分散的催化剂。这种方法可以极大限度地增大催化剂的比表面积，从而提升催化反应活性。以下是一些常见且有效的增大催化剂比表面积的方法：

1. 制备纳米级催化剂

人们通过纳米技术制备粒径小于 100 nm 的催化剂颗粒，可以大幅度增加比表面积与体积的比率。这是因为纳米尺度上的物质拥有巨大的表面效应，使得单位质量的催化剂拥有更多的表面原子，从而显著提高其比表面积。纳米催化剂可以通过溶胶 - 凝胶法、共沉淀法、水热法等多种合成技术制得。

2. 构筑多孔结构

构筑多孔材料是增大催化剂比表面积的另一有效策略。例如，活性炭（AC）、多孔氧化铝（Al_2O_3）、介孔二氧化硅（SiO_2）、沸石（如 ZSM - 5、A 型、Y 型、MOR 和 ZSM - 22 等）、碳纳米管、金属有机框架材料（MOFs）等，都具有发达的孔隙结构，有些甚至是高度有序孔隙结构的材料，能够提供大量的内部表面积，供反应物吸附和催化反应的发生。这些孔隙结构不仅可以增加总的比表面积，还可以促进传质过程，使反应物分子更易接近催化剂的活性位点。

3. 载体负载

使用大比表面积的载体材料，如 AC（活性炭）、$\gamma - Al_2O_3$（氧化铝）、TiO_2（二氧化钛）、SiO_2（二氧化硅）等，可以承载活性组分，形成负载型催化剂。载体的比表面积为活性组分提供分散平台，使其均匀分布在载体表面，从而增加催化剂的总比表面积。此外，载体还可以起到抑制活性组分聚集的作用，保持活性位点的高分散度。

4. 表面改性

人们通过化学或物理方法对催化剂表面进行改性，可以创造额外的活性位点，从而增加比表面积。例如，酸碱处理、金属离子掺杂、表面氧化还原等都可以改变催化剂表面的化学性质，增加活性位点的数量。表面功能化，如接枝有机或无机官能团，也可以改善催化剂的表面性质，增大其比表面积，提高催化活性。

5. 模板法制备

模板法制备是一种通过使用模板剂（如软模板剂聚环氧乙烷或硬模板剂胶束）引导材料生长成特定孔径和形状的方法。移除模板后，留下的多孔结构可以大幅增加催化剂的比表面积。此方法广泛应用于沸石、介孔材料和 MOFs 的合成。

6. 层状双氢氧化物（LDHs）和二维材料

LDHs 和二维材料［如石墨烯、过渡金属二硫化物（MXene）等］因其独特的层状结构和大比表面积而成为新兴的催化剂载体。人们通过剥离或插层反应，可以增加其比表面积，提供更多的催化活性位点。

增大催化剂比表面积的策略涵盖了从纳米尺度的颗粒制备到宏观层面的多孔材料构建，以及对催化剂表面化学性质的精细调控。这些方法可以有效地提升催化剂的催化效率，满足不同催化反应的需求。然而，值得注意的是，增大比表面积的同时，还需要兼顾催化剂的稳定性、选择性和机械强度，以确保其在实际应用中的长效性和可靠性。随着材料科学和化学工程技术的持续发展，相信会有更多创新的策略被提出，进一步拓展催化剂比表面积增大技术的边界。

4.1.2 比表面积的测定和计算

催化剂的比表面积可以通过多种方法来测定，其中最常用的方法是气体吸附法。该方法基于气体分子在固体表面上的吸附现象，通过测量气体在催化剂表面的吸附量来确定其比表面积。常见的气体吸附法有低温氮气吸附、二氧化碳吸附和氢气吸附等。

催化剂的比表面积计算常常会用 Langmuir 等温方程或者 BET 等温方程。

1. Langmuir 等温方程

基于 Langmuir 均匀表面的基本假设，在吸脱附速率相等的情况下，可以得到吸附等温方程：

$$\theta = \frac{k_{吸附}P}{k_{脱附} + k_{吸附}P} = \frac{\lambda P}{1 + \lambda P} \qquad (4-1)$$

整理可得：

$$\frac{P}{V} = \frac{P}{V_m} + \frac{1}{BV_m} \qquad (4-2)$$

实验测定固体的吸附等温线，可以得到一系列不同压力 P 下的吸附量值 V。以 $\frac{P}{V} - P$ 作图，为一直线，根据斜率和截距，可以求出 B 和 V_m 值（斜率的倒数为 V_m）。因此催化剂具有的比表面积为：

$$S = V_m \times NA \times \sigma_m$$

这里，NA 为阿伏伽德罗常数（6.023×10^{23}），σ_m 为一个吸附质分子截面积（N_2 为 16.2×10^{-20} m^2），即每个氮气分子在吸附剂表面所占面积。

2. BET 等温方程——BET 比表面积（目前公认为计算固体比表面积的标准方法）

BET 理论的吸附模型是建立在 Langmuir 吸附模型基础上的，同时认为物理吸附可分多层方式进行，且不等表面第一层吸满，在第一层之上发生第二层吸附，第二层上发生第三层吸附……吸附平衡时，各层均达到各自的吸附平衡，最后可导出：

$$\frac{P}{V(P_0 - P)} = \frac{1}{CV_m} \left[1 + (C-1) \right] \frac{P}{P_0} \qquad (4-3)$$

其中，C 是常数，此即一般形式的 BET 等温方程。

以 $\dfrac{P}{V(P_0 - P)}$ - $\dfrac{P}{P_0}$ 作图，为一直线，截距为 $\dfrac{1}{V_m C}$，斜率为 $\dfrac{(C-1)}{(V_m C)}$，

$V_m = \dfrac{1}{(截距 + 斜率)}$。

催化剂的比表面积为：

$$S_{BET} = V_m \times NA \times \sigma_m$$

BET 等温方程适合的 $\dfrac{P}{P_0}$ 范围：$0.05 \sim 0.35$，因为比压低于 0.05，模型还没有建立起多层吸附，而比压超过 0.35，模型容易发生毛细凝聚现象。

4.2　孔结构参数

不同催化剂的孔结构差异很大，为了描述催化剂的孔结构，常常会用到密度、孔体积、孔隙率和平均孔径等参数。

1. 密度

催化剂的密度包括真密度、颗粒密度、堆密度和松装密度四种，每种方法都有其特定的应用场景和意义。

真密度（骨架密度）：通常通过测量催化剂骨架部分（不包括孔隙）的质量与体积之比来得到。真密度是催化剂的固有属性，不受颗粒形状、大小或堆积方式的影响，主要用于了解催化剂材料的本质特性，如组成、结构等。真密

度通常是通过氦气置换法来测量的，因为氦气分子很小，可以穿透催化剂的微细孔隙，但不会进入孔洞内部，从而可以较为准确地测量出没有孔隙填充的真实体积。

颗粒密度（表观密度）：测量单个催化剂颗粒（包括其内部孔隙）的质量与体积之比。颗粒密度考虑了颗粒内部的孔隙，因此通常小于真密度。颗粒密度常常用于评估催化剂颗粒的整体性能，如强度、耐磨性等。

堆密度（堆积密度）：测量催化剂颗粒在堆积状态下（包括颗粒间的空隙）的质量与体积之比。堆密度会受到颗粒形状、大小、堆积方式等多种因素的影响。堆密度在工业应用中最为常见，用于计算催化剂在反应器中的装填量、气体通过时的压降等。

松装密度：测量催化剂颗粒在自然堆积状态下（未经压实）的质量与体积之比。松装密度通常小于堆密度，反映了颗粒间的自然空隙，主要用于评估催化剂在运输、储存过程中的稳定性和流动性。

如果催化剂的质量为 m，堆体积为 $V_{堆}$，颗粒体积为 $V_{颗粒}$，骨架体积为 $V_{骨架}$，$V_{空隙}$ 是颗粒之间空隙的体积，$V_{孔}$ 是催化剂颗粒内部孔的体积，$V_{堆} = V_{骨架} + V_{孔} + V_{空隙}$，则上述密度可分别按照下面的定义式计算。

真密度可以表示为：

$$\rho_{真} = \frac{m}{V_{骨架}} \qquad\qquad (4-4)$$

颗粒密度可以表示为：

$$\rho_{颗料} = \frac{m}{V_{颗粒}} \qquad\qquad (4-5)$$

堆密度可以表示为：

$$\rho_{堆} = \frac{m}{V_{堆}} \qquad\qquad (4-6)$$

真密度是催化剂的固有属性，不受外界条件影响，是了解催化剂材料本质特性的重要参数。颗粒密度考虑了颗粒内部的孔隙，更接近于催化剂在实际使用中的状态。堆密度和松装密度则更多地反映了催化剂在工业应用中的实际性能，如装填量、压降、流动性等。

在选择和使用催化剂时，需要根据具体的工艺要求和操作条件来综合考虑这四种密度形式，以确保催化剂的性能和稳定性达到最佳。

2. 孔体积

催化剂的孔体积是指单位重量催化剂所含有的孔隙体积，通常以 1 g 催化剂上所有孔隙的体积来表示。

$$V_{孔} = V_{颗粒} - V_{骨架} = \frac{1}{\rho_{颗粒}} - \frac{1}{\rho_{骨架}} \tag{4-7}$$

3. 孔隙率

催化剂的孔隙率是指催化剂中孔隙体积与整个颗粒体积之比。孔隙率是催化剂结构的一个重要量化指标，直接影响催化剂的性能。

$$\theta = \frac{V_{孔}}{V_{颗粒}} = \frac{V_{孔}}{\dfrac{1}{\rho_{颗粒}}} = V_{孔} \times \rho_{颗粒} \tag{4-8}$$

4. 平均孔径

平均孔径是从简化模型计算而来的。简化模型假设催化剂中的孔都是尺寸完全相同的圆柱形孔，催化剂的比表面积主要由内表面贡献，外表面的贡献可以忽略。因而，实验测得的比表面积为催化剂所有的孔内比表面积之和。

$$S_{总} = n \times 2\pi r_{平均} \times L \tag{4-9}$$

其中，n 是孔的总数，L 是圆柱孔的长度。孔体积为：

$$V_{孔} = \pi r_{平均}^2 \times n \times L \tag{4-10}$$

将上面两个公式相除，就得到了催化剂的平均孔径

$$r_{平均} = 2 \times \frac{V_{孔}}{S_{总}} \tag{4-11}$$

4.3 毛细凝聚现象与孔径分布

催化剂主要有微孔、介孔和大孔三种孔道，一般按直径大小来区分。

微孔：直径通常在 2 nm 以下，由于孔道很细小，因此对于小分子或离子有较强的吸附作用。微孔可以提供大比表面积，在催化反应中起到吸附、分离、诱导、限制等重要作用。

介孔：直径为 2～50 nm，是微孔和大孔之间的中间状态。介孔的孔径大小适中，具有相对较大的比表面积和较好的渗透性。介孔的特点是吸附能力

强，内部孔道更加平坦和光滑，具有更好的传质和扩散性，因此能够促进分子在催化剂上的传递和反应发生。

大孔：直径大于 50 nm，属于宏孔或毛细孔范畴。大孔的特点是通透性强，具有良好的流量性能。催化剂中的大孔可以使反应物分子更快地进入催化剂表面，提高反应物的转化率。

1. 毛细凝聚和开尔文公式

当催化剂的孔很小时，可以将孔看作毛细管。由于毛细管壁的润湿性，液体在毛细管内会形成凹液面，导致凹液面上的饱和蒸气压低于平面液体的饱和蒸气压。当蒸气的压力介于平面液体的蒸气压和毛细管内凹液面的蒸气压之间时，蒸气会在毛细管内凝聚成液体，这种现象称为毛细凝聚现象。

毛细凝聚现象中毛细管内饱和蒸气压与平面液体饱和蒸汽压的关系可用开尔文（Kelvin）公式来描述，这是测定催化剂孔径分布的基础。

$$\ln \frac{P}{P_0} = -\frac{2\gamma M}{r_{孔} RT\rho}\cos\theta = -\frac{2\gamma V_{液体}}{r_{孔} RT}\cos\theta \qquad (4-12)$$

其中，$r_{孔}$ 是毛细管内径，θ 是接触角，γ 是表面张力，M 是液体的相对分子质量，ρ 是液体密度。

2. 滞后现象和孔结构模型

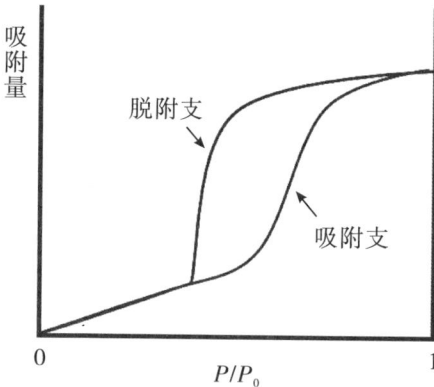

图 4-1 滞后现象

吸附等温线是指在一定温度下吸附质分子在催化剂表面进行吸附，过程达到平衡时吸附量和压力之间的关系曲线。这个关系应该是唯一的，也就是无论在吸附过程，还是在脱附过程，得到的等温线是相同的。但在实际研究过程中，我们发现一个反常现象：吸附等温线和脱附等温线不重合，在吸附等温线图中出现一个环形，这一现象称为滞后现象，而不重叠的部分称为滞后环（见图 4-1）。

由图 4-1 可见，吸附过程的等温线称为吸附支，脱附过程的等温线称为脱附支，在一定的相对压力下，脱附支上的吸附量总是大于吸附支上的吸附量。为什么会出现滞后现象呢？滞后环产生的原因可归结为孔的作用。如果吸附质被吸附到孔中去，阻力比较小，吸附过程容易进行。当压力下降时，物质脱附的阻力较大，使其脱附不完全，要到更低的压力下才能脱附出来，这就产生滞后环。

1935 年，McBain 提出了墨水瓶模型来解释吸脱附滞后现象（见图 4-2）。

如图 4-2 所示的墨水瓶形状的孔，孔口处半径为 $r_{孔口}$，孔内的半径为 $r_{瓶内}$。由上面的开尔文公式可知，对应在孔口和孔内发生毛细凝聚所需的蒸气压是不同的，孔口处的蒸气压小，而孔内的蒸气压大。墨水瓶孔"口小肚大"的特殊结构，导致吸附过程和脱附过程的

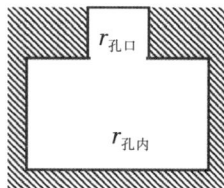

图 4-2 McBain 墨水瓶模型

孔径不同。吸附时对应的蒸气压是孔内的大孔（$r_{孔内}$）处的蒸气压，因为，在吸附时只有孔内凝聚之后，孔口才能发生凝聚。而在脱附时，当蒸气压降低到对应于孔内的压力，理论上此时凝聚在孔内的液体应该脱附出来，但由于孔口处凝聚液体的堵塞，孔内的凝聚液不能顺利脱附；只有等到比压降至孔口凝聚液体脱附之后，孔内的凝聚液才能脱附，故而脱附时对应的蒸气压是孔口的小孔（$r_{孔口}$）处的蒸气压。

1938 年，Cohan 提出了两端开口的圆柱孔模型，并认为在这种孔内，气-液间不是形成弯月面，不能直接用开尔文公式，而是形成圆筒形液膜，其液膜随压力增加而逐渐增厚。吸附过程与脱附过程发生的途径不一样：吸附时首先在孔内壁上先吸附，逐渐从单层到多层，此时孔的内径是逐渐减小的，直至某一时刻孔道被填满；脱附时首先在填满的孔道两端形成凹液面，该凹液面形状不变，且逐渐向孔内部移动，在脱附过程中不会形成与吸附时相同空心的结构。吸附过程与脱附过程完全不一样，这导致滞后环的形成。

3. 孔径分布

吸附理论假设孔的形状为圆柱形管状，从而建立毛细凝聚模型。由毛细凝聚理论可知，在不同的 $\frac{P}{P_0}$ 值下，能够发生毛细凝聚的孔径范围是不一样的：随着 $\frac{P}{P_0}$ 值增大，能够发生毛细凝聚的孔半径也随之增大。对应于一定的 $\frac{P}{P_0}$ 值，存在一临界孔半径 R_k，半径小于 R_k 的所有孔皆发生毛细凝聚，液氮在其中填充；半径大于 R_k 的孔皆不会发生毛细凝聚，液氮不会在其中填充。临界半径可由

开尔文公式给出：

$$R_{k} = \frac{-0.414}{\lg\left(\dfrac{P}{P_0}\right)}$$

开尔文公式也可以理解为对于已发生毛细凝聚的孔，当压力低于一定的 $\dfrac{P}{P_0}$ 值时，半径大于 R_k 的孔中凝聚液将汽化并脱附出来。理论和实践表明，当 $\dfrac{P}{P_0}$ 值大于 0.4 时，毛细凝聚现象才会发生。通过测定出样品在不同 $\dfrac{P}{P_0}$ 值下凝聚的氮气量，我们可绘制出其等温吸脱附线。通过不同的理论方法，我们可得出其孔容积和孔径分布曲线。

最常用的计算方法是利用 BJH 理论，通常称为 BJH 孔容积和孔径分布。

巴利特（Barret）等人提出的 BJH 法表示如下：

$$\Delta V_i = R_i \left(\Delta v_i - C \Delta t_i \sum_{j=1}^{i-1} \Delta \sigma_j \right) \tag{4-13}$$

其中，$\Delta \sigma_j$ 是半径为 r_j 的第 j 组孔的比表面积，即 $\Delta \sigma_j = \dfrac{2 \Delta V_j}{r_j}$；$C = \dfrac{(\overline{r_j} - \overline{t_i})}{\overline{r_j}}$。

1979 年，严继民和张启元推导的公式如下：

$$v(r) = \left[\frac{r - t(r)}{r} \right]^2 V(r) + \frac{dt(r)}{dr} \int_r^{r_0} \frac{r^{\cdot} - t(r)}{(r^{\cdot})^2} V(r^{\cdot}) dr \tag{4-14}$$

推导整理后，得到孔径分布的计算公式如下：

$$\Delta V_i = R_i \left[\Delta v_i - 2\Delta t_i \sum_{j=1}^{i-1} \frac{1}{\overline{r_j}} \Delta V_j + 2 \overline{t_i} \Delta t_i \sum_{j=1}^{i-1} \left(\frac{1}{\overline{r_j}} \right)^2 \Delta V_j \right] \qquad i = 1,\ 2,\ 3,\ \cdots$$

$$\tag{4-15}$$

这是一个递推公式。其中，Δv_i 是用实验测定的，$R_i \equiv \left(\dfrac{\overline{r_i}}{\overline{r_i} - \overline{t_i}} \right)^2$。

图 4-3 是催化剂的孔径分布图。图中曲线的高度和宽度可以反映不同孔径的孔数量和体积分布。

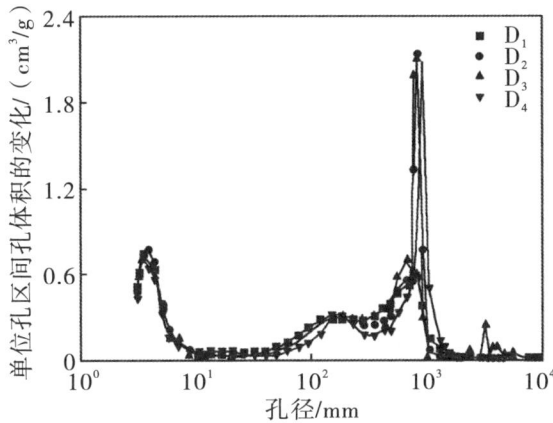

图 4 - 3　催化剂的孔径分布图

4.4　机械强度

催化剂的机械强度是衡量其在各种操作条件下抵抗破损、磨损和变形能力的指标。对于工业规模的操作，催化剂必须具备足够的机械强度才能经受住装填、流体冲刷、热胀冷缩等考验，否则容易导致催化剂失活、床层压差增加和反应器堵塞等问题。特别是在连续操作和循环流化床反应系统中，催化剂的机械强度直接关系到装置的长周期稳定运行和生产效率。

催化剂的机械强度的常见表达有下列几种形式：

（1）压碎强度：测量催化剂颗粒承受压力直至破裂时的最大负荷，对于块状或条状催化剂尤为重要，单位通常为牛顿（N）或公斤（kg）。

（2）耐磨强度：通过模拟催化剂在流动环境中受磨损的程度，评价催化剂颗粒对抗摩擦的能力。常用的方法有旋转鼓法和喷砂法。

（3）抗压强度：类似于压碎强度，但侧重于催化剂在受到挤压时的抵抗力。

（4）抗折强度：测量催化剂在弯曲载荷下的断裂应力，对于薄片状催化剂特别重要。

（5）抗拉强度：较少直接用于催化剂的评价，但在理解催化剂内部结构的强度时有一定参考价值。

（6）孔隙坍塌强度：虽然不是直接的机械强度指标，但对于判断催化剂在高温高压环境下孔隙结构的稳定性非常重要。

5 催化剂载体和助剂

在化学工业的大舞台上，多相催化反应堪称化学转化的核心引擎，负责着无数重要化学品的生产，从基础化工原料到精细化学品，无不彰显着其无可替代的地位。然而，面对复杂反应网络与严苛工艺条件，仅依靠单一活性组分的力量显得力有不逮。于是，构建多层次、多功能化的催化体系成为提升催化效率与选择性的关键策略，其中助剂与载体与主催化剂之间形成的协同机制起到了决定性作用。

主催化剂负责提供主要的活性位点，作为反应的主力军，其活性决定了反应的成败。它通过与助剂、载体的紧密协作，发挥出最佳效能。载体不仅是主催化剂的惰性支撑物，还是反应微环境的重要构成部分，通过其独特的物理化学属性，为催化过程提供最优的反应环境和条件。助剂尽管并非直接参与催化循环，但对催化过程起着不可或缺的调控作用。它们通过对主催化剂电子性质的调校，或是参与反应途径的重塑，显著提升催化剂活性与选择性。

以合成氨为例，这是一个典型的多相催化反应。在这个过程中，N_2 和 H_2 在 Fe 基催化剂的作用下转化为 NH_3。如果仅使用纯铁作为催化剂，其效率并不高，而加入少量的 Al_2O_3 作为助剂，可以显著提高催化剂的活性和稳定性。这是因为 Al_2O_3 能够抑制铁晶粒烧结变大，有效增加了活性位点。此外，载体的选择也对催化效果有着重要影响。例如，在汽车尾气净化器中使用的三元催化剂中，陶瓷载体不仅提供了足够的比表面积以分散贵金属（如 Pt、Pd 和 Rh），还能承受高温下的剧烈条件。这种设计使得催化剂能够在汽车排放的有害气体（如一氧化碳、氮氧化物和未燃烧的碳氢化合物）转化为无害物质的过程中发挥最大效能。

5.1 载体

载体是催化剂的重要组成部分，它对催化剂的活性、选择性和稳定性起着关键作用。载体是指用于将活性组分固定在催化剂上的无机或有机材料。在催化剂载体中，有孔结构和表面性质的设计与调控对催化性能有重要影响。

5.1.1 载体的作用

理想的载体应当兼具一系列优越性能，以满足复杂催化反应的需求：

（1）化学稳定性：载体必须在反应条件下保持结构稳定，不被反应介质（如酸、碱、溶剂、高温等）侵蚀或发生副反应。这是确保催化过程长期有效性和催化剂稳定性的基础。

（2）大比表面积：大比表面积意味着载体能提供更多的表面供活性组分（如金属、金属氧化物等）均匀分布。这增加了反应物与活性位点的接触机会，从而提高了催化效率。

（3）强相互作用力：载体与活性位点之间的强相互作用力可以防止活性组分的聚集（即烧结，是导致催化剂失活的一个常见原因）。同时，强相互作用力能促进电子在载体与活性位点之间的转移，从而增强催化活性。精心设计载体与活性位点之间的界面性质，可以调控催化剂的整体性能，使其更加适应特定的化学反应需求。

（4）适宜的孔结构：载体的孔结构对于物质的传输至关重要。合理的孔径大小和形状可以匹配反应物与产物分子的大小，减小扩散阻力，提高反应速率。此外，适当的孔容积和孔隙率也有助于提高催化剂的催化效率。

（5）电导性：在电催化体系中，载体的电导性尤为重要。高导电能力可以降低电子传递过程中的能量损失，从而提高催化效率。对于某些需要电子传递的催化反应（如电化学反应），这一点尤为重要。

（6）抗毒化：载体应具备一定的抗毒化能力，以抵御有毒物质（如重金属离子、有机污染物等）的侵害。这可以保护活性中心免受污染，延长催化剂的使用寿命。

（7）协同催化功能：某些载体本身具备催化活性，可以与主活性位点形成协同效应，共同促进催化反应的进行。这种协同效应可以增强整体催化性能，提高反应速率和选择性。

（8）机械强度：载体必须具备一定的机械强度，以承受加工过程中的压力（如挤压、成型等）和操作条件下的压力（如高温、高压等）。这可以确保催化剂在工业连续生产流程中保持结构完整，避免破碎或磨损导致的性能下降。

5.1.2　载体的类型

可以用作催化剂载体的物质多样，有天然物质，如硅藻土、高岭土、天然浮石和岩石等，更多的是人工合成物质，如活性氧化铝、硅胶、分子筛、活性炭、氧化锆和氧化镁等。选择何种载体取决于催化剂的活性组分、反应条件以及所需的催化性能等因素。在实际应用中，我们还需要考虑载体的成本、可获得性以及与催化剂活性组分的相容性等因素。

载体的类型很多，一般可按比表面积大小和酸碱性来分类。

1. 按照比表面积的大小分类

根据比表面积的大小，载体可以细分为两大类别：小比表面积载体与大比表面积载体，这两类载体各自包含了无孔与有孔两种亚类型，展现出迥然不同的特性和应用场景。

（1）小比表面积载体。

小比表面积载体，如碳化硅（SiC）和金刚石等，比表面积一般小于 20 m^2/g。由于其相对较小的暴露面积，提供了有限的活性位点，该类载体适用于那些对空间限制不太敏感的催化过程。在这一类别中，载体又可以根据孔隙结构的不同，区分为无孔与有孔两类：

①无孔小比表面积载体：如石英粉和钢铝石等，比表面积一般小于 1 m^2/g。此类载体缺乏内部孔道，主要依靠外部表面进行催化反应，特点是硬度高、导热性好、耐热性好，常用于热效应较大的氧化反应。它们适合于尺寸较大的反应物分子，有效避免了孔径过小导致的扩散受限问题。

②有孔小比表面积载体：即便是在较小的比表面积范围内（一般小于 2 m^2/g），一些载体仍可通过精细的孔隙结构，为反应物提供额外的活性接触面。

（2）大比表面积载体。

大比表面积载体种类多样，主要包括活性炭、Al_2O_3、SiO_2、分子筛、硅胶、硅酸铝、沸石、ZrO_2 和金属有机框架材料（MOFs）等，比表面积可以达 $1\,000\,m^2/g$ 以上。相比之下，大比表面积载体因其庞大的总表面积，提供了丰富的活性位点，大大增加了与反应物分子接触的机会，从而大幅提升催化效率。同样地，大比表面积载体也可分为无孔与有孔两种类型：

①无孔大比表面积载体：尽管少见，但在特定情况下，该类载体通过其大面积的外表面，仍然能够达到较高的催化活性水平，适用于对内部孔隙依赖度较低的反应体系。

②有孔大比表面积载体：这是最常见且应用广泛的类型，分子筛、活性炭、Al_2O_3 等就属于此列。其发达的孔隙结构大幅增加了内表面积，为活性组分的均匀分散创造了条件，有效地促进了反应物与催化剂的接触。该类载体特别适合于需要高度分散活性位点的复杂催化反应。

2. 按照酸碱性分类

酸性载体通常具有提供质子的 B 酸位点或接受电子对的 L 酸位点。这类载体在需要酸性环境的催化反应中表现出色。例如，SiO_2 和 Al_2O_3 是常见的酸性载体，它们在烃类裂解、异构化等反应中广泛应用。酸性载体能够提供强酸位点，有助于促进那些需要高质子浓度的反应。此外，调节制备条件可以在这些载体上形成不同强度的酸位，从而满足不同反应的需求。

相比之下，碱性载体则具备接受质子的能力，即 B 碱位点，或提供电子对的 L 碱位点。碱性载体在需要碱性环境的催化反应中尤为重要。例如，MgO 和 CaO 常用于醇类脱氢、烯烃聚合等反应。碱性载体能够提供强碱位点，有助于促进那些需要在高电子密度环境中进行的反应。同样，调整制备条件可以控制碱性载体上的碱位强度，以适应不同的催化需求。

除了单纯的酸性载体和碱性载体外，还有一些载体同时具有酸性位点和碱性位点，即所谓的双功能载体。双功能载体能够在一种催化剂表面同时提供酸性位点和碱性位点，这对于某些复杂的催化反应非常有利。例如，ZrO_2 就是一种典型的双功能载体，它在 C—H 键活化等反应中表现出优异的选择性。这种双功能特性使得该类催化剂在某些反应中既能提供质子，又能提供电子对，从而实现更高的催化效率。

5.1.3 一些常见的载体

当前，多种材料因其独特的优势而广泛担当催化剂载体的角色，各自展现了不同的特性和应用领域：

（1）分子筛：分子筛具有高度有序的孔道结构、可调控的孔径大小和大比表面积。其高度有序的孔道结构和可调控的孔径大小能够增强催化剂的性能，加速反应中间体的传递，从而提高催化效率。

（2）硅藻土与硅胶：天然或人工合成的硅基质提供大量表面活性位点，易于活性组分修饰。

（3）聚合物：聚合物载体主要分为离子交换树脂和有机高聚物两类，如聚苯乙烯-二乙烯苯交联的磺酸树脂、聚乙烯等，使金属络合物与其发生化学结合而形成固化催化剂。载体可设计性强，可根据特定催化需求调整孔隙率与功能基团。

（4）金属氧化物（如 TiO_2、CeO_2、ZrO_2 等）：金属氧化物载体用于负载活性金属纳米颗粒、团簇或单原子，构成负载型金属催化剂。

（5）活性炭：活性炭载体具有发达的孔结构和很大的比表面积，有的可高达 2 000 m^2/g，有利于使负载的活性物质高度分散，从而制得高活性催化剂。活性炭载体广泛应用于高纯度气体、液体、石化行业中，通过浸渍、负载等方式让活性成分附着在其表面，利用其大比表面积和丰富孔隙结构，降低反应活化能，用于吸附、催化氧化还原等反应。

（6）石墨烯、碳纳米管、石墨炔：二维或一维的碳材料具有高导电性、大比表面积以及优异的化学和机械稳定性，这些特性使其成为理想的催化剂载体。它可以增加活性物质吸附的表面活性位点，促进电极表面的电子转移，有效提高催化活性。

（7）石墨相氮化碳（$g-C_3N_4$）：$g-C_3N_4$ 具有独特的层状结构和能带可调性，作为催化剂载体，在光催化、电催化等领域表现出优异的催化性能。

（8）碳化硅、金属碳化物：该类载体具有硬且稳定的骨架结构，适用于苛刻条件下的催化。

（9）黑磷、过渡金属磷化物：该类载体为新型半导体材料，展现独特的电子结构与光学性质，开拓了催化新领域。

（10）过渡金属硫族化合物（TMDs）：TMDs 通常由过渡金属元素（如

Mo、W 等）与硫族元素（如 S、Se 等）组成，形成 "X—M—X" 夹层结构，具有二维层状特征。TMDs 具有多样的化学性质，从金属到绝缘体不等，且具备大比表面积、可调带隙和强烈的激子效应等独特性质。

（11）二维过渡金属碳化物/碳氮化物（MXene）：MXene 具有二维层状结构，由过渡金属原子层与碳/氮原子层交替堆叠而成，层间可插入各种表面终端基团，具有高导电性、大比表面积、丰富的表面活性位点和优异的化学稳定性。MXene 的表面终端基团和层状结构为催化反应提供了更多的活性位点，有利于催化反应的进行。MXene 的高化学稳定性和高机械强度使得催化剂在反应过程中能够保持结构稳定，延长催化剂的使用寿命。MXene 的表面终端基团和层间结构可以通过化学方法进行调控，从而实现对催化性能的精确控制。

（12）金属有机框架（MOFs）：MOFs 具有结构多样、功能可调的特点。MOFs 由金属离子或金属簇与有机配体通过自组装形成，具有多孔性、大比表面积和可调的孔径大小。改变金属离子、有机配体或引入功能基团，可以调控 MOFs 的催化性能，满足不同催化反应的需求。作为催化剂载体，MOFs 的多孔结构有利于反应物的扩散和产物的逸出，从而提高催化效率。此外，MOFs 催化剂载体还可以保护催化活性位点，防止其因团聚或失活而降低催化性能。

（13）共价有机框架（COFs）：COFs 由有机单体通过共价键连接形成，具有有序晶型结构和均一孔尺寸，类似 "有机沸石"，为催化反应提供了稳定的微环境。COFs 的多孔结构赋予其大比表面积，有利于催化活性位点的分散和反应物的吸附，从而提高催化效率。选择不同性质的有机单体，可以调控 COFs 的催化性能，满足特定催化反应的需求。

（14）层状双氢氧化合物（LDH）：LDH 具有独特的层状结构，层间可插入不同阴离子，实现结构调控。LDH 可以提供大量催化活性位点，有利于反应物的吸附和转化。调整金属元素比例，能够实现催化性能的精准调控。

载体材料的多样性和灵活性为催化科学提供了广阔的研究空间，每一种载体都有其独特之处，能够针对特定需求定制，助力催化效率与选择性的大幅提升。

5.1.4　金属－载体相互作用

在催化科学中，催化剂载体与活性组分之间的界面相互作用是影响催化剂性能的关键因素。随着这一领域的研究不断推进，科学家们通过多种手段来调控和优化这种相互作用，以提高催化效率和选择性。活性组分与载体之间存在多种界面效应，这些效应显著影响催化剂的性能。对于氧化物负载的金属催化剂，其界面效应包括金属－载体相互作用（MSI）、氢溢流效应、协同效应、边界原子活化等。

金属－载体相互作用是氧化物负载金属催化剂中研究得较为广泛的领域之一，其中涉及的关键概念包括金属－载体强相互作用（SMSI）和电子金属－载体相互作用（EMSI）。金属－载体相互作用，是指金属与载体间的物理或化学作用力。这种相互作用不仅影响着金属颗粒的分散度和稳定性，还对催化反应的选择性、活性以及抗毒性有显著影响。在氧化物负载金属催化剂中，这种相互作用尤为重要，因为氧化物作为载体，其表面性质能显著影响金属颗粒的电子结构和化学反应性。例如，中国科学技术大学的曾杰、南开大学的胡振芃和中国科学院上海应用物理研究所的司锐合作，基于单原子催化剂，从电子最高占据态角度定量研究了金属－载体相互作用。他们将 Rh 单原子负载在相变材料 VO_2 纳米棒上，构筑出 Rh_1/VO_2 单原子催化剂，这种设计不仅提高了催化剂的稳定性，还增强了其催化活性。

金属－载体强相互作用是指在高温条件下，金属与载体之间形成的强化学键合，导致金属颗粒部分包裹进载体的晶格中。这一现象最初于 1978 年被 Tauster 等人观察到，在高温下还原Ⅷ族金属负载在 TiO_2 上的催化剂（如 Pt/TiO_2、Pd/TiO_2、Ru/TiO_2、Rh/TiO_2 等），金属会被 TiO_2 包裹住，从而失去对气体小分子（如 H_2 等）的吸附能力。近年来，SMSI 体系由金属氧化物载体拓展到非金属氧化物载体，金属由Ⅷ族金属拓展到 Au 和 Ag 等。同时，SMSI 诱发条件也从高温还原拓展到氧化处理、$CO_2 + H_2$ 反应和湿化学氧化还原反应等。SMSI 的形成改变了催化剂的表面性质，如电子结构、化学吸附能力和催化活性等。例如，SMSI 可以增强金属颗粒的稳定性，防止烧结，并在一些反应中提高选择性。

电子金属－载体相互作用则涉及金属与载体之间的电子转移。这种相互作用可以通过改变金属颗粒的电子密度来优化，从而提升催化性能。例如，在 Pt/CeO_2 催化剂中，Pt 与 CeO_2 之间的电子转移可以提高 CO 氧化反应的活性和稳定性。EMSI 的存在使得金属颗粒能够在保持高活性的同时，抵抗毒化和烧结，从而延长和提高催化剂的寿命和效率。

5.1.5 金属 – 载体相互作用的基本原理

金属纳米颗粒（NPs）与载体之间的相互作用，是现代催化研究中的一个重要领域。这种相互作用不仅影响催化剂的性能，还对材料的稳定性和寿命起着至关重要的作用。金属 – 载体相互作用是一个复杂而多维的概念，涉及电荷转移、界面位点、纳米颗粒形貌、活性成分以及金属 – 载体强相互作用等多个方面。

1. 电荷转移

电荷转移在金属 – 载体相互作用中扮演着关键角色。在金属纳米颗粒与载体的界面上，由于费米能级的差异，两种材料中的电子会发生重排。这种现象仅限于界面上的几个原子层，但在某些情况下，可能会随着纳米粒子或载体金属离子氧化状态的变化而变化。电荷转移的大小和方向由金属纳米颗粒和载体的费米能级差异驱动，最终寻求电子化学势的平衡。

金属纳米颗粒的金属特性使其电子具有迁移率，但其大小与纳米体系有关。纳米颗粒越小，其电子态的局域性越强。载体的特性如导电性、还原性、暴露晶面、形貌和缺陷等对电荷转移至关重要。例如，导电性好的载体有助于电子的快速传输，而还原性强的载体则可能促进金属离子的还原。

2. 界面位点

金属纳米颗粒周边的界面位置是一个独特的环境，因为它们直接与纳米颗粒、载体和反应物接触，从而同步促进了催化反应。界面位点原子有利于过量电荷的积累，这些过量电荷可以显著增强分子在界面位点的吸附和反应。纳米颗粒与载体表面的不同基团或缺陷（例如氧空位、羟基、路易斯酸或碱）的存在进一步增强了这一效应。

界面位点的形成和稳定性对于催化反应的效率和选择性至关重要。优化界面位点的性质，可以提高催化剂的活性和选择性，从而在实际应用中获得更好的性能。

3. 纳米颗粒形貌

纳米颗粒形貌也是影响金属 – 载体相互作用的重要因素之一。金属 – 载体界面的黏附能影响纳米颗粒的形貌。一般来说，具有较强附着力的载体可能会使颗粒暴露出更多晶面。例如，金属氧化物载体的趋势表明，黏附能随着金属最稳定氧化物的形成、热量的增加以及金属纳米颗粒尺寸的减小而增加。高黏附能不仅能降低纳米颗粒的迁移率，从而降低其生长趋势，还会影响其形态。纳米颗粒的形貌会对催化性能产生显著影响。例如，星状、线状或球状的纳米颗粒在与载体接触时表现出不同的物理和化学性质。这些不同形貌的纳米颗粒在催化反应中的比表面积更大，能够暴露更多的活性位点，从而提高催化性能。

4. 活性成分

在金属纳米颗粒和载体之间，固态反应也是可能发生的。在固态反应中，金属原子可能从纳米颗粒迁移到载体中，同时载体中的原子也可能迁移到纳米颗粒中。这种交换在两个方向上都是可能的，取决于反应条件和材料性质。这种固态反应可以使纳米颗粒中的金属原子氧化，或使载体中的金属离子还原，具有矛盾的后果：一方面，以牺牲活性金属中心为代价形成的非活性相，如混合金属氧化物（例如金属铝酸盐），长期以来一直被认为是一个突出的失活过程；另一方面，通过从载体中还原金属或类金属离子以结合到金属纳米颗粒中，也可以形成高活性的金属间合金纳米粒子。这一现象最近引起了人们的广泛关注，有时被称为反应性金属－载体相互作用（RMSI）。预沉积的金属纳米颗粒有助于载体的活化，在高温和还原条件下，载体中的阳离子可以迁移到纳米颗粒上。

5. 金属－载体强相互作用

金属－载体强相互作用是指金属被低价氧化物所覆盖的现象。这一现象是"可移动"的载体亚氧化物将金属纳米颗粒的高表面能降至最低所致的。还原性载体对于生成低价氧化物是必不可少的，因为这些低价氧化物可以改变金属表面的局部电子结构并充当路易斯酸，从而促进反应物的活化并改善催化性能。

SMSI 效应通常涉及的载体为可还原金属氧化物（如 TiO_2、CeO_2 等），活性金属为Ⅷ族贵金属（如 Pt、Pd、Rh 等）和过渡金属（如 Co、Ni 等）。其典型的特征为在可逆还原－氧化处理条件下，部分还原的载体（如 TiO_{2-x}）对金属纳米颗粒表面存在包裹－去包裹现象，由此发生界面电子转移、纳米颗粒表面结构变化、气体分子吸附强度改变等现象，并最终影响催化反应性能。

综上所述，金属纳米颗粒与载体之间的相互作用是一个复杂而多维的过程，涉及电子重排、几何重排以及多种物理和化学因素的综合作用。理解这些相互作用的本质和机制，对于设计和优化高效、稳定的催化剂具有重要意义。

5.1.6　载体的研究实例

催化剂载体不仅是多相催化剂的骨架，还是提升催化性能的关键因素。对载体材料的精心选择和设计，可以显著提高催化剂的活性、选择性和稳定性，进而推动化学反应的高效进行。下面我们用一些研究实例来说明载体是如何影响催化剂的催化性能的。

1. 载体对催化剂性能的影响

2015 年，中国科学院大连化学物理研究所的王军虎团队通过研究发现，即使是同样的金（Au）作为活性组分，不同的氧化铁载体也会对催化剂性能产生显著的影响。他们选择了两种不同的氧化铁载体——$\gamma - Fe_2O_3$ 和 $\alpha - Fe_2O_3$，并制备了 $Au/\gamma - Fe_2O_3$ 和 $Au/\alpha - Fe_2O_3$ 两种催化剂。在 CO 氧化反应中，这两种催化剂表现出截然不同的活性：$Au/\gamma - Fe_2O_3$ 催化剂的活性是 $Au/\alpha - Fe_2O_3$ 催化剂活性的 20 倍。拉曼光谱表明这是源于其在低温下较高的氧化还原性能。系统研究表明，这种基于更高氧化还原特性的高活性可以扩展到 $\gamma - Fe_2O_3$ 负载的 Pt 族金属以及遵循 Mars - van Krevelen 机制的其他反应。这一研究结果揭示了载体晶型在决定催化剂性能方面的关键作用。具体来说，载体晶型影响了其表面的原子排列、电子结构和表面能态，进而影响金属纳米颗粒在其表面的分散状态、形态和电子相互作用。例如，不同晶型可能导致催化剂表面存在不同的缺陷位点或吸附位点，这些位点可以与活性金属组分发生特定的相互作用，从而改变催化反应的路径和效率。以 $Pd - TiO_2$ 复合材料为例，研究表明，不同的 TiO_2 晶面与 Pd 晶面的相互作用会显著影响 Pd 晶体的催化活性。

2019 年，北京大学的李星国团队在液态有机氢载体（LOHC）研究领域实现了突破，他们开发出了一种基于稀土氢化物负载钌的新型催化剂 Ru/YH_3。这种催化剂在 N - 乙基咔唑（NEC）的氢化反应中表现出卓越的性能。

氮杂环类化合物因其高储氢量和相对较低的氢化温度，被认为是理想的液态有机氢载体。然而，这类化合物的氢化过程通常较为缓慢，成为限制其应用的主要瓶颈。为了解决这一问题，李星国团队进行了深入研究，最终开发出了 Ru/YH_3 催化剂。该催化剂不仅显著提高了催化效率，还在立体选择性方面表现出色，这对于后续的脱氢步骤至关重要。

实验结果显示，使用 Ru/YH_3 作为催化剂，可以在 90 ℃ 和 1 MPa 的 H_2 压力下实现 NEC 的完全氢化。此外，Ru/YH_3 的催化活性也非常高，转化数（TON）

高于目前已报道的其他催化剂。更重要的是，这种催化剂的立体选择性好，可生成全顺式的产物，这有助于提高后续脱氢反应的效率。

Ru/YH$_3$能够取得如此出色的效果，关键在于一种新型的氢转移机制。传统上认为，氢直接从气相转移到底物上是主要途径，但这项研究表明，通过载体 YH$_3$ 实现了从 H$_2$ 到 NEC 的有效氢转移，这种方式极大地促进了整个过程的进行。为了验证这一点，研究人员采用了改进的化学气相沉积法制备了Ru/YH$_3$ 以及作为对照的 Ru/Al$_2$O$_3$ 催化剂，并通过电镜技术对其进行了详细的分析。结果显示，无论是在 Ru/YH$_3$ 中还是在 Ru/Al$_2$O$_3$ 中，钌纳米颗粒均能均匀分布且粒径约为 5 nm；同时确认了 YH$_3$ 在整个制备过程中保持原状未被氧化。尽管从比表面积上看，Ru/Al$_2$O$_3$ 由于具有更大的比表面积（103.2 m^2/g），理应拥有更好的催化性能，但实验结果表明，Ru 含量较低（1.3 wt%）且比表面积较小（11.3 m^2/g）的 Ru/YH$_3$ 也能表现出同样甚至更优的催化效率。这背后的原因可能与其独特的氢转移机制有关，即通过稀土氢化物本身促进更有效的氢气活化及随后向目标分子转移。此外，ICP-OES 测试进一步证明了两种催化剂中金属钌的实际负载量差异显著：Ru/Al$_2$O$_3$ 含有 4.6 wt% 的 Ru，而 Ru/YH$_3$ 则只有 1.3 wt%。

除了优异的催化活性外，Ru/YH$_3$ 还在选择性方面展现出明显优势。当使用 Ru/Al$_2$O$_3$ 作催化剂时，生成的产物为混合物形式的产品。相比之下，采用 Ru/YH$_3$ 作催化剂可以获得几乎单一构型的全顺式产物，这对于后续处理如脱氢反应来说是非常有利的，因为它简化了操作流程并降低了成本。

2023 年，香港城市大学的张华团队在《自然》期刊上发表了论文，深入揭示了催化剂与载体之间的构效关系，特别是在二维过渡金属硫族化合物（TMDs）上。TMDs 材料以其独特的物理化学性质，在纳米科技和催化领域展现出广阔的应用前景。它们不仅是构建纳米结构的理想模板，还是负载金属催化剂的优选基底。然而，长期以来，关于 TMDs 晶相如何精确调控二次材料的生长，尤其是对催化剂性能的影响，科学界知之甚少。张华团队研究的核心在于制备出高晶相纯度的 MoS$_2$ 纳米片，并以此为基础，研究 2H 相 MoS$_2$ 与 1T' 相 MoS$_2$ 对 Pt 催化剂生长模式及催化性能的影响。实验结果显示，2H 相 MoS$_2$ 倾向于促进 Pt 纳米颗粒的外延生长，形成了一种有序的岛状结构；1T' 相 MoS$_2$ 则展现出优异的能力，能够支持高度分散的单原子 Pt（s-Pt），且 Pt 的负载量高达 10 wt%，这一比例在同类研究中极为罕见。

进一步的密度泛函理论（DFT）计算揭示了 s – Pt/1T' – MoS$_2$ 体系中 Pt 原子占据的三个独特位点，其中位于 Mo 原子顶部的 Pt 原子展现出近乎理想的氢吸附自由能，接近于零的值意味着在酸性环境下，该位置的 Pt 原子能高效地促进氢气的析出反应。这一理论预测随后得到了实验的验证：所制备的 s – Pt/1T' – MoS$_2$ 催化剂，在 – 50 mV 的低过电位下，实现了 85 ± 23 mg$_{Pt}^{-1}$ 的卓越质量活性，远超传统催化剂的表现。更重要的是，无论是在实验室规模的 H 型电池测试中，还是在更贴近实际应用的质子交换膜电解槽中，该催化剂在室温条件下均表现出稳定的性能。

荷兰埃因霍芬理工大学的 Hensen 团队运用火焰喷雾热解技术（FSP），一步合成了负载在不同尺寸 CeO$_2$ 纳米颗粒上的 Pd 单原子催化剂 Pd – CeO$_2$ SACs。研究中使用的火焰喷雾热解技术，是一种高效且灵活的材料合成手段，它允许科学家在高温火焰环境中快速合成并控制材料的微观结构。Hensen 团队利用这一技术，将含有 Pd 和 Ce 前驱体的溶液直接转化为高度分散的 Pd – CeO$_2$ SACs，实现了从液滴到固体催化剂的一步跨越。通过精细调节 CeO$_2$ 载体的尺寸，从 4 nm 至 18 nm 不等，团队揭示了载体尺寸对催化性能的影响机制。

实验数据显示，当 CeO$_2$ 载体尺寸较小（约 4 nm）时，催化剂在富含 CO 的反应条件下展现出优异的活性。相比之下，中等尺寸（约 8 nm）的 CeO$_2$ 载体则更适合富氧条件。

X 射线吸收精细结构光谱（EXAFS）结果表明，无论是小尺寸还是大尺寸的 Pd FSP 样品，Pd 主要以孤立的 Pd—Oxo 键形式存在，周围被大约 4 个 O 原子和 2 到 3 个 Ce 原子包围，形成了独特的配位环境。而在较大的 Pd FSP 纳米颗粒中，微弱的 Pd—Pd 散射信号暗示了小范围 PdO$_x$ 簇的存在，这些细微的结构差异直接影响了催化反应路径和效率。为了直观展示催化剂表面的 Pd 形态，研究人员采用了漫反射傅里叶变换红外光谱（DRIFTS）技术，通过观察 CO 在低温下的吸附行为来揭示 Pd 物种的状态。结果显示，小尺寸和中尺寸 Pd FSP 纳米颗粒表面主要以线性吸附的氧化钯物种为主，而大尺寸 Pd FSP 纳米颗粒上则出现了多种 CO 吸附带，表明存在半还原及聚集的钯物种，进一步证实了钯在不同尺寸 CeO$_2$ 载体上的分散状态及其对催化性能的影响。

2. 金属 – 载体强相互作用

金属 – 载体强相互作用是指负载型金属催化剂中金属组分与其氧化物载体之间形成的强烈界面作用。这种相互作用可以显著影响催化剂的性能，包括其活性、选择性以及稳定性。长期以来，科学家们一直在探索如何利用 SMSI 来提高催化剂的效率。然而，由于 SMSI 涉及复杂的界面化学过程和电子转移机制，因此对其深入理解仍然是一个挑战。

2020 年，中国科学院大连化学物理研究所的黄延强团队探索了 Ru/TiO_2 体系中，不同金属尺寸诱导的金属－载体强相互作用在调控费托合成性能方面的催化作用机制。费托合成常用的催化剂包括 Fe、Co 和 Ru 等金属。其中，Ru 作为贵金属，因其卓越的 CO 加氢活性及碳链增长能力而受到特别关注。然而，Ru 基催化剂在实际应用中面临着显著的金属粒径效应问题：只有当 Ru 粒子的直径约为 8 nm 时，其费托合成性能才能达到最优；相比之下，小于 3 nm 的小粒径 Ru 不仅表现出较低的费托合成性能，而且其链增长能力也较弱。为了克服上述难题，黄延强团队巧妙地利用了金红石型 RuO_2 与 TiO_2 之间的晶型匹配度高的特点，成功制备出了一种高度分散的 Ru/TiO_2 催化剂。这种催化剂中 Ru 粒子的平均直径控制在 2 nm 以下，极大地提高了 Ru 的分散度，扩大了可接触表面积。更重要的是，研究人员发现，在这种高度分散的 Ru/TiO_2 体系中，金属与载体之间形成了强烈的相互作用，这为提高费托合成性能开辟了一条新的路径。他们首先调整了 Ru/TiO_2 催化剂中的金属负载量，以实现 Ru 粒径从 1.58 nm 到 2.24 nm 范围内的精确调控。随后，采用程序升温还原（H_2-TPR）、扩展 X 射线吸收精细结构光谱、CO 脉冲吸附以及 CO 漫反射傅里叶变换红外光谱（CO-DRIFTS）等多种表征手段，详细分析了催化剂在不同条件下的表现。

实验结果表明，随着 Ru 粒径的减小，Ru 表面被 TiO_x 包裹的程度逐渐增强，而 Ru 物种的还原程度则相应降低。这一现象表明，金属与载体之间的强相互作用在小粒径 Ru 粒子上更为显著，从而影响了催化剂的整体性能。进一步的研究揭示了金属尺寸与 SMSI 之间复杂的相互作用关系。一方面，较小的 Ru 粒子由于其更大的比表面积和更高的表面原子比例，更容易与载体形成紧密的接触界面。另一方面，这种紧密的接触导致了 Ru 物种的部分氧化态稳定存在，即所谓的"未完全还原"状态。这种未完全还原的 Ru 物种在费托合成中展现出独特的催化行为：它们能够有效地抑制一氧化碳直接加氢生成甲烷的副反应，从而提高了长链烃类产物（如 C_{5+}）的选择性和收率。具体来说，当 Ru 粒径较小时，金属与载体之间的强相互作用促进了 CO 在 Ru/TiO_x 界面上的解离活化，但同时抑制了 Ru 对氢的吸附和活化能力。这种选择性的抑制作用有利于碳链的增长而不是简单地终止于甲烷。相反，对于较大粒径的 Ru 粒子，由于其较高的还原度和较强的加氢能力，更倾向于促进一氧化碳的快速加氢生成甲烷。

2018 年，中国科学院大连化学物理研究所的乔波涛、张涛与王军虎等在前期系列 SMSI 相关工作的基础上，首次发现了铂族金属与羟基磷灰石（HAP）之间氧气诱导的金属 - 载体强相互作用（标记为 OMSI）。这一发现不仅丰富了我们对金属 - 载体相互作用的理解，还为催化剂的设计和应用开辟了新的路径。在 OMSI 效应的作用下，铂族金属纳米颗粒被 HAP 载体紧密包裹，形成了一种独特的结构。这种结构带来了显著的优势：它能够有效抑制金属纳米颗粒在反应过程中的聚集长大和流失。这一特性对于催化剂而言至关重要，因为聚集和流失往往会导致催化剂活性的下降和使用寿命的缩短。而 OMSI 效应的存在，能使得催化剂的重复使用性能和反应稳定性得到明显的改善和提升。

紧接着，这两个团队又取得了另一项重要突破——他们首次发现了 Au 与 TiO₂之间的经典金属 - 载体间强相互作用。这一发现同样具有深远的意义，因为它揭示了不同金属与载体之间相互作用的多样性和复杂性。然而，与 OMSI 不同的是，这种经典金属 - 载体间强相互作用是可逆的。具体来说，生成的 TiO$_x$ 包裹层在进一步高温氧化气氛（高于 400 ℃）处理后会消退，从而无法对 Au 纳米颗粒的催化性能产生影响。

这一发现引发了研究团队对 SMSI 发生机制的深入思考。他们意识到，金属的表面特性往往与金属纳米颗粒的尺寸密切相关。因此，SMSI 的发生可能存在粒径效应。为了验证这一猜想，研究团队在 2020 年通过胶体沉淀法合成了不同粒径分布的 Au/TiO₂纳米催化剂，并对其 SMSI 表现进行了详细研究。研究结果证实了粒径效应的存在。他们发现，较大尺寸的 Au/TiO₂（约 9 nm 和 13 nm）更易发生 SMSI。在 400 ℃下还原后，这些较大尺寸的 Au 纳米颗粒的 CO 吸附完全消失，即实现了载体对 Au 纳米颗粒的完全包覆。而对于较小尺寸的 Au/TiO₂（约 7 nm 和 3 nm），完全发生 SMSI 的还原温度则分别为 500 ℃ 和 600 ℃。这一结果清晰地表明，随着 Au 纳米颗粒尺寸的减小，其发生 SMSI 的难度逐渐增加。为了进一步探究这一粒径效应的本质，研究团队对 400 ℃下还原处理后的 Au - 3 nm 样品（Au - 3 nm - H400）进行了电子能量损失谱映射分析。分析结果显示，Au 纳米颗粒被 TiO$_{2-x}$部分包裹，这一发现进一步证实了粒径效应的存在及其对 SMSI 的影响。

利用这一粒径效应，研究团队巧妙地通过选择性包覆粒径分布不均匀的催化剂（Au – 3 + 9 nm）中较大的纳米颗粒，显著提高了 Au/TiO$_2$ 对 3 – 硝基苯乙烯的加氢选择性。

2021 年，中国科学技术大学的黄伟新团队在《德国应用化学》期刊上发表了一篇有关金属 – 载体强相互作用的研究论文。这项研究深入揭示了金属 – 载体强相互作用在 Au/TiO$_2$ 催化体系中的独特表现。研究人员选择了不同尺寸的 Au 纳米颗粒，并考察了它们与 TiO$_2$ 不同晶面［包括（0 0 1）、（1 0 0）和（1 0 1）］之间的相互作用。这一设计的实验设置旨在探索 SMSI 现象在不同条件下的差异性及其背后的深层机制。实验结果显示，SMSI 的发生敏感地依赖于 Au 纳米颗粒的大小以及 TiO$_2$ 的具体晶面。具体来说，粒径约 5 nm 的 Au 纳米颗粒比粒径 2 nm 的 Au 纳米颗粒更容易与 TiO$_2$ 形成强烈的 SMSI。而在 TiO$_2$ 的不同晶面中，（0 0 1）晶面相较于（1 0 0）和（1 0 1）晶面，更易于展现出强烈的 SMSI 效应。

为了进一步阐明 SMSI 的形成机制，研究团队进行了详细的实验验证和理论计算。他们发现，在 Au – TiO$_2$ 界面处发生的化学反应可以用以下方程式表示：$x\mathrm{H}_2 + \mathrm{Au} - \mathrm{TiO}_2 \longrightarrow \mathrm{TiO}_{2-x} - \mathrm{Au} + x\mathrm{H}_2\mathrm{O}$。其中，TiO$_{2-x}$ 代表覆盖在 Au 纳米颗粒表面的氧化物层。通过 X 射线光电子能谱（XPS）表征和密度泛函理论计算，研究人员得知这一氧化物层的 Ti：O 约为 6：11，且 Ti 的氧化态介于 Ti^{3+} 和 Ti^{4+} 之间。这一发现对于理解 SMSI 过程中的电荷转移机制至关重要。进一步的研究指出，电荷转移的方向在 Au—Ti 键中总是从 Ti 转移至 Au，而在界面处的 Au—O 键则表现为电荷从 Au 向 O 转移。这种电荷的动态迁移过程是 SMSI 现象得以实现的关键所在。值得注意的是，与原始的 Au – TiO$_2$ 界面相比，由还原诱导形成的完全包裹 Au 纳米颗粒所形成的 TiO$_{2-x}$ 外层和 TiO$_{2-x}$ – Au 界面展现出更强的晶格氧活化能力和更高的本征活性，这意味着通过调控 SMSI 的结构，可以显著提升催化剂的催化效率。

在实际应用中，研究人员测试了该催化剂在较低温度下（30 ℃）催化 CO 氧化反应的性能。结果显示，其催化速率达到了 2.75 mol$_{\mathrm{CO}}$/(g$_{\mathrm{Au}}$ · h)，这一数值远高于未经处理的 Au – TiO$_2$ 催化剂。这一显著的性能提升充分证明了 SMSI 在催化领域的应用潜力。

5.2 助剂

助剂，又称助催化剂，是指加入催化剂中的少量物质，是催化剂的辅助成分，其本身没有活性或者活性很小，但是加入催化剂后，可以改变催化剂的化学组成、化学结构、离子价态、酸碱性、晶格结构、表面结构、孔结构、分散状态和机械强度等，从而提高催化剂的整体活性、选择性、稳定性及延长其寿命。

5.2.1 助剂的类型

助剂按照其功能划分，通常可以分为以下四种：

1. 结构助剂

结构助剂的主要作用是优化催化剂的物理结构。它们能够帮助活性物质形成更小的粒度，从而增大比表面积，提高催化性能。此外，结构助剂还能有效防止或延缓因高温烧结而导致的催化剂活性降低，确保催化剂在长期使用中保持稳定的性能。例如，合成氨反应最早只用由 Fe_3O_4 还原制得的纯铁催化剂，虽然它有活性，但活性很快就下降了。在 Fe_3O_4 中加入少量的 Al_2O_3 制得的铁催化剂，活性可以保持几个月。Al_2O_3 作为结构助剂，通过防止铁微晶的长大，显著抑制了反应过程中铁活性组分的烧结失活，从而延长了催化剂的活性寿命。

2. 电子助剂

电子助剂通过改变主催化剂的电子状态来影响其催化性能。它们能够调整催化剂表面的电子分布，使得反应物更容易与催化剂表面发生相互作用，从而提高催化反应的速率和效率。电子助剂在调节催化剂的活性、选择性和稳定性方面发挥着重要作用。例如，K_2O 在合成氨催化剂中作为电子助剂，能够降低催化剂的电子逸出功，促进电子转移过程，有利于 N_2 在过渡金属（如 Fe 和 Co 等）表面活性位点的活化，加速 N≡N 键的断裂，从而提高催化活性。

3. 晶格缺陷助剂

晶格缺陷助剂通过引入少量的杂质来增加催化剂表面的晶格缺陷数目。这些缺陷往往成为催化反应的活性中心，能够吸附和活化反应物分子，从而提高催化剂的活性。晶格缺陷助剂在氧化物催化剂中尤为常见，它们能够显著改善催化剂的催化性能。

4. 扩散性助剂

扩散性助剂是指能够改善催化剂的孔结构，改变其扩散性能的物质。这类助剂通常通过加入硝酸盐、碳酸盐或有机物等，在催化剂焙烧时分解而形成孔，从而提高体相内活性组分的利用率。扩散性助剂的主要作用是促进反应物在催化剂内部的扩散，使反应物能够更充分地与活性组分接触，从而提高催化反应的效率和选择性。

5.2.2 助剂的研究实例

在催化剂的制备过程中，助剂的作用至关重要，尽管其用量相对较少，但它们在维持主催化剂稳定性、提高催化活性中心性能以及改善产物分布方面发挥着关键作用。以下简要介绍一些助剂在催化反应中的应用实例：

在合成气转化为高附加值化学品的过程中，科学家们不断探索各种催化剂和助剂，以提高催化活性和产物选择性。C_{2+} 醇类化合物，如乙醇、丙醇等，是合成气转化过程中的重要产物，具有广泛的工业应用前景。然而，如何提高这些化合物的时空产率（STY），即单位时间内单位催化剂质量产生的产物量，一直是科研工作者面临的挑战。2016 年，厦门大学的林敬东教授与其合作者深入研究了碱金属铯（Cs）作为助剂在合成气制 C_{2+} 醇类化合物中的作用机制，揭示了其在促进起始 C—C 键生成方面的关键作用。

实验研究显示，碱金属 Cs 的加入显著提高了合成气制 C_{2+} 醇类化合物的时空产率。在 583 K 下，时空产率从 77.1 g/（kg_{cat}·h）提高到 157.3 g/（kg_{cat}·h）。通过进一步的密度泛函理论计算，研究人员发现，Cs 助剂的存在能够促进起始 C—C 键的形成，这是提高 C_{2+} 醇类化合物产率的关键步骤。在本研究中，密度泛函理论计算结果表明，在 ZnCu（2 1 1）模型表面，合成气转化为 C_{2+} 醇类化合物的过程涉及多个关键步骤，其中初始 C—C 键的形成尤为关键。在 Cs 助剂的作用下，HCO 和 H_2CO 等关键中间体的稳定性得到增强，这有利于 HCO + HCO 和 HCO + H_2CO 偶联步骤的发生，从而降低了活化能垒，促进了 C—C 键的形成。

链增长概率（CGP）是评估费托合成中链增长可能性的重要参数。通过对

CGP 的分析，研究人员发现，在 543～583 K 的温度范围内，初始 C—C 键形成是速控步骤。添加 Cs 助剂后，C_1 到 C_2 的 CGP 从 0.13 增加到 0.25，这表明铯的加入有助于提高 2 - 甲基 - 1 - 丙醇的产率，而对 C_3^* 至 2 - 甲基 - C_3^* 的 CGP 值影响不大。

在 2021 年，华东理工大学的韩一帆团队通过研究发现，在 CO_2 加氢反应中加入 ZnO 可显著提高 Fe 基催化剂高选择性生成 α - 烯烃的催化性能。双金属 Fe_2Zn_1 的 $C_{4\sim20}\alpha$ - 烯烃的时空产率是单独 Fe 的 2.4 倍；而 $C_{4\sim20}$ 烯烃的选择性为 60.7%，在 $C_{4\sim20}$ 烯烃中 α - 烯烃和烯烃的比率为 89.3%，CO_2 转化率为 43.5%。CO - TPD 和 CO_2 - TPD 结果表明，助剂 ZnO 促进了 CO_2 和 CO 在催化剂表面的吸附，有利于 CO_2 的转化和 C—C 键偶联反应。原位红外光谱分析结果显示，Fe_5C_2 可以在无氢环境下与二氧化碳反应生成一氧化碳，同时 Fe_5C_2 被氧化为表面高分散的 FeO_x。原位 XPS 表明，Zn 的化学状态在 0 到 +2（$Zn^{\delta+}$）之间变化，并伴有从 ZnO_x 到 Fe 的电子转移。ZnO 的加入则会促使催化剂表面生成 HCO_3^* 物种，提供了新的二氧化碳活化路径，有助于二氧化碳的活化和转化。

2021 年，武汉大学的定明月团队在《科学》期刊上发表了一篇重要的研究论文，详细阐述了他们在合成气催化转化领域取得的重大进展。此次工作成功研发了一种新型疏水性壳核结构的 FeMn@ Si 催化剂，在工业适用的条件下（320 ℃，2～3 MPa），该催化剂实现了合成气直接转化成烯烃的高度选择性。具体而言，烯烃总选择性达到了惊人的 65%，其中高附加值的 α - 烯烃选择性更是高达 81% 以上。研究表明，核层中 Mn 金属助剂向 Fe 活性相的电子转移，是提高烯烃选择性的关键。这种电子效应不仅促进了目标产物的生成，还抑制了竞争路径，减少了甲烷等副产物的形成。

厦门大学的王野团队利用反应耦合策略，开发出了一种基于 Mo 掺杂 ZrO_2/H - ZSM - 5 双功能催化剂的合成气一步法制备芳香烃技术。传统上，芳香烃的生产多采用两步法，即先将合成气（主要是 CO 和 H_2 的混合物）转化为甲醇，再将甲醇进一步转化为芳香烃（MTA 过程）。然而，这种方法存在流程长、能耗高、成本大等问题。相比之下，直接将合成气转化为芳香烃的一步法显然更具吸引力，但实现起来困难重重。主要难点在于，催化剂需要同时具备高效的 CO 加氢活化能力和对低碳烯烃中间产物的有效调控能力，以避免其在高温下被过度加氢生成饱和烷烃，从而降低芳香烃的选择性和产率。

　　王野团队设计的 Mo 掺杂 ZrO_2/H – ZSM – 5 双功能催化剂，巧妙地结合了两种不同功能的催化组分：Mo 掺杂 ZrO_2 主要负责 CO 的加氢活化，而 H – ZSM – 5 则负责后续的低碳烯烃到高碳烯烃再到芳香烃的转化。这种协同作用机制极大地提高了反应的选择性和时空产率。具体来说，反应路径可以分为几个关键步骤：首先，合成气在 Mo 掺杂 ZrO_2 的作用下转化为甲醇；随后，甲醇在 H – ZSM – 5 的酸性位点上脱水形成低碳烯烃，这些低碳烯烃再通过齐聚、异构化等反应转化为高碳烯烃；最终，高碳烯烃在适当的条件下环化、脱氢，形成目标芳香烃产品。在整个过程中，动力学研究揭示了合成气制甲醇是速控步骤，这意味着提高此步骤的效率对于整个反应体系的性能至关重要。

　　值得一提的是，Mo 作为 ZrO_2 的助剂，展现出了其独特的优势。相较于其他常见的助剂，如 Al、Ce、Zn、Pd 和 Pt 等，Mo 具有适中的活化 H_2 能力。若加氢能力过弱，会导致催化剂活性不足，无法有效促进 CO 的转化；反之，若加氢能力过强，则容易引起低碳烯烃过度加氢，生成饱和烷烃，降低芳香烃的选择性。Mo 的这种"恰到好处"的特性，使得在保持芳香烃选择性在 75% 以上的前提下，还能实现高达 20% 的 CO 单程转化率和高芳香烃时空产率，体现了其在催化剂设计中的精妙之处。

6　固体酸催化剂

固体酸催化剂在石油化工、有机合成、医药制造和精细化工等领域有着广泛的应用。例如：石油化工行业中的裂化、异构化、芳构化等反应过程，这些过程中分子筛固体酸催化剂能够显著提高产品选择性和产物质量，从而提升生产效率。在医药行业，固体酸催化剂用于生产药物中间体，特别是在需要精确控制反应条件和避免副产物生成的情况下，其展现出独特优势。

6.1　酸碱的定义

1. 电离理论

依据电离学说，阿伦尼乌斯（Arrhenius）将酸碱定义为：能在水中给出质子（H^+）的物质称为酸，能在水中电离出氢氧根（OH^-）的物质即为碱。

2. 质子理论

1923 年，丹麦化学家布朗斯特（Brönsted）和英国化学家劳里（Lowry）提出：凡是能放出质子的物质为酸（Brönsted 酸，简称 B 酸），能与质子结合的物质为碱；酸放出质子后即形成该酸的共轭碱（Brönsted 碱，简称 B 碱），同样，所有的碱也有着共轭酸。

$$A - H^+ \longrightarrow B + H^+$$

3. 电子对理论

1923 年，美国物理化学家路易斯（Lewis）提出了酸碱电子理论。凡是可以接受外来电子对的分子、离子或原子团都称为路易斯酸（Lewis 酸，简称 L 酸），即电子对的受体。与路易斯酸相对的是路易斯碱（简称 L 碱），后者则是能够提供电子对的物质。

4. 正负理论

1939 年，苏联科学家乌沙诺维奇提出：凡能与碱反应，给出阳离子，接受阴离子或电子的物质是酸。凡能与酸反应，与阳离子结合，给出阴离子或电子的物质是碱。这个理论几乎包括所有路易斯理论的酸碱反应，如：

$$Na_2O + SO_3 \longrightarrow Na_2^+ SO_4^{2-}$$

$$2Na + Cl_2 \longrightarrow 2Na^+ Cl^-$$

第一个反应中 SO_3 是酸，因它结合了 O^{2-} 生成 SO_4^{2-}；第二个反应中 Na 把电子给予 Cl，因此 Na 是碱。即氧化剂是酸，还原剂是碱。乌氏酸碱理论包括了氧化还原反应，适用范围更广。

5. 勒克斯 – 弗勒德理论

勒克斯 – 弗勒德理论是 1939 年由勒克斯提出的，1947 年经弗勒德发展的以"O"离子来定义酸碱的理论。氧离子给予体是碱，氧离子接受体是酸，如：

$$CaO + SO_3 \longrightarrow CaSO_4$$

式中，CaO 是碱，SO_3 是酸。这种理论适用于含氧而不含质子的反应体系，主要用于熔融的氧化物体系。

本章的讨论范围仅限于布朗斯特和路易斯所定义的酸、碱范围内的酸和碱的催化反应。

6.2　固体酸催化剂的分类

常见的固体酸催化剂包括：

（1）天然黏土类：膨润土、蒙脱土、高岭土和天然沸石等。

（2）金属氧化物和硫化物：Al_2O_3、ZrO_2、TiO_2、CdS、ZnS、Sb_2S_5、SnS_2 等。

（3）金属盐：硫酸盐和磷酸盐都可作为酯化反应的催化剂，如 $NiSO_4$、$BaSO_4$、$CoSO_4$ 等。

（4）复合氧化物：$SiO_2 - Al_2O_3$、$ZnO - Al_2O_3$、$SiO_2 - TiO_2$、$ZrO_2 - WO_3$、$TiO_2 - WO_3$、$TiO_2 - MgO$ 和 $B_2O_3 - Al_2O_3$ 等。

（5）负载型固体酸：适当载体上的质子酸，如 H_2SO_4、H_3PO_4、HF 等，以及适当载体上的酸性卤化物，如 $AlBr_3$、BF_3、$ZnCl_2$ 和 $TiCl_4$ 等。

（6）沸石分子筛：ZSM – 5、SAPO – 11、SAPO – 34、SSZ – 13、ZSM – 11、MCM – 22 和 TS 分子筛等。

（7）杂多酸：$H_3PW_{12}O_{40} \cdot xH_2O$、$H_4SiW_{12}O_{40} \cdot xH_2O$、$H_3PMo_{12}O_{40} \cdot xH_2O$、$(NH_4)_6Mo_7O_{24}$ 等。

（8）固体超强酸：WO_3/ZrO_2、$SO_4^{2-}/ZrO_2 – Fe_2O_3$、$SO_4^{2-}/SnO_2 – Nd_2O$、$SO_4^{2-}/ZrO_2 – Sm_2O_3$、$SO_4^{2-}/ZrO_2 – SnO_2$ 和 $SO_4^{2-}/ZrO_2 – NiO$ 等。

（9）离子交换树脂：一类具有离子交换特性的高分子材料。按离子交换的电荷类型，可分为阳离子交换树脂（显酸性）和阴离子交换树脂（显碱性）。

6.3　固体酸中心的形成

固体酸中心的形成原因很多，归纳起来主要有以下几种情况：

（1）特定化合物酸中心：包括浸渍在载体上的无机酸、卤化物、金属盐、阳离子交换树脂、氧化物以及杂多酸等，这些都可以形成固体酸的酸中心。

（2）Al 原子配位数影响：含 Si、Al 元素的固体酸催化剂，其酸性源于不同氧配位数的 Al 原子。Al 原子的氧配位数决定了催化剂酸的类型和强弱。

（3）结构不平衡产生酸性：当固体酸的结构中原子以不同的价态或配位数取代时，会产生电荷或结构不平衡，从而产生酸性。

（4）金属离子极化作用：对于金属盐类，当含有少量结构水时，金属离子对 H_2O 的极化作用会产生 B 酸中心。

图 6 – 1 揭示了 Al_2O_3 产生酸性的原因。Al_2O_3 高温焙烧后脱水形成了不完全配位的 Al，产生 L 酸中心。上述 L 酸中心吸水后转变为 B 酸中心。

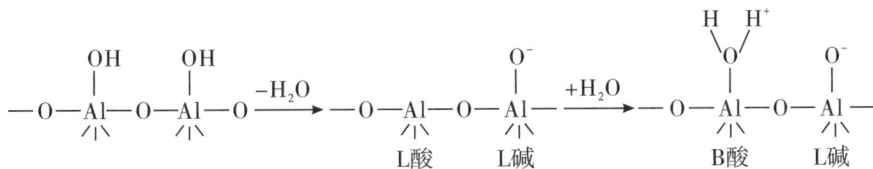

图 6 – 1　Al_2O_3 产生酸性

红外光谱研究表明，800 ℃焙烧过的 $\gamma - Al_2O_3$ 表面可有五种类型的羟基，对应于五种酸强度不等的酸中心。混合氧化物表面出现酸中心，多数是由于组分氧化物的金属离子具有不同的化合价或不同的配位数。图 6 – 2 揭示了 Al_2O_3 和 SiO_2 复合氧化物产生酸性的原因。很多原子和氧化合后，倾向于形成四配位正四面体结构，与二氧化硅结构类似，中心原子和氧形成的 4 个配位键形成完美的 8 电子结构，非常稳定。硅因为外层正好是 4 个电子，通过氧桥形成这种结构，电荷正好平衡。假如 SiO_2 中的一个硅原子被 Al 取代，Al 原子核的电荷数比硅少一个，此时骨架必然带有一个负电荷，必须有一个质子吸附在氧桥上来进行电荷平衡。与 Al_2O_3 类似，Al_2O_3 和 SiO_2 复合氧化物高温煅烧脱水后不完全配位的 Al 会形成 L 酸中心，吸水后也会转变为 B 酸中心（见图 6 – 2）。

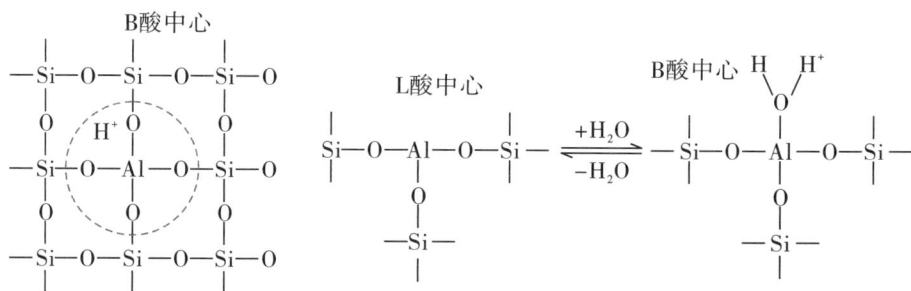

图 6 – 2 Al_2O_3 和 SiO_2 复合氧化物产生酸性

超强酸是指酸强度比 100% 硫酸还强的酸。100% 硫酸的 Hammett 酸函数 H_0 为 -11.93，因此酸强度 $H_0 < -11.93$ 的固体酸都称为固体超强酸。图 6 – 3 是 SO_4^{2-}/M_xO_y 型固体超强酸的酸中心示意图。

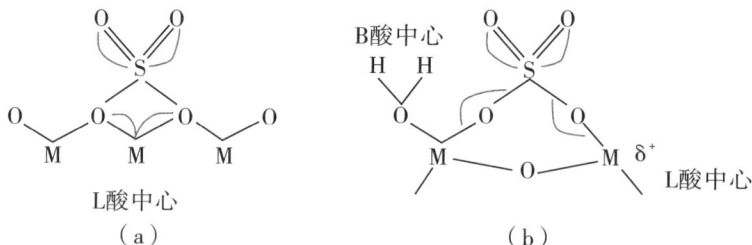

图 6 – 3 SO_4^{2-}/M_xO_y 的 L 酸中心和 B 酸中心

酸中心的形成是源于 SO_4^{2-} 在氧化物表面的配位吸附，S═O 基团为强吸电子基，有很强的电子诱导效应，导致 M—O 键上的电子偏移，形成 L 酸中心。B 酸中心的形成与表面的羟基或者表面吸附的 H_2O 有关。L 酸中心吸附水后，对水分子的电子有很强的作用，形成 B 酸中心。

[研究示例]

2016 年，澳大利亚悉尼大学的黄骏等在《自然·通讯》期刊上发表了固体酸中心方面的最新研究成果。研究团队创新性地开发出不依赖于四配位的超稳定硅铝纳米氧化物，其酸性和催化活性都高于工业上广泛应用的强 B 酸沸石 HZSM－5 和脱铝 H－Y。这与传统的固体酸理论不相符，一直以来人们普遍认为 B 酸仅由四配位铝位点（Al^{IV}）构成，即分子筛中的桥接 OH 基团或硅铝酸盐表面上附近的硅醇，而五配位铝位点（Al^V）是不能形成 B 酸的。黄骏团队通过 $^{27}Al-\{^1H\}$ D－HMQC NMR 直接观察到了一种新型的五配位铝 B 酸（Al^V）。研究发现，B 酸（$-Al^V$）与 B 酸（$-Al^{IV}$）是共存关系而不是取代关系。四配位铝位点在传统固体酸中浓度有限，限制了酸性的提高，而五配位铝 B 酸中心的发现，有助于通过增加 Al 含量将 B 酸位点的总种群密度提高到 70% 以上，这一数值将远高于仅仅由四配位铝 B 酸（Al^{IV}）能构成的最大酸度值。这一新的酸结构的发现为固体酸催化剂的开发提供了新的路径，也为许多工业化学工艺带来希望。

6.4 固体酸性质及测定

6.4.1 固体酸的性质

固体酸的性质包括酸中心的类型（B 酸或者 L 酸）、酸中心的浓度（酸中心的数目）和酸中心的强度三个方面。

1. 酸中心的类型

按照前面介绍的布朗斯特和路易斯的酸碱理论定义，固体酸中心的类型主要包括 B 酸和 L 酸。B 酸是指能够给出质子的酸中心，而 L 酸是指能够接受电子对的酸中心。

2. 酸中心的浓度

固体酸中心的浓度，又称酸度，是指单位催化剂表面或单位催化剂质量所含酸中心的数目，它反映了催化剂的酸性强弱和催化活性。酸中心的浓度通常用单位重量或单位表面积上酸中心的数目或毫摩尔数来表示（酸中心数/m^2，H^+ mmol/g）。酸中心的浓度可以通过多种方法进行测量，其中一种常用的方法是程序升温脱附法（TPD 法）。

3. 酸中心的强度

酸中心的强度，又称酸强度，是指固体表面酸中心给出质子（B 酸）或者接受电子对（L 酸）的能力，即固体表面将吸附于其上的中性碱分子转化为它们共轭酸的能力。酸强度的强弱可用酸强度函数 H_0 表示，具体定义为 $H_0 = pK_a + \lg\left(\dfrac{C_B}{C_{BH^+}}\right)$，其中 C_B 和 C_{BH^+} 分别表示未解离的碱指示剂和共轭酸的浓度，pK_a 为共轭酸 BH^+ 解离平衡常数的负对数。

6.4.2 固体酸性质的测定

固体催化剂表面酸性的测定方法有很多种，主要有 Hammett 指示剂法、碱性气体吸附法和固体核磁共振（NMR）法等，以下具体介绍各种方法。

1. Hammett 指示剂法

该方法可测定 B 酸和 L 酸的总酸强度和酸浓度。将特定的 Hammett 指示剂吸附在固体酸表面，根据颜色的变化来确定固体酸表面的酸强度。酸强度是指固体表面酸中心给出质子（对于 B 酸）或者接受电子对（对于 L 酸）的能力。这种能力与固体表面将吸附其上的碱性分子转化为它们共轭酸的能力直接相关。Hammett 指示剂是一种具有特定 pK_a 值的有机化合物（本身为碱性分子），不同的指示剂具有不同的接受质子或者给出电子对的能力。指示剂能够在酸性环境中发生颜色变化。这种颜色变化是指示剂分子与酸中心发生质子交换或电子对接受反应所导致的。

$$BH^+ \Longleftrightarrow B + H^+$$

其中，B 为碱性指示剂，与固体表面酸中心 H^+ 作用，生成共轭酸 BH^+。

$$K_a = \frac{a_B a_{H^+}}{a_{BH^+}} = \frac{C_B \gamma_B a_{H^+}}{C_{BH^+} \gamma_{BH^+}} \tag{6-1}$$

式中，a 表示活度，C 表示浓度，γ 表示活度系数。

将式（6-1）两边取对数，得到

$$\lg K_a = \lg \frac{\gamma_B a_{H^+}}{\gamma_{BH^+}} + \lg \frac{C_B}{C_{BH^+}} \tag{6-2}$$

定义

$$H_0 = -\lg \frac{\gamma_B a_{H^+}}{\gamma_{BH^+}} \tag{6-3}$$

式（6-2）可变为

$$pK_a = H_0 + \lg \frac{C_{BH^+}}{C_B} \tag{6-4}$$

从上面的式中可以看出，H_0 越小，即负值越大，则 $\frac{\gamma_B a_{H^+}}{\gamma_{BH^+}}$ 越大，$\frac{C_{BH^+}}{C_B}$ 也越大，这表明固体酸给出质子 H^+ 的能力越强，使得指示剂 B 转化为共轭酸 BH^+ 的能力越强，也就是酸性越强。

表 6-1 是常见的指示剂及 pK_a 值。指示剂的 pK_a 值越小，表明需要酸强度越强的酸才能使其显现酸性色。例如，某一固体酸样品能够使得甲基红显酸性色而不能使对-二甲基偶氮苯显酸性色，表示其酸强度 H_0 为 +3.3 ~ +4.8。

表 6-1　测定固体酸强度常用的指示剂

指示剂	碱性色	酸性色	pK_a
中性红	黄	红	+6.8
甲基红	黄	红	+4.8
苯基偶氮萘胺	黄	红	+4.0
对-二甲基偶氮苯	黄	红	+3.3
2-氨基-5-偶氮甲苯	黄	红	+2.0
苯偶氮二苯胺	黄	紫	+1.5
4-二甲基偶氮-1-萘	黄	红	+1.2
结晶紫	蓝	黄	+0.8

（续上表）

指示剂	碱性色	酸性色	pK_a
对 – 硝基苯偶氮 – 对硝基联苯胺	橙	紫	+ 0.43
二肉桂叉丙酮	黄	红	– 3.0
苄叉乙酰苯	无色	黄	– 5.6
蒽醌	无色	黄	– 8.2

Hammett 指示剂法通常将固体酸粉末样品悬浮于非水惰性液体中，然后通过加入比指示剂更强的碱（如正丁胺）进行滴定。随着碱的加入，固体酸表面的酸中心逐渐被中和，指示剂的颜色也随之发生变化。通过观察指示剂颜色的变化，我们可以确定滴定终点，从而计算出固体酸的酸量和酸强度。具体来说，我们可以根据滴定过程中消耗的碱量来计算酸量，而根据指示剂颜色变化时对应的 pK_a 值来推断酸强度。

2. 碱性气体吸附法

碱性气体吸附法是通过碱性气体在固体酸表面吸附，然后测量吸附放热、红外光谱振动或者程序升温的脱附温度和脱附气体的量来确定固体酸中心强度和浓度的方法，主要有吸附热法、碱脱附 – TPD 法、吸附碱的红外光谱（IR）法、拉曼光谱法（Raman）、紫外反射光谱法、X 射线光电子能谱（XPS）技术等。

（1）吸附热法。

碱性气体在固体酸表面的吸附会放热，碱性气体分子会优先吸附在固体酸的强酸位点上。通过比较吸附热的大小，可以确定不同固体酸的酸强度。该方法在测定过程中无法有效区分不同类型的酸（如 B 酸和 L 酸），这可能对需要精确了解酸的类型的催化剂研究造成限制。

（2）碱脱附 – TPD 法。

该方法是指碱性化学物质（如 NH_3、吡啶和正丁胺等）在固体酸表面吸附，当达到饱和吸附后，再进行程序升温脱附。吸附在弱酸中心的碱性分子会在较低温度下脱附，而强酸中心上吸附的碱性分子则需要较高的温度方能脱附，脱附温度越高，表明酸强度越大。对应于不同脱附温度的碱性分子的脱附量代表不同酸强度的酸的浓度，因此，采用碱脱附 – TPD 法可以同时测出固体酸的酸强度和酸浓度。图 6-4 是四种不同方法制备的 ZSM-5 分子筛的 NH_3-TPD 图。由图 6-4 中的不同温度出现的脱出峰以及峰面积的大小，可以分析出几种分子筛之间酸强度和酸浓度的差异。

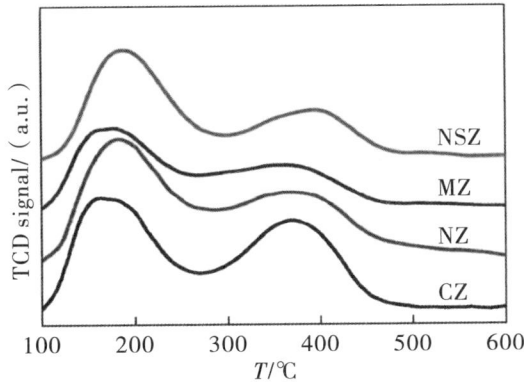

图 6-4　四种不同的 ZSM-5 分子筛的 NH_3-TPD 图

　　虽然，碱脱附-TPD 法具有设备简单，操作便利，重复性好，不受研究对象限制，可同时测定固体酸的相对酸强度和酸量，提供酸强度分布信息等优点，但是也存在无法区分酸类型（B 酸和 L 酸），难以测定特殊微孔结构沸石酸性（因为碱性探针分子体积过大无法进入这些微孔）等局限性。

　　（3）吸附碱的红外光谱法。

　　利用红外光谱研究表面酸性常常利用 NH_3、吡啶、三甲基胺、正丁胺等碱性吸附质，其中应用比较广泛的是 NH_3 和吡啶。利用 NH_3、吡啶等有机碱分子的大小和强度的不同，可以进一步考察固体酸的空间效应和酸强度及分布。

　　与其他表征催化剂酸性的方法如碱滴定法、差热法、碱性气体脱附法相比，红外光谱法不仅能够表征催化剂表面的酸性强弱以及酸量，而且可以有效地区分 L 酸和 B 酸，是目前区分催化剂表面酸性类型较为有效的方法之一。

　　（4）拉曼光谱法。

　　目前，拉曼光谱在催化剂表面吸附行为研究中的主要用途之一就是以吡啶为吸附探针对催化剂的表面酸性进行研究，其已经成为红外光谱法在表征催化剂表面的化学吸附以及识别 B 酸和 L 酸方面的有效补充。

（5）紫外反射光谱法。

测定固体催化剂酸性中心的方法有许多，目前最多采用的是吸附吡啶红外光谱法辨别 B 酸和 L 酸，但是该法对于吸附吡啶的 $\pi - \pi^*$ 谱带的研究有所欠缺，此时则需要借助于紫外反射光谱。

酸性固体上吸附吡啶的 $\pi - \pi^*$ 谱带漂移依赖于吡啶和酸部位之间的键，因为 $\pi - \pi^*$ 谱带具有较大的消光系数，所以紫外反射光谱是一种灵敏度较高的检测酸部位的方法。通常，吡啶蒸气的 $\pi - \pi^*$ 紫外跃迁出现在波长为 249.5 nm 处，但当其被酸性固体吸附后，$\pi - \pi^*$ 跃迁带则移动至波长为 260 nm 左右处，几乎与酸性溶液中已质子化的吡啶的谱带位置相同。因此我们可以根据固体催化剂吸附吡啶后在 260 nm 处的吸附吡啶的量测定催化剂表面的酸量。

（6）X 射线光电子能谱技术。

采用 XPS 技术可以区分分子筛的 B 酸、L 酸的相对强度。首先在室温、真空条件下使吡啶分子沉积在分子筛上，然后在 - 90 ℃下用 XPS 记录 N 1s 峰。实验结果表明，N 1s 存在两个峰，彼此相隔 2 eV，它们均属于氧化态。经分析，其中结合能高的一个与 B 酸有关，结合能低的一个与 L 酸有关。这是因为此处 B 酸意味着催化剂固体表面有质子存在，吡啶中的 N 接受了质子而氧化，这样吡啶分子带正电，吸附在 B 酸部位上；而 L 酸意味着固体表面存在着接受电子对的部位，吡啶中的 N 有一对自由电子，可以与 L 酸部位共价或配位，这样吡啶中 N 的外层电子远离了一些，N 也氧化了，但并不像在 B 酸部位上接受质子而氧化那样强烈。目前，采用 XPS 区分酸性位点及其强弱还只是半定量的，尚需进一步发展和改进对样品的处理方法。

3. 固体核磁共振法

固体酸催化剂（包括沸石分子筛和金属氧化物等）的活性中心即"酸中心"的结构与性能直接影响反应分子的吸附方式、化学键断裂及重组、中间体和产物的生成，从而决定了其独特的催化反应性能。然而，缺乏在原子分子水平上表征固体酸催化剂活性中心的有效手段，在一定程度上制约了高性能固体酸催化剂的研发。

近年来，固体核磁共振实验技术成为一种很有潜力的表征固体酸性质的技术。中国科学院武汉物理与数学研究所的邓风和中国科学院精密测量院的郑安民在 2016 年和 2021 年分别发表了两篇专题论文——《固体酸催化剂酸性和反应性能关系的固体核磁共振研究》和《固体催化剂酸特性表征的探针分子辅助核磁共振方法》，介绍了课题组近十年在这一领域取得的研究成果。

邓风和郑安民等解决了固体酸催化反应中的几个关键科学问题：

（1）建立了通过探针分子（包括氘代吡啶、丙酮、三烷基氧膦和三甲基膦等）的 NMR 化学位移实验值来定量测量催化剂酸强度的方法。

（2）建立了用于研究催化剂不同"酸中心"相互作用的二维 ^1H—^1H 和 ^{27}Al—^{27}Al 双量子固体 NMR 方法，揭示了沸石分子筛中 B 酸和 L 酸协同作用的机制。

（3）为突破常规 ^1H 和 ^{27}Al NMR 无法对脱铝分子筛中三配位非骨架铝物种进行直接观测的瓶颈，研究人员利用三甲基膦探针分子，确定了工业中常用的 USY 分子筛中具有超强酸性的三配位非骨架铝物种的结构。

（4）丝光沸石（MOR）包含 8 元环（8MR）和 12 元环（12MR）两种不同尺寸的孔道，它们在反应中表现出截然不同的催化活性。研究人员选取氘代乙腈作为探针分子，采用二维 ^1H—^1H NMR 同核相关方法，深入系统地研究了 MOR 分子筛的酸性特征，确定了 8MR 孔道的酸强度要强于 12MR 孔道，并进一步阐明了两种孔道内部和不同孔道之间酸性质子的空间分布特性。

6.5 沸石分子筛催化剂

6.5.1 沸石分子筛的结构

自然界中存在一种天然硅铝酸盐，它们具有筛分分子、吸附、离子交换和催化作用。这种天然物质被称为沸石，天然沸石的种类有 50 多种，如斜发沸石、丝光沸石、毛沸石、菱沸石等。人工合成沸石分子筛自 20 世纪 50 年代问世以来，经历了快速而深远的发展历程，其卓越的物理化学特性使其成为材料科学、催化、吸附、分离等多个领域不可缺少的一部分。

沸石的化学通式为（$M_2'M$）$O \cdot Al_2O_3 \cdot xSiO_2 \cdot yH_2O$，其中，$M'$、$M$ 分别为一价、二价阳离子，如 K^+、Na^+ 和 Ca^{2+}、Ba^{2+} 等，x 代表 SiO_2 的摩尔数，也称为硅铝比，y 代表水的摩尔数。

分子筛骨架的基本结构是 SiO_4 和 AlO_4 四面体，构成初级结构单元（见图 6-5）。

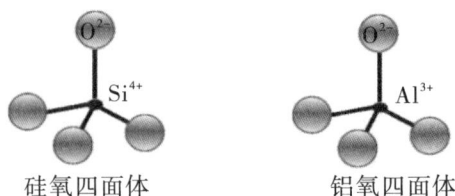

图 6-5　SiO_4 和 AlO_4 四面体结构图

硅氧四面体　　　　　　铝氧四面体

　　初级结构单元通过共有的氧原子结合而形成三维网状结构的结晶，即分子筛的骨架结构，由四个四面体构成四元环，五个四面体构成五元环，六个四面体构成六元环（见图 6-6），以此类推。一个元代表一个四面体，各种环对应的临界直径见表 6-2。

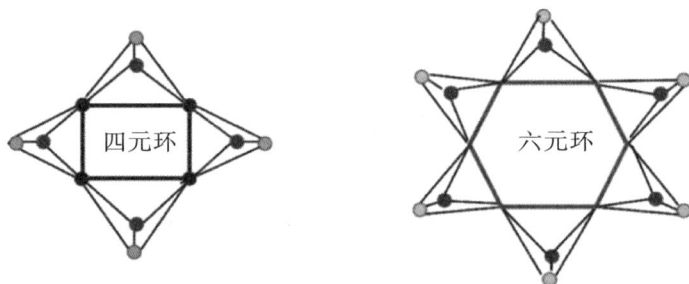

四元环　　　　　　六元环

图 6-6　硅氧四面体和铝氧四面体构成的四元环和六元环（次级结构单元）

表 6-2　各种环的临界直径

环的类型	临界直径/nm
四元环	0.155
六元环	0.28
八元环	0.45
十元环	0.63
十二元环	0.80

　　四面体通过氧桥相互连接，形成多元环，而各种不同的多元环通过氧桥相互连接，形成具有三维空间的多面体，这些多面体是中空的笼状，故又称为

笼。沸石分子筛的笼是三维空间的多面体，是构成分子筛的主要结构单元。孔口是空穴与外部或其他空穴相连的部位，各种气体或流体分子能否进入沸石晶体内部，是由主孔口的有效孔径控制的。孔道是沸石内部由孔穴和孔口相互连接形成的通道。

目前，常见的分子筛笼结构有六方柱笼、γ 笼（6 个四元环组成，有 8 个顶角）、β 笼（8 个六元环和 6 个四元环组成的十四面体，有 24 个顶角，可构成 A 型、X 型、Y 型分子筛）、α 笼（6 个八元环、8 个六元环和 12 个四元环组成的二十六面体，有 48 个顶角，是 A 型分子筛的主孔穴）。八面沸石笼（4 个十二元环、4 个六元环和 18 个四元环组成的二十六面体，有 48 个顶角）是 X 型和 Y 型分子筛的主孔穴。

图 6-7 描述了从 SiO$_4$ 和 AlO$_4$ 四面体出发，通过共用氧原子形成多元环，多元环构成 SOD（β）笼，最后形成方钠石（SOD）、八面沸石（FAU）、六方八面沸石（EMT）和 A 型沸石（LTA）的过程示意图。

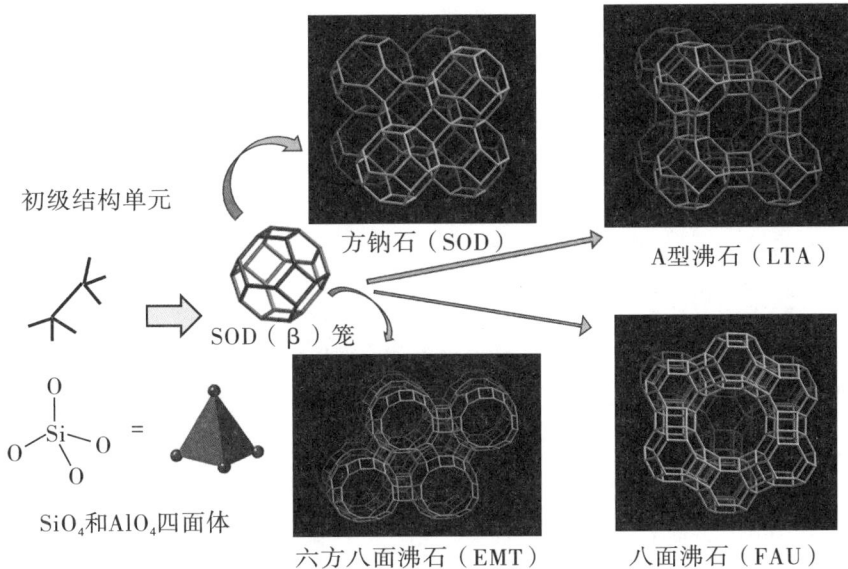

初级结构单元

方钠石（SOD）

A 型沸石（LTA）

SOD（β）笼

SiO$_4$ 和 AlO$_4$ 四面体

六方八面沸石（EMT）

八面沸石（FAU）

图 6-7　初级结构单元构成分子筛的示意图

6.5.2 新型沸石分子筛

20 世纪 50 年代初，人工合成沸石分子筛技术的首次突破标志着人类在材料科学领域迈入了一个崭新时代。这一领域的发展不仅极大地丰富了人类对物质微观世界的认识，还为化工、能源、医药、环境等多个行业带来了前所未有的机遇。随着时间的推移，新型分子筛不断涌现，不仅仅反映了科学家们在合成技术上的持续创新，更象征着对未知世界的探索永无止境。

国际分子筛协会（International Zeolite Association，IZA）成立于 1973 年，旨在促进分子筛科学与技术的全球交流与发展。为了系统整理和识别各种分子筛，IZA 设立了一个专门的委员会，负责审核并授予每种新发现的分子筛以唯一的结构代码。截至 2024 年，超过 240 种分子筛结构已被正式承认并编录。

作为石化领域里能带来技术革命的核心材料，分子筛从其用于石化过程的第一天起便受到了国际石油化工巨头的青睐。埃克森美孚、雪佛龙等从 20 世纪 70 年代起就投入大量的资源，布局新结构分子筛的创制及工业应用研究。一旦实验室合成出新结构分子筛，他们就马上向 IZA 提交结构代码的申请，获得身份标签。如果该分子筛的应用性非常强，他们就会在包括中国在内的众多国家申请专利，保护以该分子筛为核心的一系列石化技术。

近年来，中国科学家在这一领域的研究取得了令人瞩目的成就，不仅推动了分子筛材料的多样化发展，还打破了长期以来国际上对该领域的认知界限，展现了中国在先进材料科学领域的创新能力。其中，杨为民院士、于吉红院士、吴鹏教授和肖丰收教授等多位学者的工作尤为引人注目，他们在新型分子筛合成与应用上的创新，不仅丰富了世界分子筛大家庭，还深刻影响了全球科学技术的进步方向。

1. 杨为民院士与 SCM 系列分子筛

中国石化上海石油化工研究院的杨为民院士及其团队深耕分子筛合成多年。2013 年到 2018 年的 5 年多时间里，团队利用先进的高通量分子筛合成与表征系统，实现了分子筛材料的高效合成与筛选，先后成功研出 21 个以中国石化命名的 SCM（SINOPEC Composite Material）系列分子筛，其中 SCM - 14 是一种全新结构分子筛，具有独特的三维 $12 \times 8 \times 8$ 元环孔道体系（见图 6 - 8），且热稳定性优异，在催化与吸附等方面具有潜在应用前景。2018 年，SCM - 14 被 IZA 正式命名为结构代码 SOR，这是中国企业合成的分子筛首次获得国际结构代码。同年，SCM-15 也获得 IZA 授予的结构代码 SOV。IZA 此前授予的总共 235 种结构代码中，埃克森美孚获得 21 种，雪佛龙获得 18 种，处于遥遥领先地位；而国内企业此项纪录为零。

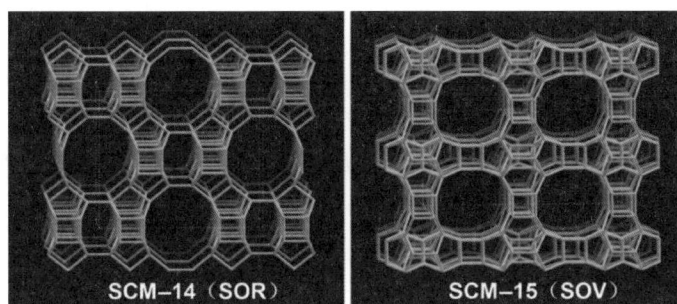

图 6-8 SCM-14（SOR）和 SCM-15（SOV）**分子筛结构图**

2. 于吉红院士与 ZEO 系列分子筛

吉林大学的于吉红院士和陈飞剑教授团队在分子筛材料设计与合成方面展现出了惊人的创造力，研发的 ZEO 系列分子筛以其独特的结构属性，不仅为催化科学与工程提供了新的视角，还在环境治理、能源存储与转换等多个方面展现出显著的应用价值。

分子筛的孔径决定了能在其孔道中扩散和反应的分子尺寸。虽然小的孔道能够促进反应和吸附选择性，但对于其他应用，如处理石油大分子或有机污染物的吸附和反应，则需要具有较大孔隙的超大孔、高稳定性的分子筛。

2021 年，研究团队合成了首例具有多维度超大孔道结构且稳定的硅铝酸盐分子筛 ZEO-1，相关论文同年发表在《科学》期刊上。ZEO-1 的孔道由三维十六元环孔道和三维十二元环孔道组成。两套孔道系统高度连通，并在孔道交叉处形成三种具有 16MR 和 12MR 窗口的超笼，16MR 和 12MR 孔道的开口大小分别为 $10.62 \times 9.41/10.54 \times 9.64$ Å 和 $7.24 \times 6.60/7.18 \times 5.48$ Å。这一结构特征令 ZEO-1 成为兼具超低骨架密度和超大比表面积的稳定沸石之一。较高的硅铝比以及非间断全连接的骨架结构，赋予 ZEO-1 优异的热稳定性和水热稳定性，其结构能在 1 000 ℃ 的高温下保持稳定。ZEO-1 被 IZA 授予结构代码 JZO。随后，团队还成功合成了一种新颖的 1D 链状硅酸盐材料 ZEO-2，这种一维材料的链与链之间是通过氢键产生相互作用的。ZEO-2 经高温煅烧直接发生拓扑缩合，生成了 3D 稳定的全连接超大孔分子筛 ZEO-3。ZEO-3 具有 3D 十六元环（16MR）和十四元环（14MR）穿插超大孔道结构，是首例具有不以 F$^-$ 参与合成的纯硅双四元环（D4R）单元的纯硅分子筛。相关论文工作于 2023 年在《科学》期刊上发表。ZEO-3 被 IZA 授予结构代码 JZT。2024 年，团队在《自然》期刊上发表了题为 "Interchain-expanded extra-large-pore zeolites" 的文章，阐述了他们的研究工作。团队基于前期一维 ZEO-2 向三维 ZEO-3 的拓扑缩合结构转化机理，在 ZEO-2 的链间插入硅烷化试剂，最后经过煅烧拓扑转化后得到了孔径更大的超大孔分子筛 ZEO-5（见图 6-9）。ZEO-5 具有 20×16×16 元环孔道系统，创下三维稳定超大孔分子筛最大孔道的又一个新的纪录。ZEO-5 被 IZA 授予结构代码 HZF。

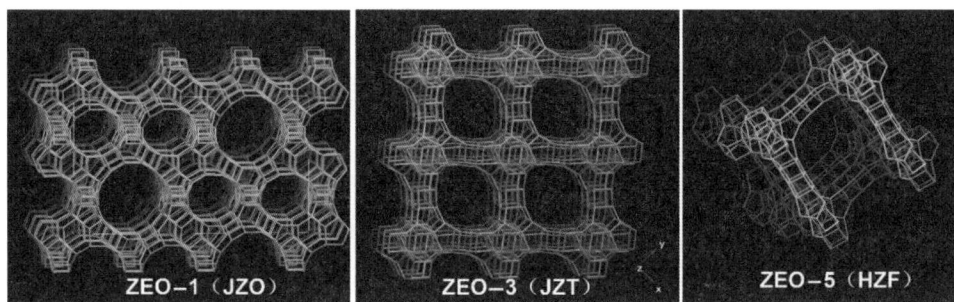

图 6-9　ZEO-1、ZEO-3 和 ZEO-5 分子筛结构图

3. 吴鹏教授团队的 ECNU-21 分子筛

华东师范大学的吴鹏教授团队针对 CIT-13 硅锗分子筛中 Ge 原子独特的化学反应特性和精准落位等特点，突破了传统的苛刻高温、酸处理非环境友好体系的限制，采用绿色温和碱处理的方法实施可控双四元环次级结构单元的"解构-重组"，成功创制了两种具有全新结构、以华东师范大学命名的分子筛材料 ECNU-21 和 ECNU-23。其中，ECNU-21 是一维 10 元环孔道结构（见图 6-10 左），而 ECNU-23 具有交叉的 12×8 元环孔道新结构。ECNU-21 被 IZA 授予结构代码 EWO。ECNU-21 分子筛是一种独特的 L 酸固体酸催化剂，可以在温和反应条件下实现环氧乙烷水合反应的高效催化转化。

4. 肖丰收教授团队 ZJM-9 分子筛

2023 年，浙江大学的肖丰收教授和吴勤明教授团队在《美国化学会志》

期刊上发表了分子筛合成研究的最新成果。团队成功合成了世界上首个具有完全开放六元环孔道的分子筛材料 ZJM-9（见图 6-10 右）。由于 ZJM-9 分子筛的六元环孔道完全开放，因此 ZJM-9 分子筛具备优异的选择性吸水性能，可以对 CH_3OH/H_2O、CH_4/H_2O、CO_2/H_2O 和 CO/H_2O 混合气体中的水分子进行高效的选择性吸附。2024 年，ZJM-9 被 IZA 授予结构代码 ZJN。

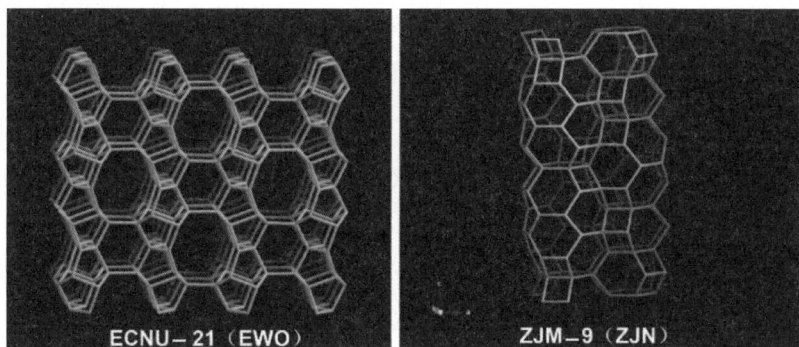

图 6-10　ECNU-21（EWO）和 ZJM-9（ZJN）分子筛结构图

6.5.3　沸石分子筛催化剂作用机理

沸石分子筛作为一种极具特色的多孔晶体材料，其催化作用机制深受其独特的结构特性和物理化学性质影响。其催化作用主要通过以下两个方面来实现：

1. 孔道效应

沸石分子筛内部含有规则排列的微孔结构，形成狭窄且精确的孔径和通道网络。这种几何限制导致"分子筛"功能——仅允许小于一定尺寸的分子进出，有效筛选反应底物和产物大小，确保反应的选择性和定向性。例如，ZSM-5 沸石的十元环孔口直径约 0.55 nm，适用于分子尺寸相近的烷烃、芳香烃等，控制反应路径。

2. 酸性中心

沸石骨架中的铝氧四面体可充当 L 酸位点，而替换掉的硅氧四面体则保留 B 酸性。这些酸性位点参与催化过程，促进多种类型化学键的断裂和重组，例如：①脱氢与加氢：酸性位点协助 C—H 键断裂，生成自由基或碳正离子中间体；②异构化与重排：诱导分子结构改变，形成新的同分异构体或调整分子框架；③酸碱催化：部分反应需酸碱协同催化，沸石的酸性中心与外部碱性试剂共同作用，提高催化效率。

6.5.4 沸石分子筛的择形催化

沸石分子筛作为催化剂时，因其独特的孔道结构和酸性性质，表现出明显的择形催化特性。择形催化主要包括以下几种类型：

1. 反应物择形催化

分子筛内部的孔道和腔室形成了一个复杂而有序的空间网格，孔径尺寸、形状各异，能够精细地区分不同大小和形状的分子，只允许特定的分子穿过（见图 6-11）。比如，ZSM-5 沸石分子筛中常见的十元环孔口大约宽达 0.55 nm，只能让较小的分子如甲烷、乙烯顺利通行，而对于较大的分子则形成自然屏障。这种筛选机制保证了只有符合条件的反应物才能接近催化活性位点，大大提升了反应的专一性。

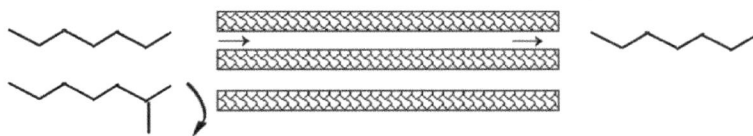

图 6-11 分子筛催化剂反应物择形催化

2. 产物择形催化

由于孔结构的限制，只有特定形状和大小的产物分子能离开催化剂孔道。如图 6-12 所示，甲苯甲醇烷基化反应可以生成邻、间和对三种二甲苯异构体，但由于分子筛的孔口狭窄，限制了体积较大的邻二甲苯和间二甲苯的离开，择形催化的效果使得只有尺寸小的对二甲苯能够扩散出分子筛的孔道。

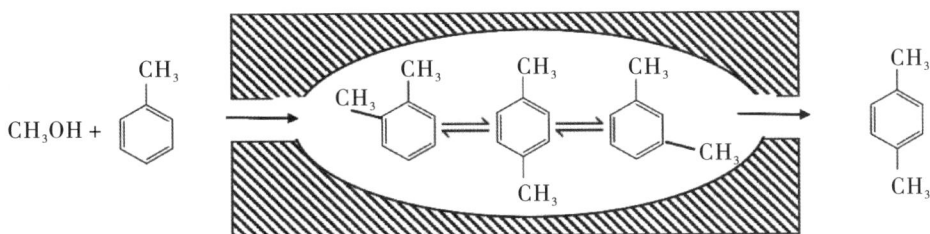

图 6 - 12   分子筛催化剂产物择形催化

3. 限制过渡态择形催化

在孔内特定空间限制某些中间产物的生成，从而促进另一中间产物的自由生成（见图 6 - 13）。

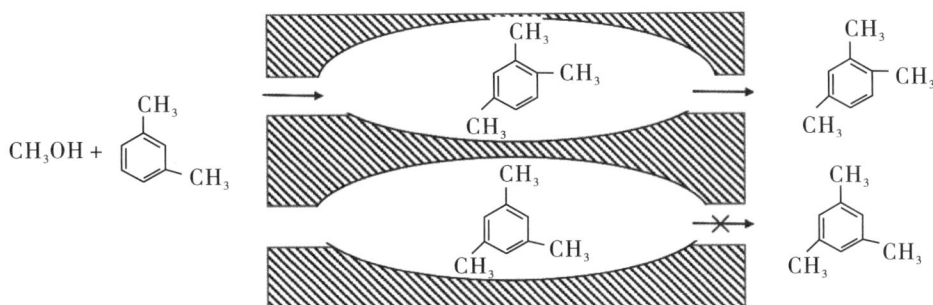

图 6 - 13   分子筛催化剂中间产物择形催化

2016 年，上海交通大学的陈接胜课题组在《德国应用化学》期刊上报道了多级孔分子筛择形催化方面的最新研究成果。他们通过一锅法成功地将 Pd 纳米颗粒镶嵌在多级孔 silicalite - 1 分子筛中，构筑了 Pd@ mnc - S1 催化剂。该催化剂热稳定性好，经 550 ℃高温焙烧处理后，Pd 晶粒尺寸和分散度几乎不受影响。沸石纳米晶体独特的微孔和介孔结构赋予了 Pd 纳米颗粒高稳定性和优异的形状选择性，适用于多类有机合成反应。图 6 - 14 和图 6 - 15 显示了 Pd@ mnc - S1 上加氢反应和氧化反应的择形催化。由图 6 - 14 可见，1 - 硝基苯和1 - 硝基萘的加氢反应中，因为 1 - 硝基萘具有较大的分子尺寸（7.3 Å × 6.6 Å）不能通过 Pd@ mnc - S1 催化剂的微孔（孔尺寸：5.3 Å ×5.6 Å），加氢产物中苯胺的收率达到 94%，而只有痕量的萘胺生成（反应物择形催化）。

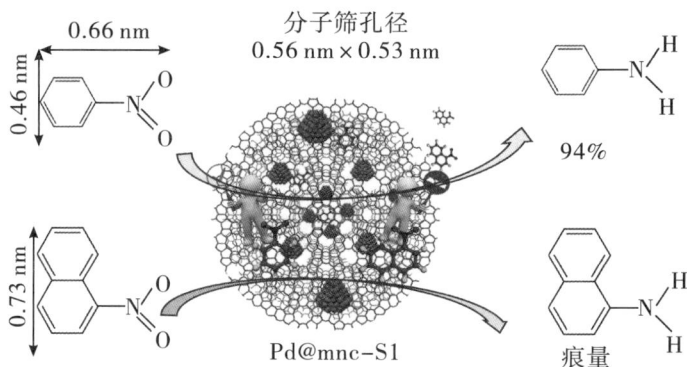

图 6 - 14　Pd@ mnc - S1 上 1 - 硝基苯和 1 - 硝基萘的加氢反应

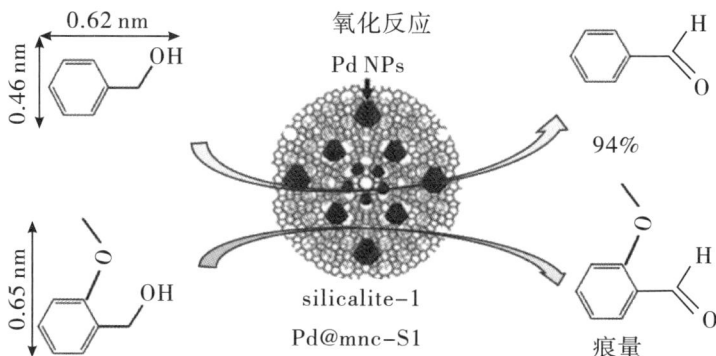

图 6 - 15　Pd@ mnc - S1 上苯甲醇的氧化反应

　　苯甲醇有氧氧化转变为苯甲醛，是工业上生产无氯苯甲醛的应用较广泛且方便的合成途径之一。Pd@ mnc - S1 对苯甲醇的催化氧化，苯甲醛是唯一的产物，收率高达 94% ，同时并未检测到可能的副产物苯甲酸苄酯。这是由于苯甲酸苄酯的尺寸（12. 4 Å × 6. 3 Å）与 silicalite - 1 的孔径（5. 3 Å × 5. 6 Å）相比要大很多，狭窄的孔道抑制了苯甲酸苄酯的形成（产物择形催化）。苯甲醇衍生物 2 - 甲氧基苯甲醇（6. 5 Å × 4. 6 Å）受到大分子尺寸的阻碍，同样无法在 Pd@ mnc - S1 上进行氧化反应转变为相应的醛。

　　二甲苯的工业生产受到热力学平衡的限制，对二甲苯在二甲苯异构体中的含量仅为 24% ，三种二甲苯的异构体之间的沸点极为相近，通过精馏技术也难以获得高纯度的对二甲苯。因此，提高对二甲苯的选择性，优化产物分布，对于提高目标产物的产率和纯度，实现节能降耗和提升经济效益具有至关重要的作用。

2019 年，《自然·通讯》上发表了北京低碳清洁能源研究院的王传付和北京大学的马丁等在 ZSM－5 分子筛择形催化研究领域的最新研究进展。该研究工作针对工业上一个重要的反应——甲苯甲醇烷基化反应，仅仅通过精确调控常规的 ZSM－5 分子筛的孔道尺寸和酸分布，就实现了高的甲苯转化率和超高的对二甲苯选择性，而无须对分子筛进行复杂的改性处理。

经典的择形催化理论认为，邻、间、对三种二甲苯异构体在分子筛孔道中生成时，由于 ZSM－5 分子筛的孔道限制，只有尺寸较小的对二甲苯能够成功地扩散出分子筛的孔道。因此，理论上以 ZSM－5 分子筛为催化剂，应该能够获得接近于 100% 的对二甲苯选择性。然而在实际的反应过程中，对二甲苯的选择性远远达不到这样的理想状况，大多数情况下仍然只能得到接近于对二甲苯热力学平衡的分布（24%）。对于这一现象，有研究认为是分子筛外表面的酸中心非择形催化造成的。解决方法就是通过钝化分子筛外表面的酸中心来抑制非择形催化，减少邻二甲苯和间二甲苯等副产物的生成。虽然实验证明了这一策略具有一定的效果，但是表面钝化处理后的分子筛的孔体积出现不同程度的下降，影响了分子筛的孔道结构，最终导致催化活性降低。因此，如何能够做到催化活性和对二甲苯高选择性两者"鱼与熊掌"兼得？对类似于 ZSM－5 分子筛的小孔道进行精确改性而不降低催化剂活性是一项极具挑战性的任务。王传付等还发现 ZSM－5 分子筛的骨架并非刚性，在反应温度下其呼吸振动所引起的孔径尺寸变化加上分子自身的呼吸振动，也有可能使稍大于其孔径的分子如间二甲苯能够出入分子筛的孔道。这可能也是在实际反应过程中对二甲苯选择性总是不及理论预期的原因。

鉴于上述问题，王传付和马丁团队利用 ZSM－5 分子筛具有椭圆形 0.51 nm×0.55 nm 的之字形孔道和圆形 0.53 nm×0.56 nm 的直孔道两种类型孔道的特点，巧妙地设计和构筑了一种新型结构的分子筛——90 度交叉生长孪晶结构的 ZSM－5 分子筛。新型结构的分子筛使得孪晶大面积覆盖主晶体的（0 1 0），并以孪晶的（1 0 0）取而代之，从而使 ZSM－5 分子筛颗粒整体外表面的正弦形孔道开口数量高达 73%。与此不同的是，相同尺寸的板状结构 ZSM－5 分子筛的正弦形孔道在表面开口数量仅为 43% 左右。研究还发现，ZSM－5 分子筛中的铝分布不均匀，常规的板状结构 ZSM－5 分子筛靠近外表面的位置铝含量较高，因而酸中心也集中靠近外表面的位置。然而，孪晶结构 ZSM－5 分子筛是处于分子筛孔道内部的铝含量较高，而靠近分子筛外表面的位置铝含量接近于零，外表面由于缺乏酸中心在烷基化反应中表现出惰性。孪晶结构 ZSM – 5 分子筛的超高外表面的正弦形孔道开口数量和外表面的酸中心缺乏，使得其在甲苯烷基化反应中表现出高的甲苯转化率和超高的对二甲苯选择性。

研究人员通过对比实验还得出一个重要的结论：如果不采用交叉生长孪晶的方式使得分子筛外表面直孔道和之字形孔道的比例发生改变，而是仅仅通过合成外表面酸中心缺乏的惰性板状结构 ZSM – 5 分子筛，只能适度提升对二甲苯的选择性（不超过82%）。这充分说明了外表面的酸性位点并非影响选择性的唯一因素。为了提高 ZSM – 5 分子筛的择形催化选择性，孔尺寸的精确微调和外表面酸中心的控制是不可或缺的两个方面。

6.5.5　研究示例——酸性位点分布的定向调控对分子筛性能的影响

分子筛作为催化甲醇制烯烃（MTO）反应的关键催化剂，其酸性位点的种类、强度、酸量及其分布对产物分布、催化剂寿命及总反应效率起着决定性作用。下面我们用几个具体的研究实例来说明分子筛酸中心类型、强度及其分布的研究对催化剂设计和构筑的重要性。

分子筛中的酸性位点主要包括两类：B 酸位点和 L 酸位点。B 酸位点表现为质子给予者，参与脱氢、氢迁移、异构化等反应步骤，对 C—C 键的断裂尤为关键，促进碳正离子的生成。L 酸位点作为电子对接受者，参与 C—H 键的断裂、催化脱氢和偶联反应，对控制产物的选择性起到重要作用。我们在前面介绍过，分子筛的基本结构单元是 TO_4 四面体（中心原子 T 一般是 Si 和 Al）。Si 是四价的，四配位的纯硅分子筛是中性的，但是当 Al 原子取代 Si 原子后，由于 Al 原子核的电荷数比硅少一个，此时骨架必然带有一个负电荷，必须有一些阳离子来中和，如果阳离子为氢离子（H^+），即形成酸性位点。因此，分子筛中不同晶格位点处的 Si 原子被 Al 原子取代后会形成不同的酸中心，这些分布位置不同的酸中心周围的反应环境和孔道择形效应迥异。分子筛的孔道结构和反应环境能够影响反应物、中间过渡态和产物的传质扩散、吸脱附和表面反应等动力学的各个重要环节，从而影响分子筛整体的催化性能。因此，分子筛的酸性属性（类型、强度、酸量和分布）是决定 MTO 反应性能的核心参数之一，对其深入理解和精确调控是优化催化剂设计、推动工业化进程的关键所在。

2016 年，中国科学院山西煤化所的王建国团队采用不同硅源水热法合成了两个系列的 H – ZSM – 5 分子筛，即 S – HZ – m 分子筛和 T – HZ – m 分子筛。研究结果表明，虽然 S – HZ – m 分子筛和 T – HZ – m 分子筛在结构、形貌、总酸量和酸强度方面都非常相似，但两者在骨架 Al 落位或酸位分布上却存在很大差异。其中，S – HZ – m 分子筛的骨架 Al 主要分布在直孔道和正弦孔道内，而 T – HZ – m 分子筛的骨架 Al 主要分布在孔道交叉处。这也就意味着两种分子筛的酸分布是不同的，S – HZ – m 分子筛的 B 酸中心集中在直孔道和正弦孔道中，而 T – HZ – m 分子筛的 B 酸中心则是集中在孔道交叉处。MTO 反应结果显示，两个系列的 H – ZSM – 5 分子筛产物中乙烯和芳香烃的选择性迥异，其中，S – HZ – m 分子筛具有较高的丙烯和高级烯烃选择性，而 T – HZ – m 分子筛具有较高的乙烯和芳香烃选择性。同位素实验研究表明，两个系列 H – ZSM – 5 分子筛上 MTO 反应路径不同，其中分布在 H – ZSM – 5 直孔道和正弦孔道中的 B 酸中心更适合烯烃循环反应路径，有利于丙烯和高级烯烃生成，而分布在孔道交叉处的 B 酸中心有利于芳香烃循环反应路径的进行，促进乙烯和芳香烃的生成。

同年，王建国团队采用硼掺杂对 H – MCM – 22 分子筛三种孔道（外表面口袋、层间超笼、层内正弦孔道）结构中的骨架 Al 和酸分布进行了有效调控。研究发现，人们通过硼掺杂可以从原子尺度上实现对分子筛的骨架 Al 和酸分布的有效调节和控制。这种调控作用是通过合成过程中硼和铝在 H – MCM – 22 分子筛不同骨架位点的同晶竞争取代来完成的。掺入适当含量的硼可以将 B 酸中心集中在正弦孔道中，而不是在外表面口袋和层间超笼中。位于外表面口袋和层间超笼中的 B 酸位点容易发生积碳，而正弦孔道中的 B 酸中心具有较强的抗积碳性能，有利于烯烃基循环，即有利于丙烯和高级烯烃生成。

2018 年，王建国和樊卫斌课题组通过控制制备参数成功合成了具有相似的晶粒尺寸、比表面积、孔体积以及酸量、酸强度和酸类型的两个系列的分子筛 ZSM – 5 和 ZSM – 11，两者的孔道结构也极为相似。^{27}Al/^{29}Si MQ/MAS NMR 和 DFT 计算等结果显示，ZSM – 5 分子筛上 Al 主要分布在孔道交叉处，而在 ZSM – 11 分子筛上，Al 原子主要分布在其十元环直孔道内。MTO 反应表明，ZSM – 5 分子筛稳定性好，产物中乙烯和芳香烃选择性高，而 ZSM – 11 分子筛上产物中丙烯和丁烯选择性高，催化剂寿命较短。这是因为位于孔道交叉处的酸性位点有利于芳香烃的循环，从而产生更多的乙烯、烷烃和芳香烃。同时，这些碳氢化合物分子很容易从沸石通道中扩散出来，从而延缓了碳质材料的沉积，并提高了催化稳定性。然而，位于直孔道中的酸性位点促进了烯烃循环，从而优先产生更高级的烯烃，这些烯烃可以转化为难以从 ZSM-11 扩散出的芳香烃和碳前驱体，最终积碳而导致催化剂失活。

研究还发现，人们通过掺入适量的杂原子硼或改变硅源和铝源并添加适量的 Na⁺，可以成功地将 ZSM-11 的 Al 原子从直孔道移动到孔道交叉处，从而使其 MTO 催化性能（活性、选择性和稳定性）变得与 ZSM-5 水平相当。这一发现充分说明了分子筛催化剂中酸性位点分布的重要性。

6.6　固体酸催化剂的应用

固体酸催化剂凭借其独特的优势，如高稳定性、容易分离和再生、环保无腐蚀等，已经渗透到了化学加工、能源、环境、材料等多个领域，成为现代化学工程中不可或缺的一部分。以下是几个关键应用领域的介绍：

1. 石油化工行业

催化裂化：沸石分子筛是常用的固体酸催化剂之一，用于将重质原油裂解成汽油、柴油等轻质燃料，显著提高石油产品的质量和产量。

异构化反应：用于生产高辛烷值汽油成分，如将直链烷烃转化为支链烷烃，提高汽油的燃烧效率。

芳构化反应：通过催化加氢、脱氢等反应，将烷烃和环烷烃转化为芳香烃，改进油品品质。

2. 化工原料合成

醇类转化：甲醇制烯烃、乙醇制乙烯等工艺中，固体酸催化剂发挥关键作用，用于生产轻质烯烃，如乙烯、丙烯，后者是塑料工业的基础。

费托合成：将 CO 和 H_2 合成各类液态和固态烃类，包括柴油、蜡等，作为清洁燃料和化工原料。

3. 环境保护与治理

挥发性有机化合物（VOCs）净化：可利用固体酸催化剂在较低温下将 VOCs 转化为二氧化碳和水，降低大气污染。

废水处理：在污水处理过程中，固体酸催化剂能有效去除难降解有机物，提高水质标准。

4. 新能源领域

生物质能源转化：将生物质经热解、水解等过程转化为生物柴油、生物乙醇等可再生能源，固体酸催化剂在此环节起着催化作用。

燃料电池技术：在燃料电池中，固体酸催化剂可用于水分解、氢气纯化等关键反应，促进清洁能源的开发与应用。

6.6.1 催化裂化

催化裂化是现代化炼油厂用来改质重质油和渣油的核心技术，催化裂化占原油一次加工能力的比例高达 30% ~ 40%。在高温和催化剂的作用下使重质油发生裂化反应，转变为裂化气、汽油和柴油等。主要反应有分解、异构化、氢转移、芳构化、缩合、生焦等。

催化裂化催化剂的发展经历了以下几个重要的阶段：

20 世纪 30 年代至 50 年代是起源与早期探索阶段。最早使用的催化裂化催化剂主要基于天然黏土（如膨润土），其效果有限，但奠定了基础。随后，硅藻土开始用作载体以增强黏土的稳定性和孔隙度，初步改进了催化效率。

20 世纪 50 年代至 60 年代是催化裂化催化剂的一次革命性飞跃。50 年代末，美国开发出 Y 型沸石，因其优异的性能，Y 型沸石迅速取代传统黏土催化剂，开启了催化裂化新时代。随着 Y 型沸石的成功，沸石催化剂以其规整孔道、高稳定性、可调酸性受到重视，促进了石油精炼效率大幅提升。

20 世纪 70 年代至 80 年代，ZSM – 5 等新型沸石（微孔沸石）的加入，拓展了催化裂化催化剂家族，支持了更多复杂的转化反应。金属元素（如铂、钯、铼）的掺入，提高了催化剂抗中毒能力和耐高温性，延长了使用寿命。

碳正离子机理是催化裂化反应中的重要机理之一。它涉及重质油分子在催化剂上的吸附、活化和转化过程。烃类分子与催化剂上的酸中心作用形成碳正离子，然后再进行一系列的反应。碳正离子是烃类分子的碳链上带有正电荷，其结构稳定性差，具有较高的反应活性，催化裂化实际上是碳正离子的化学反应。碳正离子的形成主要有以下几种方式：

1. 烯烃和芳香烃与 B 酸作用

烯烃与 B 酸作用，形成经典的碳正离子，反应式如下：

$$RCH=CHR' + H^+ \rightleftharpoons [RCH\overset{H}{=}CHR']^+ \rightleftharpoons {}^+RCH-CH_2R'$$

过渡态　　　　　　碳正离子

芳香烃与 B 酸作用反应式如下：

2. 烷烃与 B 酸和 L 酸作用

烷烃与 B 酸和 L 酸作用反应式如下：

B 酸：$CH_3CH_2CH_2CH_2CH_2CH_3 + MH \longrightarrow CH_3CH^+CH_2CH_2CH_2CH_3 + M + H_2$

L 酸：$CH_3CH_2CH_2CH_2CH_2CH_3 + M \longrightarrow CH_3CH^+CH_2CH_2CH_2CH_3 + MH$

烃类分子与酸催化剂作用形成各类的碳正离子，碳正离子是一种活泼的物种，会进一步发生多种反应，如异构化反应、聚合和裂解、烷基化与脱烷基化反应等。

高温下，碳正离子可以分解为较小的碳正离子和一个烯烃分子，反应式如下：

$$-\overset{+}{C}H-CH_2-\overset{|}{\underset{|}{C}}- \longrightarrow -CH=CH_2 + {}^+\overset{|}{\underset{|}{C}}-$$

生成的烯烃可以与 B 酸中心形成碳正离子，使裂解速度加快，反应式如下：

$$-\overset{|}{C}=\overset{|}{C}- + H^+ \longrightarrow -\overset{|}{C}H-{}^+\overset{|}{C}-$$

催化裂化反应条件下，各类烃类主要发生以下反应：

（1）烷烃裂解转化为较小分子的烯烃和烷烃。

反应式如下：

$$C_nH_{2n+2} \longrightarrow C_mH_{2m} + C_{n-m}H_{2(n-m)+2}$$

（2）烯烃裂解为较小分子的烯烃。

反应式如下：

$$C_nH_{2n} \longrightarrow C_mH_{2m} + C_{n-m}H_{2(n-m)}$$

（3）异构化反应。

反应式如下：

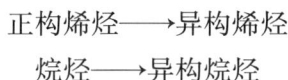

正构烯烃 ——→ 异构烯烃

烷烃 ——→ 异构烷烃

（4）氢转移反应。

反应式如下：

环烷烃 + 烯烃 ——→ 芳香烃 + 烷烃

（5）芳构化反应。

反应式如下：

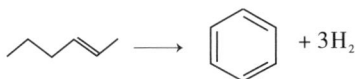

（6）环烷烃（除环己烷外的烃）裂解为烯烃。

反应式如下：

$$C_nH_{2n} \longrightarrow C_mH_{2m} + C_{n-m}H_{2(n-m)}$$

（7）烷基芳香烃脱烷基反应。

反应式如下：

（8）芳香烃烷基侧链断裂生成芳香烃和烯烃。

反应式如下：

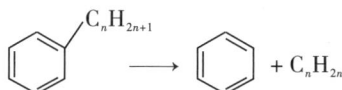

（9）缩合反应。

单环芳香烃可以缩合成稠环芳香烃，进一步缩合成焦炭，释放出 H_2，反应式如下：

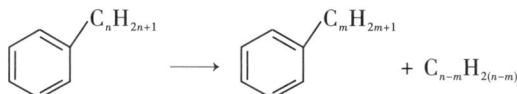

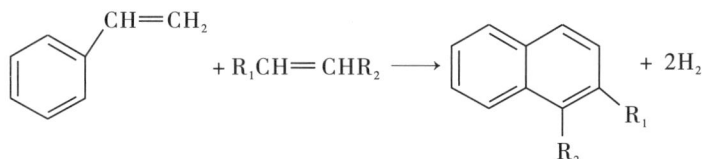

6.6.2　生物质转化

生物柴油作为一种环境友好型可再生能源，其主要制备方法是酯交换反应，即将植物油或动物脂肪与甲醇或乙醇等短链醇类在催化剂作用下反应，生成相应的脂肪酸酯（见图 6-16）。

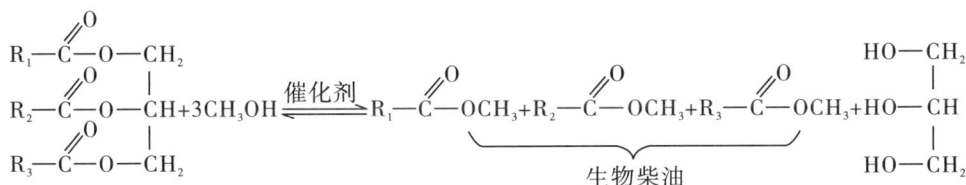

$$R_1-\overset{O}{\underset{\parallel}{C}}-O-CH_2 \\ R_2-\overset{O}{\underset{\parallel}{C}}-O-CH+3CH_3OH \xrightleftharpoons{催化剂} R_1-\overset{O}{\underset{\parallel}{C}}-OCH_3+R_2-\overset{O}{\underset{\parallel}{C}}-OCH_3+R_3-\overset{O}{\underset{\parallel}{C}}-OCH_3+ \begin{matrix} HO-CH_2 \\ HO-CH \\ HO-CH_2 \end{matrix} \\ R_3-\overset{O}{\underset{\parallel}{C}}-O-CH_2$$

生物柴油

图 6-16　酯交换法制备生物柴油

酯交换反应的基本原理在于利用醇（如甲醇）攻击甘油三酯分子，导致原有的酯键断裂并形成新的酯键。这一过程需要催化剂的帮助来提高反应速率，传统的液体酸或碱催化剂虽效果明显，但存在难以分离、易造成产品污染等问题。相比之下，固体酸催化剂表现出显著优势，尤其是在含水量较高和有游离酸存在的环境中，仍能保持良好活性和稳定性。

2016 年，中国石油大学重质油国家重点实验室的刘熠斌等在《化工进展》期刊上发表了一篇综述——《固体酸催化制备生物柴油研究进展》，详细地介绍了国内外近期在生物柴油转化固体酸催化剂领域的研究进展。文献中报道的固体酸催化剂的主要类型有固体杂多酸、无机酸盐、金属氧化物及其复合物、沸石分子筛和阳离子交换树脂等。固体酸催化剂在生物柴油生产的酯交换反应中展现出了独特的优势，特别是在高湿环境和存在游离酸的情况下，显示出较高的催化活性和稳定性。尽管目前尚面临如成本控制、催化剂失活机制等方面的挑战，但通过持续的技术革新和优化，固体酸催化剂的潜力仍有待充分挖掘，预计将成为未来生物柴油绿色生产的关键推动力量。

生物质作为一种可再生资源，将其转化为 5-羟甲基糠醛（5-HMF）等高附加值化学品具有重要意义。2020 年，农业农村部环境保护科研监测所的漆新华等提出了一种绿色、高效、简便的球磨辅助策略，成功构筑了一种用于生物质增值的含—SO_3H 的固体酸催化剂。其制备方法是通过湿法球磨将 3-巯基丙基三甲氧基硅烷（MTPS）的—SH 接枝到天然黏土凹凸棒土上，然后在室温下用过氧化氢将—SH 氧化成—SO_3H。该种含—SO_3H 的固体酸催化剂，在将生物质衍生的碳水化合物（葡萄糖、果糖、纤维二糖、蔗糖、淀粉和纤维素等）转化为有更高价值的 5 – HMF 方面表现出优异的性能。此外，该催化剂在反应体系中表现出高稳定性，可以至少回收 5 次而不会损失催化活性。

6.6.3　乙醇脱水制乙烯

生物乙醇具有可再生和低成本等优点，年产量超 9 亿吨。生物乙醇可以很容易地通过使用固体酸催化剂（H – ZSM – 5 沸石）催化脱水后转化为乙烯，因此，它是替代石油和煤炭可持续生产乙烯的理想选择。

2019 年，澳大利亚悉尼大学的黄骏等通过离子交换法在 H – ZSM – 5 沸石中选择性引入强 L 酸性三配位 Al^{3+}，构建了具有 B 酸和 L 酸协同作用的催化体系。将 H – ZSM – 5 沸石中引入三配位 Al^{3+} 后的分子筛命名为 HZ – 2，未引入三配位 Al^{3+} 的分子筛命名为 HZ – 1。HZ – 1 的 B 酸中心和 L 酸中心的浓度分别为 98.3 mmol/g 和 2.7 mmol/g，而 HZ – 2 的 B 酸中心和 L 酸中心的浓度分别为 57.4 mmol/g 和 48.9 mmol/g。乙醇脱水反应性能显示，HZ – 1 在低温（300 ℃）下的活性较低，乙醇转化率约为 58%，乙烯选择性为 86%；随着反应温度从 300 ℃ 提高到 400 ℃，乙醇转化率和乙烯选择性均显著增强；反应温度升高到 500 ℃ 时，在乙醇几乎完全转化的情况下，实现了对乙烯的高选择性（>95%）。由于引入三配位 Al^{3+} 的 HZ – 2 具有双功能 B 酸和 L 酸位点，因此在 300 ℃ ~500 ℃ 温度范围内，均表现出高的催化活性，在 300 ℃ 以上反应，乙醇可以完全转化，乙烯选择性超过 95%。与 HZ – 1 相比，有效降低反应温度 200 ℃。

研究表明，与传统 H – ZSM – 5 沸石催化剂相比，Al^{3+} 强 L 酸位点能够加速乙醇 C—OH 键的断裂，形成大量乙烯和乙氧基中间体，从而促进苯系物中间体的生成。苯系物中间体被广泛认为是甲醇制烯烃反应中的重要中间体，可以稳定碳正离子等反应。

6.6.4　正己烷加氢异构化

烷烃加氢异构化反应是指在具有加氢/脱氢功能和异构化功能的双功能催化剂上，临氢条件下将直链烷烃异构化为异构烷烃的反应。此反应的关键在于催化材料的开发，尤其是酸性载体的选择。酸性载体在反应中起到提供酸性中心的作用，这对烯烃的质子化和后续的骨架异构化至关重要。催化剂的孔口催化作用对高选择性目标产物异构体的形成同样重要，特别是孔口附近的 B 酸位点。

2017 年，加州大学伯克利分校的 Somorjai 和 Yaghi 等利用金属有机框架（MOF）的极大比表面积和有序纳米孔来封装和均匀分散大量的磷钨酸（PTA），先对 MIL-101 的孔道进行"酸化"处理，然后再将 Pt 纳米颗粒沉积在"酸化"后的 MOF（MIL-101）外表面，获得高活性和高选择性的双功能催化剂（PTA⊂MOF/Pt）。正己烷的异构化反应需要氢化/脱氢和中强 B 酸位点。催化活性和酸性位点与 PTA 负载量的关系表明，PTA 含量最高的催化剂的酸性位点的浓度和强度最高。在温度 250 ℃和压力 0.1 MPa 条件下，双功能催化剂 PTA⊂MOF/Pt（60% PTA）相比于传统的铝硅酸盐（Al-MCF-17/Pt）双功能催化剂，催化气相正己烷异构化的选择性高达 100%，且质量活性提升了差不多 9 倍。

2024 年，中石化上海石油化工研究院的谢在库院士团队在细胞出版社（Cell Press）旗下《化学催化》期刊上发表一篇题为"孔口催化促进 Pt/ZSM-5 双功能催化剂上的正己烷加氢异构化"的论文，研究了分子筛孔口附近 B 酸位点对正己烷加氢异构化的影响。在 Pt/ZSM-5 双功能催化剂催化烷烃的加氢异构化过程中，孔口催化作用对高选择性目标产物异构体的形成至关重要。然而，截至目前，由于缺乏详细的实验证据，沸石孔口区域（BASpm）附近的 B 酸位点（BAS）的功能一直不明确。

针对这一问题，研究人员通过在 ZSM-5（Pt/ZSM-5+Al₂O₃）或 γ-Al₂O₃（Pt/Al₂O₃+ZSM-5）上定位 Pt 位点，制备了两个系列的催化剂。研究发现，除了 BAS 浓度过高的 ZSM-5 微通道内的 BAS 外，通过将 Pt 定位在 γ-Al₂O₃上，C_6异构体的形成大大增强。C_6异构体在 Pt/Al₂O₃+ZSM-5 催化剂上的最大产率为 73.0%。表征和实验结果表明，Pt/Al₂O₃+ZSM-5 的 C_6异构体增强选择性对 ZSM-5 的 BASpm 敏感。用四乙氧基硅烷（TEOS）钝化 BASpm 后，C_6异构体在 Pt/Al₂O₃+ZSM-5 催化剂上的产率显著降低，这种增强效果消失了。研究人员设计的 Pt/Al₂O₃+ZSM-5 催化剂生成 C_6异构体的产率与 BASpm 呈线性关系，直接表明了 BASpm 在孔口催化过程中所发挥的重要作用。在 Pt/Al₂O₃位点上形成的大部分烯烃中间体可以到达 ZSM-5 的 BASpm 位点，并在孔口处发生异构化。随后，由于沸石的高扩散势垒，异构化的烯烃迅速扩散回金属位点，而不是渗透到沸石的深层微孔通道中。因此，沸石微孔内强的 BAS 裂解反应得以抑制，从而促进了 C_6 异构体的形成。

6.6.5 有机合成反应

2017 年，华东师范大学的黄琨课题组通过结合超交联核-壳瓶刷共聚物和后功能化改性策略，成功制备了酸-碱双功能微孔有机纳米管催化剂（MONNs-SO$_3$H-NH$_2$）。这种酸-碱双功能催化剂 MONNs-SO$_3$H-NH$_2$ 在一锅级联反应中表现出高催化活性和出色的可重复使用性。研究人员选择如图 6-17 所示的酸催化缩醛水解和随后的碱催化 Knoevenagel 反应的串联反应作为模型反应。在典型反应中，将催化剂和所有试剂同时加入反应容器中，搅拌混合物反应 2 h，用气相色谱检测反应产物，反应结果列于表 6-3。

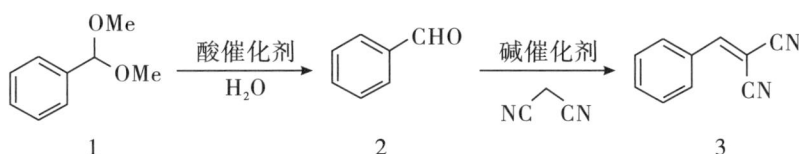

图 6-17 酸催化缩醛水解和碱催化 Knoevenagel 反应的串联反应

表 6-3 不同催化剂在一锅脱乙酰-Knoevenagel 反应中的催化性能

实验序号	催化剂	转化率/%	收率/%	收率/%
		1	2	3
1	MONNs-SO$_3$H-NH$_2$	>99	0	>99
2	MONNs	33	26	7
3	MONNs-SO$_3$H	98	95	3
4	MONNs-NH$_2$	26	19	7
5	MONNs-SO$_3$H 和苯胺	100	62	38
6	MONNs-NH$_2$ 和 PTSA	99	78	21
7	MONNs-SO$_3$H + MONNs-NH$_2$	98	6	92

由表 6-3 可见，当用 MONNs-SO$_3$H-NH$_2$ 进行一锅反应时，从 1 到 3 的

转化率几乎为100%（序号1）。与此不同的是，当仅单独使用核－壳瓶刷共聚物（MONNs）、磺酸官能化核－壳瓶刷共聚物（MONNs－SO$_3$H）或者碱基官能化核－壳瓶刷共聚物（MONNs－NH$_2$）作为催化剂进行反应时，几乎不会发生级联反应（序号2~4）。这是因为级联反应需要酸性和碱性两类活性中心，每种活性位点只能催化一个反应，酸中心催化缩醛的水解，碱中心催化Knoevenagel缩合。作为对照实验，如果将MONNs－SO$_3$H和MONNs－NH$_2$分别与小分子苯胺或对甲苯磺酸混合用作催化剂，只能够产生少量产物3（收率分别为38%和21%），这说明酸中心和碱中心会被小分子的苯胺或者对甲苯磺酸中和，导致一锅级联反应被淬灭。由于MONNs－SO$_3$H－NH$_2$催化剂的固体骨架结构可以有效地固定和分离酸、碱活性中心，阻止其结合而导致失效，因此其能够在一锅级联反应中显示出优异的催化性能。如果将MONNs－SO$_3$H和MONNs－NH$_2$物理混合后用作催化剂，其催化活性也低于MONNs－SO$_3$H－NH$_2$。这是由于物理混合两种功能化的酸和碱催化剂，MONNs－SO$_3$H和MONNs－NH$_2$的酸、碱活性中心距离较远，增加了反应过程中的传质路径。

金属有机框架（MOFs）凭借其卓越的孔道结构、极大的比表面积、结构上的高度可调性以及易于功能化的独特优势，已在多个前沿领域，如药物传输载体设计以及高效催化等应用，激发了科研人员浓厚的研究兴趣与热情。然而，MOFs的金属位点通常只可作为L酸位点，而B碱位点就相对缺乏，这极大地限制了MOFs催化剂在酸碱级联反应中的应用。2018年，辽宁大学的韩正波等将MOFs与多孔有机聚合物（POPs）结合，制备了集酸碱功能于一体的核－壳UiO－66@SNW－1，该催化材料在一锅串联脱缩醛－Knoevenagel缩合反应中展现了优异的催化性能。苯甲醛二甲基缩醛在UiO－66核中反应生成苯甲醛，同时进入SNW－1壳层材料中，与丙二腈反应生成最终底物，在单一催化剂上完成了串联反应，减少了传质和扩散时间，提升了反应效率。

MOFs具有高度有序的金属－金属氧簇节点，可以作为L酸中心，催化有机合成反应。然而，其相对较弱的酸强度限制了其应用。如何开发出具有单一活性位点和超强L酸性的MOFs是一项极具挑战性的研究课题。2019年，芝加哥大学的林文斌团队利用合成后修饰的方法构筑了一种具有超强L酸性的MOF催化剂ZrOTf－BTC。首先用1M盐酸溶液处理Zr－BTC，通过用一对氢氧化物和水基团替换每个桥接甲酸盐基团来得到ZrOH－BTC，然后利用Me$_3$Si基团的亲氧性，进一步用三甲基硅烷基三氟甲酯（Me$_3$SiOTf）处理所得的

ZrOH－BTC，得到 ZrOTf－BTC。这种催化剂在温和条件下对一系列有机合成反应，如 Diels－Alder 反应、环氧化合物开环胺化反应、Friedel－Crafts 酰基化反应和分子内氢烷氧化反应，均展现出优异的催化性能，且催化转化数均相较于同类均相和多相催化体系更高。随后，团队成员将 ZrOTf－BTC 成功地生长在 SiO_2 表面，制备了 MOF－硅胶复合物催化剂 ZrOTf－BTC@SiO_2。连续流动反应体系的催化性能测试实验结果表明，ZrOTf－BTC@SiO_2 具有优异的催化活性，Diels－Alder 反应催化转化数为 1 700，环氧化合物开环胺化反应催化转化数为 2 700，Friedel－Crafts 酰基化反应催化转化数为 326。

作为一类兼具原子经济性和步骤经济性的合成策略，多组分反应（MCR）在有机药物合成领域占据重要地位。由于 MOFs 孔道的扩散限制，仅有小尺寸的分子能够进行催化转化。2021 年，芝加哥大学的林文斌团队在长期深耕超强 L 酸性 MOFs 的工作基础上，创新性地提出了一种"降维策略"——通过将三维的 MOFs 降为二维的 MOFs，以提升底物可接触的 L 酸位点含量。研究人员通过合成后修饰策略成功构筑了三种具备不同拓扑结构的 L 酸性 MOFs 催化剂，即 Zr_6OTf－BPDC、Zr_6OTf－BTC 和 Zr_6OTf－BTB，其中前面两种（Zr_6OTf－BPDC 和 Zr_6OTf－BTC）是三维网状结构，而最后一种 Zr_6OTf－BTB 是二维单层结构。在酸催化的多组分 Povarov 反应中（苯胺、苯甲醛和烯烃经环化反应生成 1，2，3，4－四氢喹啉衍生物），二维 Zr_6OTf－BTB 表现出相较于 Zr_6OTf－BPDC、Zr_6OTf－BTC 和均相 Sc(OTf)$_3$ 更高的催化活性（催化转化数高出近 14 倍）和更长的催化剂寿命。同时，Zr_6OTf－BTB 在针对不用底物的 Povarov 反应、多组分氮杂环丙烷构筑以及复杂并环药物分子的合成中，表现出优异的反应活性、选择性和底物适应性。表征结果显示，二维的 Zr_6OTf－BTB 是单层结构，其 L 酸强度与 Sc(OTf)$_3$ 相近。三甲基乙腈的大体积探针分子定量测定表明，二维 Zr_6OTf－BTB 的 L 酸位点具有最高的底物可接触率（96%），几乎称得上是自由的底物可及性，这也是其催化活性优于三维 MOFs 的主要原因。

7 合成氨催化

　　合成氨催化的工业化是人类化学史，也是文明史上的一个重要的里程碑。合成氨反应之所以重要，是因为它实现了人类人工固氮的梦想，从而突破了农业增产的瓶颈限制。通过合成氨工业，人类可以生产尿素等含氮化肥，引发了人类肥料生产方式的变革。迄今为止，氨绝大部分被用作肥料来促进粮食增产，以养活当今世界爆炸式增长的人口（见图7-1）。根据联合国粮食及农业组织（FAO）的统计数据，化肥对粮食生产的贡献率超过40%。自合成氨催化工艺发明以来，地球人口从20世纪初的17亿增长3.7倍到今天超过80亿，粮食产量增长了近5倍。地球有限的土地资源，可以生产出可供超80亿人的充足的食物，主要仰仗合成氨催化技术。今天，我们体内约有50%的氮来自氨的合成，在某种意义上说，如果没有合成氨催化技术的发明，地球上半数的人将无法生存。中国也不可能仅靠全球约7%的耕地来养活世界约17.4%的人口（2024年数据）。

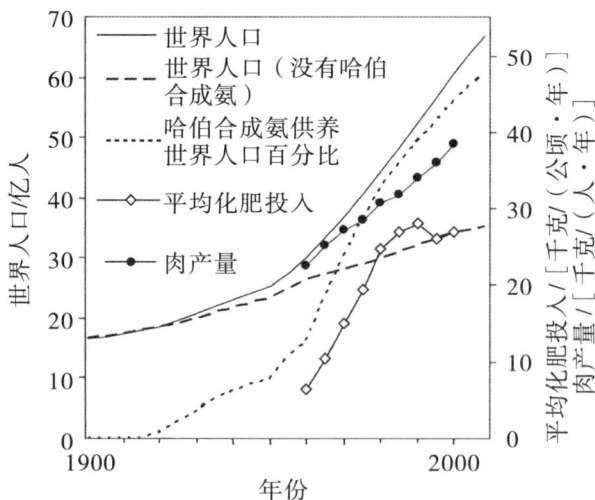

图7-1　哈伯合成氨对世界人口的影响

合成氨催化在诺贝尔化学奖历史上也同样地位超然,一百多年间一共有三次颁给了在合成氨催化研究方面做出卓越贡献的科学家。他们分别是1918年因发明高温高压合成氨过程而获奖的德国化学家哈伯,1931年因实现合成氨工业化哈伯 - 博施过程获奖的德国化学家博施,以及2007年因用表面科学手段阐明合成氨机理获奖的德国化学家埃特尔。

氨(NH_3)给人的印象除了农业化肥之外,可能就是令人恶心的气味和对人体有毒了。然而在21世纪,氨除被用作化肥和化工原材料之外,还扮演了极具潜力的新身份——储氢物质。因为氨具有产量大、易于储存运输、含氢量高(储氢质量比约17.65%)、能量密度大[3(kW·h)/kg]、液化压力低(~8 atm)、分解产物不含CO和CO_2等特点。太阳能、风能和海洋能等可再生能源因其有间歇性、波动性、随机性的特性,容易产生“弃风弃光”现象。而氨恰恰是解决这一问题的一剂良方,风能和太阳能等与“氨经济”结合起来,上述可再生能源可以通过相应的催化技术(如热催化合成、光催化合成和电催化合成等)转化为氨得以储存,利用氨易于储存运输的优势再将其输送到终端用户,从而将通常位置偏远的风能与太阳能发电厂和城市连接起来。

合成氨面临的真正问题是如何廉价、高效、绿色地制备氨。合成氨反应被誉为多相催化中的领头羊反应,同时是一个永恒的研究课题。

7.1　早期合成氨的尝试

1754年,布里斯特利用硇砂(NH_4Cl)和石灰(CaO)共热,第一次制出了氨。1787年,贝托莱特提出氨是由氮和氢元素组成的。

最早的利用空气中的氮气(N_2)合成氨方法是氰化法,是1898年德国化学家弗兰克等人发现的。合成氨分为两步进行:

第一步是利用碳化钙固定空气中的氮气生成氰氨化钙(又称石灰氮)。

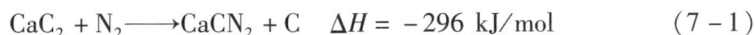

$$CaC_2 + N_2 \longrightarrow CaCN_2 + C \quad \Delta H = -296 \text{ kJ/mol} \tag{7-1}$$

第二步是氰氨化钙与过热水蒸气反应生成氨。

$$CaCN_2(s) + 3H_2O(g) \longrightarrow 2NH_3(g) + CaCO_3(s) \tag{7-2}$$

1905年,德国氮肥公司建成世界上第一座利用氰氨化钙间接合成氨的工厂。但是用这种方法生产氨气成本很高,这一阶段生产的氨气并没有被广泛用于农业增产，而是用在军事领域。第一次世界大战期间，为了满足军工上对炸药的需求，德国、美国主要采用该方法生产氨，进而生产硝酸。

很多科学家尝试利用空气中的氮气和氢气直接合成氨，其中包括能斯特、奥斯特瓦尔德、勒夏特列等著名的化学家。然而，他们面临的第一个障碍是化学平衡。当时还没有发现质量作用定律和化学平衡定律，因而，所有的尝试都以失败而告终。1900 年，法国化学家勒夏特列通过理论计算，确定氮气和氢气可以直接化合生成氨。随即他就进行实验验证，但在一次实验中发生了爆炸，他的实验助手也险些因此丧命。考虑到实验过于危险，勒夏特列选择放弃。德国化学家能斯特通过理论计算，得出了氮气和氢气不能直接化合生成氨的错误结论。后来发现，得出错误结论的原因是计算过程中错用了热力学数据。

曾有人试图在常压下合成氨，后来又有人在 50 个大气压下实验，结果都失败了。在 19 世纪，很多科学家尝试利用高温、高压、催化剂、电弧等各种方法合成氨，由于当时的工业条件所限，均未实现这个直接的合成反应。

N_2 分子的化学惰性在于其具有较强的 $N\equiv N$ 键能（941 kJ/mol）。在大气压下，氨仅在非常高的温度下才能够产生，但合成氨是一个放热反应，受到热力学平衡的限制。在高温下氨的收率非常低，而低温下合成氨的反应活性极低，因此，许多科学家甚至认为，通过氢气和氮气生产氨是一个不可逾越的障碍。

7.2 合成氨催化剂的成功发现

1907 年，德国化学家哈伯在测定了一批合成氨反应的化学平衡实验数据后发现，氨的单次转化率低，这将是工业规模生产的最大障碍。因此，哈伯放弃了流行的静态观点，转而采用动态方法。1908 年，他撰写了著名专利"循环"，提出了高压下循环加工、不断地把反应生成的氨分离出去的设想，创造性地开发出高压下的闭式工艺流程和回路操作技术，为建造生产氨的实验性装置提供了基础，并实现了工业史上第一个加压催化过程。

1909 年，哈伯用锇催化剂（Os）将氮气与氢气在 17.5~20 MPa 和 500 ℃ ~ 600 ℃下直接化合，反应器出口得到 6% 的氨，并于卡尔斯鲁厄大学建立一个每小时可以生成 80 g 合成氨的实验装置。随后，巴登苯胺纯碱公司（就是现在著名的巴斯夫集团）收购了全球库存锇的购买权，总计约 100 kg。虽然这在今天听起来令人难以置信，但它确实充分反映了当时科学界和企业界空前高涨的热情。在氨的合成反应中，Os 是一种非常好的催化剂，但这种金属量少价高，并且难于加工处理。此外，当与空气接触时，它易转变为挥发性的四氧化物。Os 的蒸气有剧毒，会强烈地刺激人眼的黏膜，严重时会造成失明。

1908 年 2 月，哈伯与巴登苯胺纯碱公司签署了一项协议：哈伯应使他的结果在巴登苯胺纯碱公司得到有效的利用，而巴登苯胺纯碱公司确保发展这一过程达到工业开发的阶段。巴登苯胺纯碱公司看到了合成氨工业的前景，投入巨资进行研究和改进，并将工业发展任务交给了卡尔·博施。博施敏锐地意识到，要实现合成氨的工业化，必须解决三个主要问题：一是高效稳定的催化剂；二是低成本生产氢气和氮气的方法；三是可用于高压合成氨的设备和材料。博施将开发高效稳定的催化剂的任务分配给了他的助手米塔斯。米塔斯最初的研究重点是金属氮化物，试图通过间接途径来固定在空气中的氮气。尽管该技术在合成氨方面并不成功，但在研究它的过程中收集和积累了元素周期表中几乎所有金属元素的催化性质的有价值的信息。米塔斯认识到许多金属自身的催化活性很低甚至不具备活性，但加入添加剂后可以提高它们的催化活性。基于这些发现，1909 年 2 月，他大胆地提出了一个未经证实的假设："合成氨最终获胜的催化剂应该是一个多组分系统。"提出假设容易，但是要证实这个假设却需要大量的实验和测试工作，耗时耗力。为此，巴登苯胺纯碱公司生产了各种用于催化剂测试的模型反应器。从 1909 年到 1911 年，在大约一年半的时间里，他们用约 2 500 种不同的催化剂进行了约 6 500 次实验，并终于研制成功含有钾、铝氧化物作助催化剂的价廉易得的铁催化剂。其后他们还进行了催化剂遭受气体中含有 S、O 等杂质毒物影响的大量实验。这个工作量惊人的催化剂筛选实验一直持续到 1922 年才结束，总共对 5 000 多种不同的催化剂体系进行了超过 20 000 次的测试。而在工业化过程中碰到的一些难题，如高温下氢气对钢材的腐蚀、碳钢制的合成氨反应器寿命过短（仅有 80 h）以及合成氨所用的氮气（N_2）和氢气（H_2）混合气的制造方法等，都被博施一一解决。

此时，德国国王威廉二世准备发动战争，急需大量炸药，而由 NH_3 制得的硝酸是生产炸药的理想原料。于是，巴登苯胺纯碱公司于 1912 年在德国奥堡建成世界上第一座日产 30 t 合成氨的装置，1913 年 9 月 9 日开始运转，氨产量很快达到了设计能力。人们称这种合成氨法为哈伯 - 博施法，它是工业上实现高压催化反应的第一个里程碑。

人类从第一次在矿物中制取氨到工业生产氨，整整花了 159 年，可谓"百年磨一剑"！催化合成氨是目前唯一具有工业规模的人工固定氮的方法，它的出现是人类征服自然的一个划时代的丰碑。哈伯和博施也因此分别被授予 1918 年和 1931 年的诺贝尔化学奖。

7.3　合成氨催化剂的发展

20 世纪初，Fe 一直被认为是合成氨的有效催化剂。然而，在巴斯夫的初步合成氨催化剂的筛选实验中，Fe 催化剂的结果是令人失望的。直到有一天，米塔斯的助手无意中拿起实验室闲置多年的瑞典耶利瓦勒的铁矿石样品进行实验，事情才出现了意想不到的转机。他发现，如果在纯的熔融铁催化剂中加入百分之几的氧化铝、少量的氧化钙和氧化钾，就能获得高效的合成氨催化剂。最好的合成氨催化剂被证实是多组分混合物，它的化学成分与瑞典耶利瓦勒磁铁矿组成相似。这就是至今合成氨工业仍在使用的磁铁矿基熔融铁催化剂，其中含有少量的助剂。多组分混合催化剂在合成氨催化中是有效的，以至于即使到现在，世界上所有的合成氨催化剂仍然是基于这一原理制造的。

7.3.1　熔融铁催化剂

熔融铁催化剂的发明是催化工业史上一个重要的里程碑，标志着催化工业黄金时代的开启。合成氨催化工艺的重要性和合成氨成功的工业化，使得用于合成氨的铁催化剂成为世界上最成功和研究最彻底的催化剂之一。

从 1905 年至今，世界各国对合成氨多相催化剂进行了广泛而深入的研究，催化剂组成几乎覆盖了元素周期表中的大多数元素。其中，催化剂活性组分以元素周期表中的过渡金属元素表现最为优异，其合成氨活性表现出经典的"火山型曲线"［见图 7 - 2（c）］。位处火山型曲线顶端的Ⅷ族元素 Fe、Ru 等具有较高的合成氨催化活性。目前，工业上广泛采用的催化剂主要是含多种助剂（结构助剂和电子助剂）的熔融铁催化剂。

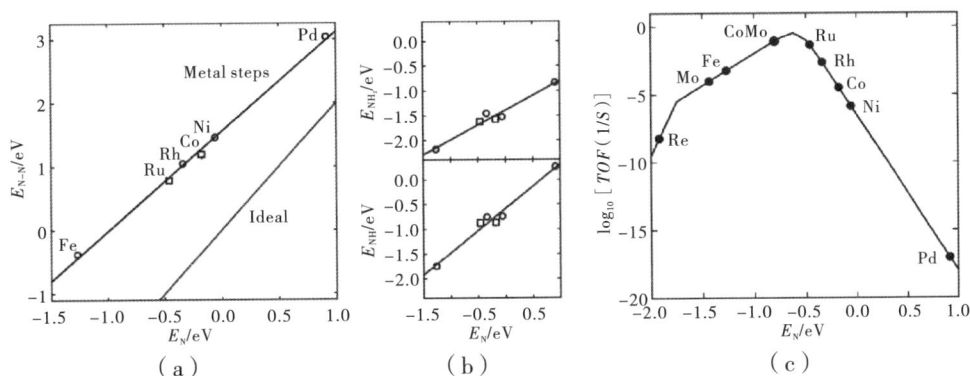

图7-2 合成氨反应中过渡金属上的线性关系及火山型曲线

注：（a）过渡金属表面 N 的吸附能（E_N）和 N_2 解离吸附能垒（E_{N-N}）之间的线性
关系；（b）过渡金属表面 NH_x 物种吸附能之间的线性关系；（c）部分过渡金属合成氨活
性的火山型曲线

经历了一百多年，今天熔融铁催化剂在工业上仍然占据绝对地位，催化剂
类型也有几十种之多，其中我国就开发了十多种。早在 1951 年，南京化学工
业有限公司（前身是永利铔厂）就成功地自主研出 A102 型熔融铁合成氨催
化剂，随后又成功研制出 A106 型和 A109 型合成氨催化剂。永利铔厂是由著
名爱国实业家范旭东先生与侯德榜博士在南京创建的化工厂，它不仅是中国较
早的化工厂之一，还是当时亚洲最大的化工厂。

1979 年，浙江工业大学成功研制出 A110-2 型低温合成氨催化剂。此后，
南京化工研究院、福州大学、林曲催化剂厂、郑州大学、湖北化学研究所等先
后成功研制出一系列的 A110 型催化剂家族成员：A110-1 型、A110-3 型、
A110-4 型、A110-5Q 型和 A110-6 型。表7-1 是 A110-1 型催化剂的化学
组成和性能。

表7-1 A110-1 型催化剂的化学组成和性能

组分含量/%					Fe^{2+} 和 Fe^{3+} 离子比	尺寸/mm	堆密度/(kg/L)	比表面积/(m²/g)	压力/MPa	温度/℃
Al_2O_3	K_2O	CaO	SiO_2	BaO						
2.4~2.8	0.5~0.7	1.9~2.3	<0.45	0.2~0.4	0.5~0.6	1.3~1.5	2.7~3.0	13	15~30	370~510

由上可知，单独的过渡金属 Fe 作为催化剂，其合成氨性能并不能满足工业化的要求。为提高催化剂的活性及其稳定性，在催化剂的配方中加入了 Al_2O_3、K_2O、CaO 和 BaO 等金属氧化物作为助催化剂，其作用在于利用这些高熔点难还原的氧化物将活性物质 α-Fe 晶体间隔开来，抑制其在高温过程中微晶互相接触而导致的烧结，提高催化剂的耐热稳定性，而 K_2O 这样的电子助剂有利于合成氨过程中氮气的活化。

铁的化合价有 +2 价和 +3 价，与氧反应可以生成 3 种氧化物：Fe_2O_3、Fe_3O_4 和 FeO，这 3 种氧化物在晶体学上分别称作赤铁矿、磁铁矿和方铁矿。铁氧化物都可以用二价铁（Fe^{2+}）与三价铁（Fe^{3+}）的离子比（$Fe^{2+}/Fe^{3+} = R$）来表征，即 Fe_2O_3 中只有 Fe^{3+}，$R = 0$；Fe_3O_4 中 $R = 0.5$。而 FeO 是个例外，理论上没有 Fe^{3+}，R = 无穷大，但 FeO 在自然界不存在，人工合成的 FeO 实际上也含有 Fe^{3+}，通常表示为 $Fe_{1-x}O$，其 Fe^{2+} 与 Fe^{3+} 的离子比 $R = 4 \sim 10$。

7.3.2　$Fe_{1-x}O$ 基合成氨催化剂

在相当长的时间里，科学家对熔融铁催化剂的认知是，活性组分铁的前驱物是 Fe_3O_4。故而这一时期熔融铁催化剂的研究主要聚焦在 Fe_3O_4 上，催化剂的设计更多的是通过调节结构助剂和电子助剂的种类和用量来提高催化剂的活性和寿命，而忽略了催化剂主要活性组分的影响。到 20 世纪 70 年代末，所有工业合成氨铁催化剂主要组成都是 Fe_3O_4。

1985 年，浙江工业大学的刘化章教授等突破了国际上沿袭 80 多年的 Fe_3O_4 具有最高活性的经典结论，发明了 $Fe_{1-x}O$ 催化剂。这一发现标志着合成氨催化剂研究取得了重大的突破。世界领先的新一代 $Fe_{1-x}O$ 催化剂是一项中国独创、拥有自主知识产权的原创性成果，是百年来合成氨催化剂研究领域的一次重大突破，技术水平达到国际领先水平。其中 A110-2、A301、ZA-5 等系列新型催化剂在世界上得到广泛应用，取得巨大的经济效益和社会效益。

刘化章团队系统地研究了所有铁氧化物及其混合物与催化活性的关系。催化活性随二价铁与三价铁的离子比 R 的变化呈驼峰形曲线：随着 R 逐渐增大，活性出现两个峰值。当 R 为 0.5 左右（即传统 Fe 催化剂）时，活性出现第一个峰值。随着 R 增大，活性有所下降，且在 R 为 1 左右时，活性降到了最低。当 R 继续增大时，催化活性出现回升，在 R 达到 5~8 时，活性出现第二个峰值且达到最高值。再继续增大 R，活性呈缓慢下降的趋势。

他们研究发现了单相原理：最好的熔融铁催化剂中应该只有一种铁氧化物和一种晶体结构。任何两种铁氧化物的混合都会引起催化活性的降低，混合程度越大，活性越低。当两种铁氧化物以等摩尔共存时，活性降到最低点。铁氧化物的合成氨活性次序为：

$$Fe_{1-x}O > Fe_3O_4 > Fe_2O_3 > 混合氧化物（Fe_2O_3 + Fe_3O_4 或 Fe_3O_4 + FeO）$$

由此可知，在所有铁氧化物及其混合物中，具有最高活性的 $Fe_{1-x}O$ 基催化剂被发现。这是经典的合成氨催化剂自 20 世纪初发明以来的一个重大突破。

7.3.3　Ru 基合成氨催化剂

钌（Ru）基催化剂的研究由来已久。50 多年前，日本科学家尾崎曾在一篇综述中提到氮气的化学吸附与合成氨催化活性之间的相关性可以用火山型曲线来定量描述。Ru 与 Fe 一样位处火山型曲线顶端，因而具有较高的合成氨催化活性。1969 年，须藤等提出了一种钌基合成氨催化剂体系，钌作为电子受体，碱金属钾或钠作为电子供体，石墨化活性炭作为载体，在温和条件下对合成氨表现出较高的催化活性。1972 年，尾崎等发现 Ru 基催化剂体系（钾助剂和碳载体）对合成氨表现出高的催化活性。1990 年，爱华等以 $Ru_3(CO)_{12}$ 为起始物成功制备出一种新型 Ru 基催化剂，实现了催化活性和反应选择性上的双突破。

此后，世界各国的研究人员投入大量的人力、物力开发 Ru 基催化剂，以取代传统的铁基催化剂。

英国石油公司（BP）和美国凯洛格（Kellogg）公司联合开发 Ru 基新型合成氨工艺，其中英国石油公司负责 Ru/C 新型合成氨催化剂的研发，美国凯洛格公司负责使用 Ru/C 催化剂开发合成氨工艺。经过 10 年的共同努力，他们于 1992 年成功开发了一种适用于 Ru/C 催化剂的新型合成氨工艺 KAAP，并在加拿大奥塞罗特（Ocelot）氨厂首次工业化，标志着第一个非 Fe 系合成氨催化剂及其工艺流程的诞生。这种在低温、低压条件下具有极高催化活性的负载型 Ru 基合成氨催化剂，被誉为继熔融铁催化剂以来的第二代合成氨催化剂，并实现了其工业应用。合成氨工业催化剂的发展如表 7 - 2 所示。

表 7 - 2　合成氨工业催化剂的发展

发展阶段成果	时间	发明者	催化剂类型	催化剂主要化学组成
Fe_3O_4 基催化剂	1913	BASF	S6 - 10，KM	$Fe_3O_4 + Al_2O_3 + K_2O + CaO$
$Fe_{1-x}O$ 基催化剂	1986	浙江工业大学	A301，ZA - 5	$Fe_{1-x}O + Al_2O_3 + K_2O + CaO$
Ru 基催化剂	1992	BP	KAAP	$Ru - Ba - K/AC$

Ru 基催化剂虽然活性高，但存在价格昂贵和氢抑制作用显著导致的寿命短的缺点，因而，与相对次好的 Fe 基催化剂相比，其缺乏商业吸引力。从 1992 年到 2010 年，只有 16 家合成氨工厂使用 Ru 基催化剂。鉴于此，合成氨行业开发高效且价廉的催化剂任重而道远。

7.3.4　其他金属合成氨催化剂

非 Fe、Ru 基催化剂方面研究较多的金属元素是 Co 和 Mo。2000 年，雅各布森（Jacobsen）和小岛（Kojima）等研究发现，在相同反应条件下［5 MPa，400 ℃，摩尔比（$N_2 : H_2$）= 1 : 3］，CoMoN 氮化物合成氨催化剂的催化活性优于工业 Fe 基催化剂。2001 年，诺斯科夫（Nörskov）等提出一种合金催化剂的开发策略。根据这一原理，采用尾崎火山型曲线中与氮气反应非常活跃的元素和非常不活跃的元素，两者共同形成合金，可以构建新的活性表面，从而实现最佳的催化性能。实验结果表明，钴钼镍化物催化剂的活性高于 Ru 和 Os 催化剂，在 NH_3 浓度较低时甚至优于 Fe。

7.4　合成氨催化的反应机理

合成氨催化机理的探索历程堪称化学史上的经典案例，它不仅见证了科学理论随实验技术演进而发展的全过程，还反映了科学家们追求真理、勇于质疑的精神风貌。这场从 20 世纪 70 年代到现在的争论，围绕着两种核心理论——"解离理论"与"缔合理论"展开，二者各自提出了独特的视角来解释合成氨这一至关重要的化学过程背后的微观机制。

超高真空技术和表面科学模型催化研究方法被广泛应用于 Fe、Ru 等合成氨催化剂的研究。20 世纪 70—80 年代，德国化学家埃特尔（Ertl）等人通过实验发现，在 310 ℃、150 Torr 的反应条件下，Fe（1 1 1）表面的 N 原子浓度随着反应中 H_2 分压的提高而降低，说明了 N_2 是以解离氮原子的形式与 H 发生反应的。而且，当 H_2 分压是 N_2 的 3 倍时，Fe 表面 N 原子浓度很低，这说明在反应条件下，N 在表面的解离是整个合成氨反应的速控步骤。埃特尔等在真空条件下，发现 N_2 在铁的不同晶面 Fe（1 1 1）、Fe（1 0 0）、Fe（1 1 0）上的解离吸附速率不同，其中以 Fe（1 1 1）表面的最大，Fe（1 1 0）表面的最小。Somorjai 利用集成在 UHV 系统中的高压反应器，对 Fe 的不同晶面 [Fe（1 1 1）、Fe（2 1 1）、Fe（1 0 0）、Fe（2 1 0）和 Fe（1 1 0）] 进行了活性测试。他发现各个晶面在接近真实反应条件下（400 ℃和 2.0 MPa）的反应速率与 N_2 在相应晶面上的解离吸附速率的次序一致，其次序与埃特尔等所发现 N_2 在铁的相应晶面上的解离吸附速率的次序一致。这一发现，对揭示 Fe 催化剂合成氨的反应机理起到了重要作用。N_2 的解离吸附被确定为 Fe 催化合成氨的速控步骤，埃特尔等提出了 Fe 催化剂上合成氨的解离吸附机理，即表 7-3 中的直接解离式机制。

表 7-3　合成氨反应的缔合式及直接解离式机制

机理类型	反应历程	可能涉及的体系
缔合式 (氢助解离式)	（1）交替加氢机制（alternating hydrogenation mechanism）： $N_2 \rightleftharpoons N_2^*$ $N_2^* + H^* \longrightarrow N_2 H^*$ $N_2 H^* + H^* \rightleftharpoons N_2 H_2^*$ $N_2 H_2^* + H^* \rightleftharpoons N_2 H_3^*$ $N_2 H_3^* + H^* \rightleftharpoons N_2 H_4^*$ $N_2 H_4^* + H^* \rightleftharpoons NH_2^* + NH_3$ $NH_2^* + H^* \rightleftharpoons NH_3$ （2）末端加氢机制（distal hydrogenation mechanism）： $N_2 \rightleftharpoons N_2^*$ $N_2^* + H^* \longrightarrow N_2 H^*$ $N_2 H^* + H^* \rightleftharpoons N_2 H_2^*$ $N_2 H_2^* + H^* \rightleftharpoons N^* + NH_3$	固氮酶、金属配合物、表面团簇、光/电催化剂表面等

（续上表）

机理类型	反应历程	可能涉及的体系
缔合式 （氢助解离式）	$N^* + H^* \rightleftharpoons NH^*$ $NH^* + H^* \rightleftharpoons NH_2^*$ $NH_2^* + H^* \rightleftharpoons NH_3$	
直接解离式	$N_2 \rightleftharpoons N_2^* \longrightarrow 2N^*$ $H_2 \rightleftharpoons 2H^*$ $N^* + H^* \rightleftharpoons NH^*$ $NH^* + H^* \rightleftharpoons NH_2^*$ $NH_2^* + H^* \rightleftharpoons NH_3^* \rightleftharpoons NH_3$	Fe、Ru 等过渡金属、多相催化剂表面

注：* 表示催化剂的活性位点。

Somorjai 通过比较高活性晶面 Fe（1 1 1）和 Fe（2 1 1）的原子配位特征，确定 Fe 的 C7 位点为 Fe 催化合成氨的活性位点。20 世纪 90 年代末，Chorkendorff 和 Nørskov 在真空条件下发现 Ru（0 0 0 1）晶面的台阶位点比平台位点的 N_2 解离活化速率高 5 个数量级以上。结合 DFT 计算，他们认为 Ru 的 B5 台阶位是反应活性位点，N_2 在 Ru 台阶上的解离吸附被认为是速控步骤。2020 年，悉尼大学的黄俊团队通过原位环境透射电子显微镜（ETEM）技术，首次发现在高温和反应气氛下，Ru 颗粒的表面原子受到 MgO 修饰的限制，其中含有更高活性的 B5 位点用于合成氨。研究发现，不含 MgO 改性剂的 Ru 颗粒会发生动态变化而失去 Ru 台阶上的 B5 位点，导致氨产率降低。相反，MgO 改性后的 Ru 颗粒能够保持表面结构稳定，保留 B5 位点，从而提高氨产率。DFT 计算进一步证实了 B5 位点是合成氨的催化活性中心。

虽然多数人支持解离式机理，但这一机理不能圆满地解释 N_2 化学计量数等于 1 和氕氘同位素效应的实验事实。蔡启瑞指出，工业合成氨反应机理可能是以化学吸附氮分子与化学吸附氢加成反应为速控步骤的缔合式机理作为反应途径，而与之竞争的是按解离式机理的次要反应途径。廖代伟和蔡启瑞等对 Fe 催化剂上的合成氨反应进行了系统研究。Raman 和 FTIR 的谱原位动态互补研究结果表明，在反应条件下，Fe 催化剂表面的主要化学吸附物种是分子态的 N_2^*，而不是原子态的 N^*。

合成氨缔合式机理的发现是近年来催化领域的重要进展，它为开发更高效、低能耗的催化剂提供了新的思路。传统的 Haber – Bosch 过程依赖于 N_2 的直接解离。受限于 Brønsted – Evans – Polanyi（BEP）关系，即 N_2 的直接解离活性与后续加氢步骤间存在固有限制，阻碍了氨产量的进一步提升。在此背景下，近年来科研人员积极探索替代策略，缔合式机理便是其中之一，它为合成氨技术的革新开启了大门。

缔合式机理，又称为氢助解离式，不同于传统观念中 N_2 的直接解离，N≡N 键的断裂和加氢过程同时进行，最终产生 NH_3 分子。然而，根据 N 原子加氢的不同顺序，缔合途径可进一步分为末端加氢机制和交替加氢机制，其中交替加氢机制中催化剂表面被吸附的两个氮原子之间可交替进行加氢和接收电子，最终使得氮原子间的键全部断裂且第一个氨分子顺利从催化剂表面脱除，随后第二个氨分子也随之释放（见表 7 – 3）。末端加氢机制中加氢优先发生在离催化剂表面最远的 N 原子上，末端 N 原子不直接与催化剂表面相互作用，当第一个氨分子释放后剩余的 N 原子继续加氢，生成第二个氨分子并随之释放（见表 7 – 3）。

2017 年，中国科学院大连化学物理研究所的陈萍团队提出了过渡金属及其氮化物与 LiH 形成的双催化中心，使 N_2 和 H_2 的活化及中间产物的吸附发生在不同的活性中心上，从而打破了反应能垒与吸附能之间的限制关系，实现了氨的低温低压合成。研究人员发现，该催化剂表面存在含氢物种 Li – Fe – H（即 Li_4FeH_6 和 Li_5FeH_6 等），这些氢化物团簇是催化活性中心，这与普遍认为在常规 Fe 基催化剂的活性中心 C7 位点的组成与结构截然不同。由于该活性中心仅有一个 Fe 原子，N_2 的活化可能为"氢助解离"，而非均裂解离吸附机制。

2015 年，针对金属氮化物（TMNs）催化剂，Abghoui 和 Skúlason 提出了一种不同于传统的解离路径和缔合路径的新 Mars – van Krevelen（MvK）路径。该路径认为，金属氮化物催化剂表面的晶格氮原子首先被加氢形成 NH_3，留下高活性的表面氮空位来活化 N_2。具体来说，晶格氮原子与氢原子结合形成 NH_3，随后 N_2 分子在表面氮空位上活化，进一步参与反应生成更多的 NH_3。与前面讨论的两种路径不同，MvK 路径的重点是补充氮空位和催化剂的再生，而不是吸附 N_2。

2018 年，伦敦大学学院的 Catlow 等应用色散校正的周期性 DFT 计算来阐明 Co_3Mo_3N 催化剂表面合成氨的 Langmuir – Hinshelwood（L – H，解离式）和

Eley–Rideal/Mars–van Krevelen（E–R/MvK，缔合式）机制。结果表明，对于 E–R/MvK 机制，相应加氢步骤的势垒较低，并且速控步骤的势垒小于 90 kJ/mol。此外，E–R/MvK 机制没有 L–H 机制中的第二和第三活化能垒，这些步骤活化能垒都很高。实验结果证实了 Co_3Mo_3N 催化剂表面合成氨是通过二氮烷和肼中间体产生的，这些中间体是由直接缔合的 E–R/MvK 机制形成的，其中氢分子直接与表面活化氮反应，以便在相当温和的条件下形成氨。

2020 年，日本东京工业大学的细野秀雄（Hideo Hosono）等利用镍与氮两者空位的特点，将镍纳米颗粒负载在氮化镧（LaN）晶体上，制备了一种高效合成氨的"双活性位点"Ni/LaN 催化剂。实验结果表明，该催化剂的表观活化能低至 60 kJ/mol，远远低于常规 Ru 基催化剂的表观活化能（约为 110 kJ/mol），这表明该催化过程中 N_2 的解离不再是速控步骤。通过实验和理论计算，研究人员提出了可能的反应机理。首先，H_2 在 Ni/LaN 催化剂中的 Ni 活性位点上解离吸附，随后解离的 H^* 溢流至 LaN，与表面晶格氮发生加氢反应。当表面晶格氮被三个 H^* 原子氢化后，生成的 NH_3 从表面脱附，形成氮空位，随后，N_2 分子自发地在氮空位上填补。N≡N 键直接解离的能垒至少为 2.5 eV，而且不太可能发生，这表明加氢过程在 N≡N 键断裂中起到关键作用。加氢过程优先针对吸附的 N≡N 键上的顶部 N，从 Ni 活性位点溢流来的 H 与末端的 N 原子逐步加氢生成 NH_3，最终 N—N 键断裂，NH_3 从 La 位点脱附。而 N_2 分子的剩余一半补偿了 N 缺陷，因此在 NH_3 脱附后恢复了初始 LaN 表面。

受到传统的 Fe 基和 Ru 基催化剂均为合成氨直接解离 N_2 分子的解离机制和细野秀雄团队通过阴离子缺陷活化并逐步加氢实现 N_2 分子解离的缔合机制的启发，2021 年，上海交通大学的叶天南团队和日本东京工业大学的细野秀雄教授合作，设计和构筑了一种以稀土氮化物（CeN）为载体，结合过渡金属 Co 的 Co/CeN 负载型催化剂，首次实现了同一催化剂上解离和缔合双反应机制协同高效合成氨。该催化剂在 200 ℃ 和 0.9 MPa 反应条件下，合成氨速率为 1.0 mmol/(g·h)，远优于目前报道的 Co 基和 Ni 基催化剂，甚至优于大部分报道的 Ru 基催化剂。研究表明，H_2 在 Co/CeN 负载型催化剂中的 Co 活性位点上解离吸附，随后解离的 H^* 溢流至 CeN，与表面晶格氮发生加氢反应，生成的 NH_3 从载体脱附，留下 N 空位。原位形成的 N 缺陷化学吸附 N_2 分子，并通过末端加氢机制继续与 Co 金属上溢流的 H^* 反应，实现合成氨循环。与此同时，N 空位的形成会降低 CeN 载体的功函，导致 CeN 载体变为电子给体，向

Co 金属给出电子，使得高电子密度的 Co 金属能够通过反馈 π 键活化 N_2 分子，使其解离为 N 原子，实现在 Co 金属表面解离机制下合成氨循环（见图 7-3）。

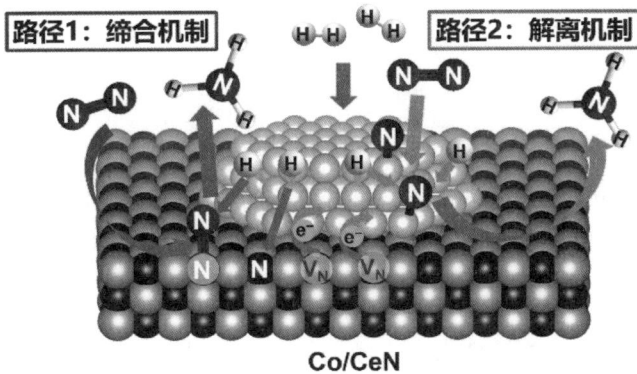

图 7-3 Co/CeN 双反应机制合成氨原理示意图

7.5 低温合成氨催化的研究进展

由于 N≡N 键极其稳定，键能较高（941 kJ/mol），N≡N 键键长短（109 pm）、电离势高（15.85 eV）、电子亲和力低（-1.9 eV），而且 N_2 的最高占据分子轨道与最低未占据分子轨道之间能隙大（10.82 eV）。因此，N_2 分子的活化很困难，虽然经过了几代人不断的优化，但合成氨反应仍然需要在苛刻的条件下（350 ℃~500 ℃、5~20 MPa）才能进行。从资源和环境的角度来看，开发温和条件下的合成氨催化技术具有非常重要的意义。近年来，科学家们充分发挥他们的想象力，让合成氨这古老的催化体系"老树"发新枝。他们通过利用不同的外部能量，如电能、光能和等离子体等驱动反应，从而发展出电催化、光催化和等离子体催化等催化体系来降低合成氨的能耗。下面将介绍近年来热催化、电催化和光催化合成氨催化剂的研究进展。

7.5.1 热催化合成氨

热催化合成氨以热能作为唯一的能源输入，反应物 N_2 和 H_2 在催化剂作用下进行反应。同其他几种合成氨的方法相比，热催化合成氨是研究最为广泛和深入的，早在一百多年前就已经实现了工业化。然而，目前工业上合成氨主要依靠哈伯－博施法，由于反应温度高和反应压力大，且需要化石能源提供氢源，其能耗占全球总能源供应的1%以上。为此，全球的科学家对热催化合成氨进行了广泛和深入的探索，重点集中在降低工艺的反应温度和压力上。传统的哈伯－博施工艺中Fe基催化剂通常的反应温度为400℃~600℃；Ru基催化剂的反应温度较低（300℃~450℃），但是Ru价格昂贵。近年来，研究人员在新型催化剂的设计和构筑、载体和助剂等的作用方面做了大量的尝试性工作，下面简述一些重要的研究进展。

1. 双活性位点催化剂

过渡金属的合成氨活性表现为经典的"火山型曲线"，其中位于火山型曲线顶端的Ⅷ族元素Fe和Ru等因具有适中的物种吸附和解吸能而具有较好的催化合成氨活性，目前工业应用以含多种助剂的熔融铁催化剂为主。从热力学角度看，由于合成氨是放热反应，低温有利于反应，然而反应过程中的中间物种 NH_x（$x=0$、1或2）从金属催化剂表面脱附需要高温，否则会占据催化剂的吸附位点而导致催化剂"中毒"。实验研究和理论计算结果表明，过渡金属催化剂表面进行的合成氨反应，反应能垒与中间物种 NH_x 的吸附能之间存在着限制关系（Scaling relations），导致在单一的过渡金属催化中心上难以实现氨的低温合成。

鉴于此，2017年，中国科学院大连化学物理研究所的陈萍团队提出了"双活性中心"这一催化剂设计理论。在经典的过渡金属（TM）催化剂中引入氢化锂（LiH），构筑了TM－LiH双活性中心催化剂体系，实现了氨的低温催化合成。在双活性中心的催化剂体系中，反应物 N_2 和 H_2 的活化以及中间物种 NH_x 的吸附发生在不同的活性位点上。首先，N_2 在过渡金属表面解离吸附，生成TM－N物种。随后，LiH与TM－N作用使N原子从过渡金属活性中心向LiH转移，生成Li－N－H物种，再生TM活性位点。最后，Li－N－H物种加氢生成 NH_3，脱附后释放出LiH活性位点，完成催化循环。双活性中心的催化体系使得 N_2 的活化与 NH_x 的吸附分别在TM和LiH的活性位点上发生，从而打破了反应能垒与吸附能之间的限制关系，使氨的低温、低压合成成为可能。

实验发现，在过渡金属（V、Cr、Mn、Fe、Co和Ni）中引入LiH后形成的催化剂TM－LiH，在350℃和1.0 MPa条件下，其催化活性显著优于现有的

Fe 基和 Ru 基催化剂。需要指出的是，Fe – LiH 和 Co – LiH 在 150 ℃ 即表现出可观量的合成氨催化活性，证明了双活性中心作用机制下氨的低温合成是有效的策略。

单独的过渡金属 Mn 在合成氨条件下会发生氮化反应，形成体相氮化物，然而，其合成氨的催化活性可以忽略不计。2018 年，陈萍团队在碱或碱土金属氢化物（即 LiH、NaH、KH、CaH$_2$ 和 BaH$_2$，简称 AH）中引入氮化锰后制得催化剂 Mn$_4$N – AHs，其催化活性提高了几个数量级。活性的顺序是 Mn$_4$N – LiH > Mn$_4$N – BaH$_2$ > Mn$_4$N – KH > Mn$_4$N – CaH$_2$ > Mn$_4$N – NaH。在 200 ℃ 和 1.0 MPa 反应条件下，Mn$_4$N – LiH 和 Mn$_4$N – BaH$_2$ 催化剂的氨生成速率分别为 2 250 μmol/(g·h) 和 1 320 μmol/(g·h)。AH 的特点是具有带负电荷的氢原子，具有从 Mn 氮化物中去除 N 的化学势，因此导致 N$_2$ 活化的显著增强和随后转化为 NH$_3$。碱或碱土金属氢化物 AH 和 Mn 氮化物之间双活性中心协同，N$_2$ 先在 Mn$_4$N 上活化（Mn$_4$N + $\frac{1}{2}$N$_2$ ====2Mn$_2$N），随后转移到 AH（2Mn$_2$N + AH + $\frac{1}{2}$H$_2$ ====Mn$_4$N + ANH$_2$），最后加氢生成 NH$_3$（ANH$_2$ + H$_2$ ====NH$_3$ + AH）并脱附释放出来，实现了氨的低温高效合成。随后，团队还以碳纳米管作为载体，制备了一系列不同 Co、Ba 负载量的催化剂，以验证 BaH$_2$ 作为第二活性中心的合成氨性能。在系列催化剂中，活性最高的是 3BaH$_2$ 10% Co/CNTs 催化剂，在 200 ℃ 时活性为 480 μmol/(g·h)。

2020 年，东京工业大学的 Hideo Hosono 团队将 Ni 纳米颗粒负载在氮化镧（LaN）晶体上，得到了一种能够实现稳定且高效合成氨的"双活性位点"催化剂。在 400 ℃ 和 0.1 MPa 条件下，Ni（5 wt%）/LaN 的合成氨速率为 2 400 μmol/(g·h)，NH$_3$ 出口浓度为 0.16 vol%；Ni（12.5 wt%）/LaN 的合成氨速率为 5 543 μmol/(g·h)，NH$_3$ 出口浓度为 0.37 vol%，更接近该条件下的热力学平衡浓度（0.45 vol%）。在 Ni/LaN 催化剂上，H$_2$ 和 N$_2$ 在空间上分离的不同活性位点上进行活化，其中 H$_2$ 由负载在 LaN 上的 Ni 活化，而 N$_2$ 与 LaN 上容易形成的氮空位结合并活化。利用不同的位点活化两种不同的反应物，二者之间协同作用，使得这种新催化剂展现出的活性远远超过传统的 Co 基和 Ni 基催化剂，与高活性的 Ru 基催化剂相当。

福州大学的江莉龙团队和厦门大学的谢素原团队通过将 C60（强的 H 结合）锚定到过渡金属（较强 N 结合的 Mo 和 Ru 金属）上形成团簇 – 基体共促

合成氨催化剂 TMs – C60 催化剂。研究发现，由于 C60 的引入，负载型过渡金属催化剂的活性均呈现出显著的提升作用，合成氨速率提高 1.6 ~ 4.5 倍。研究表明，C60 作为"电子缓冲器"能够可逆地储存和释放电子，平衡过渡金属位点的电子密度。C60 团簇可以作为 H_2 的吸附、储存、活化和溢流的功能性位点，能够有效地抑制强氢吸附导致的"氢中毒效应"，从而使得 Ru 基催化剂在氧化物等各类载体上均能够有效地避免"氢中毒"现象。在此基础上，江莉龙团队与细野秀雄教授等合作，开发了一种新型非贵金属催化剂 M/Mo_2CT_x（其中 T_x 表示 O、F 或 OH 基团，M 表示非贵金属 Co、Ni 和 Re）。该催化体系利用双活性位点与氢溢流相结合的策略，在温和条件下实现高效的 NH_3 合成，在 400 ℃ 和 1 MPa 时，Re/Mo_2CT_x 和 Ni/Mo_2CT_x 的 NH_3 合成速率分别达到 22.4 mmol/（g·h）和 21.5 mmol/（g·h）。实验和理论研究结果表明，Mo_2CT_x 上的 Mo^{4+} 具有很强的 N_2 活化能力。因此，速控步骤从传统的 N_2 解离转变为 NH_2^* 形成。非贵金属主要负责 H_2 活化，活化后的氢通过溢流效应迁移到 Mo_2CT_x 表面，促进氮加氢反应和 NH_3 的脱附。在双活性位点和氢溢流的协同作用下，非贵金属协助的 Mo_2CT_x 催化剂绕过了合成氨限制性关系和"氢中毒"的障碍，实现了温和条件下 NH_3 的高效合成。

上海交通大学的张礼知团队研究发现 $TiO_{2-x}H_y$ 催化剂实现了全新的强 – 强 N 吸附对反常制约关系的突破。同位素标记和原位 DRIFTS 结果表明，$TiO_{2-x}D_y/Fe$ 中氘（D）原子参与了氨的生成。XPS 和动力学结果也表明，$TiO_{2-x}H_y$ 是催化中心，与 Fe 中心共同作用，高效生成氨。通过非化学计量比 x 值调控以及同位素 D 取代样品的电子顺磁共振（EPR）温度依赖测试等一系列实验，团队最终确定了一个新的第二活性中心——载氢氧空位（O_V—H）位点。多次升温 – 降温循环 H_2 – TPR 以及合成氨标准稳定性测试也表明，O_V—H 具有稳定的氢释放和氢溢流的循环能力。$TiO_{2-x}H_y$ 催化剂上进行的合成氨反应、N_2 的活化和加氢是在不同的活性中心上完成的。N_2 和 H_2 的活化是在 Fe 活性位点上完成的。由于 $TiO_{2-x}H_y$ 比 Fe 对 N 元素具有更高的亲和性，解离后的 N 原子倾向于通过 $Fe – TiO_{2-x}H_y$ 界面氧空位克服低能垒溢流到 O_V—H 位点。在 O_V—H 位点上与溢流 H 加氢生成 O_V—NH，随后进一步加氢生成 O_V—NH_3，进而脱附得到产物 NH_3 分子，释放出氧空位 O_V。随后，催化剂表面的 O_V 能够通过氢溢流再次补充氢原子，重新形成载氢氧空位 O_V—H，实现催化循环，也可能通过另外一种途径得到溢流 N 而生成 O_V—N，O_V – N 能被溢流氢加氢生成氨。

2. 载体的作用

N_2 由两个氮原子组成，氮的电子构型为 $1s^2 2s^2 2p^3$，两个氮原子总共有 10 个价电子和 8 个分子轨道。根据能量最小原理，$\sigma 2s$ 和 $\sigma^* 2s$ 轨道各充满一对成键电子，其余 6 个电子分别充满 $\pi 2p$、$\sigma 2p$ 轨道。分子轨道中 3 个成键轨道填满了 6 个电子，而反键轨道 $\pi^* 2p$ 和 $\sigma^* 2p$ 全空，6 个成键轨道没有反键轨道电子可以抵消，形成了三键，极为稳定。如果要降低 N_2 分子的键极，则必须向其中注入电子。注入电子后，N_2 会带负电，这个电子必然会进入 $\pi^* 2p$ 反键轨道，因为成键轨道已经充满了电子。反键轨道进入电子后会抵消成键轨道电子的成键作用。

当过渡金属单独用作催化剂时，反应过程中其容易团聚而失活。载体是一个有效的解决方案，一方面可以为过渡金属提供附着位点，并防止催化剂团聚；另一方面可以有效增大催化剂的比表面积，提高催化活性。最近，有些新型功能载体不仅仅起到对活性组分（过渡金属）的分散和稳定作用，甚至可以改变过渡金属催化剂的电子结构，通过连续为过渡金属提供电子，不仅可以加速 N_2 的活化，还可以改变反应路径，降低反应活化能。下面我们简要介绍一些近年来具有代表性的合成氨催化剂载体，如稀土氧化物、碳材料、金属氢化物、电子化学物和氮化物等。

2010 年，胡斌团队采用柠檬酸法合成了 $BaCeO_3$ 和掺杂 Y^{3+} 的 $BaCe_{0.9}Y_{0.1}O_{3-\delta}$ 复合氧化物，并以其为载体制备了负载型 Ru 基合成氨催化剂 $Ru/BaCeO_3$ 和 $Ru/BaCe_{0.9}Y_{0.1}O_{3-\delta}$。结果表明，载体 $BaCeO_3$ 的稳定性优于 $BaCe_{0.9}Y_{0.1}O_{3-\delta}$，但 $Ru/BaCe_{0.9}Y_{0.1}O_{3-\delta}$ 催化剂的合成氨活性明显高于 $Ru/BaCeO_3$。在 3.0 MPa、15 000 h^{-1}、425 ℃下反应时，$Ru/BaCe_{0.9}Y_{0.1}O_{3-\delta}$ 催化剂上的合成氨反应速率达到 432.5 mL/(g·h)，是 $Ru/BaCeO_3$ 催化剂的 1.6 倍。这种活性和稳定性的显著差异来自载体中 Ce^{4+} 与 Ru 纳米粒子间的电子作用。

2013 年，福州大学的 Wang 等制备了一种钙钛矿型 $BaTiO_3$ 负载的 Ru 催化剂 $Ru/BaTiO_3$，该催化剂表现出优异的合成氨活性。反应温度为 425 ℃时，使用该催化剂可在 100 h 内以 19.36 mmol/(g·h) 的最大速率连续产生氨。表征结果表明，该催化剂具有高活性的原因有两点：一是载体 $BaTiO_3$ 的强碱性，二是部分还原的载体与 Ru 之间的强金属 – 载体相互作用（SMSI）。SMSI 效应可以很容易地将电子从载体转移到 Ru 颗粒表面，能够促进 N_2 的解离，并大大提升合成氨的活性。不同载体 TiO_2、MgO、Al_2O_3、CeO_2 和 $BaTiO_3$ 的 CO_2 -TPD 实验结果显示，在 320~550 K 的温度范围内，只有少量 CO_2 从 TiO_2 和 Al_2O_3 表面解吸，表明这些载体上存在弱碱位点。然而，对于 $BaTiO_3$，在 374 K、387 K、861 K 和 1 021 K 处出现了四个不同的解吸峰，表明 $BaTiO_3$ 载体表面同时存在弱碱位点和强碱位点。与 CeO_2 和 MgO 解吸峰的数量相比，$BaTiO_3$ 载体表面的碱性位点数量更高。这充分说明 $BaTiO_3$ 是一种强碱性载体，具有出色的电子给予能力。随后，该团队还制备了低温合成氨高活性的 $Ru/BaZrO_3$ 催化剂，在 400 ℃和 3.0 MPa 条件下，流出物中氨浓度为 6.36%，远高于在类似条件下负载在 MgO、ZrO_2、CeO_2 和碳材料载体上的 Ru 催化剂。该催化剂高活性的原因主要是：Ru 粒子的最佳尺寸具有更多的 B5 位点，$BaZrO_3$ 载体的强电子给予能力和 SMSI 效应为电子转移提供了有效的通道。此外，H_2 在该催化剂表面的吸附受到抑制，避免了 Ru 催化剂的氢中毒，使得可供 N_2 活化的有效活性位点的数目增加。

Ogura 等制备了一种在高温预先还原的以镧系金属氧化物为载体的 $Ru/La_{0.5}Ce_{0.5}O_{1.75}$ 催化剂，该催化剂在温和条件下展现出极高的合成氨性能。$Ru/La_{0.5}Ce_{0.5}O_{1.75}$ -650red 催化剂（650 ℃还原）在反应温度为 350 ℃与压力分别为 0.1 MPa、1.0 MPa 和 3.0 MPa 条件下，合成氨的速率分别为 13.4、31.3 和 44.4 mmol/(g·h)。该催化剂在 1.0 MPa 下的合成氨速率是 $Cs^+/Ru/MgO$ -500red［速率为 4.1 mmol/(g·h)］的 7.6 倍，是 Ru/La_2O_3 -500red［速率为 10.8 mmol/(g·h)］的 2.9 倍，是 Ru/CeO_2 -500red［速率为 17.2 mmol/(g·h)］的 1.8 倍。动力学分析显示，H_2 反应级数相对较正（$\gamma = 0.15$），表明该催化剂在反应条件下没有氢中毒。电子能量损失谱结合 O_2 吸收容量测量结果表明，还原后的催化剂由细小的 Ru 纳米颗粒（平均直径 <2.0 nm）构成，这些纳米颗粒被部分还原的 $La_{0.5}Ce_{0.5}O_{1.75}$ 覆盖，形成强烈的金属 - 载体相互作用。研究表明，在 $Ru/La_{0.5}Ce_{0.5}O_{1.75}$ -650red 催化剂上的合成氨反应中，电子从氧化物载体转移到过渡金属 Ru，然后再继续转移到 N_2 分子的 π 反键轨道上，通过直接作用促进 N≡N 键的断裂。反应中的电子是由 Ce^{4+} 还原为 Ce^{3+} 并形成氧空位产生的，部分还原的载体富含大量电子，因此它可以连续为 N≡N 键的断裂提供电子。

在上述实例中，气氛预处理、高温预还原等操作都有助于形成更多的活性位点，因此在探索高效合成氨催化剂时，预处理条件与合成方法同样值得我们注意。

福州大学的江莉龙课题组发现通过 CO 预处理，可以制备高还原性和高暴露度的 Ru/CeO_2 催化剂。CO 预处理还导致 Ce^{3+}、氧空位和活性氧的浓度显著增加。DRIFTS、XPS 和拉曼研究的结果表明，部分还原的二氧化铈和氧空位的演化将导致富电子 $Ru^{\delta-}$ 物种和 $Ru^{\delta-}—O_V—Ce^{3+}$ 位点的形成，从而促进 N_2 的解离。Ru/CeO_2 催化机制可分为三步：第一步，电子从部分还原的 CeO_2 和氧空位转移到催化剂表面的过渡金属 Ru 上。第二步，富电子的 $Ru^{\delta-}$ 物种给电子到 N_2 的反键轨道上，削弱 N≡N 键，同时伴随着 H_2 在 Ru 表面解离吸附。第三步，Ru 表面的 N 原子与相邻的 H 原子加氢反应生成氨。D/H 交换和 TPSR 实验表明，Ru 催化剂上吸附的氢与气相的氢存在动态交换。在 CO 活化的 Ru 催化剂上存在大量的活性氧可以帮助去除 Ru 位上的多余氢，从而释放出用于吸附/解离 N_2 和合成氨的活性位点。Ru/CeO_2 催化剂被 CO 活化后显著提高了合成氨的催化活性，大约提高了 2 倍，并且减轻了 Ru 催化剂氢中毒的不利影响。该团队还研究了不同形态的 CeO_2 载体对 Co 基催化剂的影响。研究发现，无论是多面体、纳米棒还是六边形的 CeO_2 载体制备的 Co/CeO_2 催化剂，都可以将部分 Co 引入 CeO_2 晶格中，形成新的 Co—O 键，但是，CeO_2 的形貌对钴氧化物和 CeO_2 的还原皆有影响。多面体 Co/CeO_2 催化剂由于含有更高的 Ce^{3+} 浓度和较低的 Co 结合能，其催化合成氨反应速率最高。2022 年，江莉龙课题组成员报告了一种通过引入氧化硅调节 Ru/CeO_2 催化剂氢吸附性质以提高其氨合成性能的有效策略，打破了 Si 物质不是理想合成氨催化剂组分的传统认识。在 Ru/CeO_2 催化剂中引入 SiO_2 可将合成氨催化活性提高 34% 以上（反应温度为 400 ℃），并且合成氨的活化能为 59 kJ/mol，远远低于以单一氧化物为载体的 Ru/CeO_2（75 kJ/mol）和 Ru/SiO_2（110 kJ/mol）的合成氨反应活化能。该催化剂具有低温高活性的原因：一方面，Ru/Ce – Si 中大部分的 Si 物种以硅烷醇基团的形式存在，提高了被氧包围的 Ru 组分的含量。另一方面，带有 SiO_2 的 Ru/CeO_2 催化剂吸附了更多的氢物种，加速氢物种的解吸和交换，促进了后续的加氢反应。

Sato 等报道了一种没有任何助催化剂的 Ru/Pr_2O_3 催化剂，可以在温和条件下高效合成氨。在 390 ℃ 和 0.9 MPa 条件下，Ru/Pr_2O_3 的合成氨速率约为 15.2 mmol/(g·h)，约为 Ru/CeO_2 合成氨速率 [7.4 mmol/(g·h)] 的 2 倍，是 Ru/MgO 合成氨速率的 10 倍 [1.5 mmol/(g·h)]。扫描透射电子显微照片观察和能量色散 X 射线分析揭示了 Pr_2O_3 表面的过渡金属 Ru 是一种不寻常形式的低级结晶纳米层，其特殊的结构组成有助于 N_2 分子的活化。此外，CO_2 – TPD 结果表明，催化剂是强碱性的。这些独特的结构和电子特性被认为协同加速了 NH_3 合成的速控步骤，即 $N\equiv N$ 键的解离。

中国科学院大连化学物理研究所的陈萍团队和厦门大学的吴安安团队合作，以稀土氧化物 Sm_2O_3 为载体，成功地制备了新型 Ru 团簇/Sm_2O_3 合成氨催化剂。研究发现，该催化剂在温和反应条件下具有高催化活性和良好的稳定性，在 400 ℃、1.0 MPa 条件下，合成氨催化活性达到 32.2 mmol/(g·h)。实验和理论计算结果表明，Ru/Sm_2O_3 的催化活性与催化剂表面氢物种（Sm – H）的形成密切相关，Sm – H 不仅能与 Ru 团簇协同降低 N_2 解离的能垒，还能直接参与 Ru 团簇上氨的形成。Sm – H 和 Ru 团簇的协同作用提高了相对于 Ru 团簇的活性，在 400 ℃时，氨产率高达热力学平衡值的 90.1% ~ 100%。

近年来，人们开发了各种金属氢化物材料作为催化剂或促进剂，如 LiH(BaH_2) – Co、Li(BaH_2) – Ni、LiH(KH，BaH) – Mn_4N、Ru/BaO – CaH_2、Ru/CaH_2、TiH_2 和 VH_x，都表现出很高的合成氨活性。过渡金属 Mn、Fe 和 Co 等添加碱（土）金属氢化物如 LiH、NaH、KH 和 BaH_2 后，合成氨活性增加 2 ~ 4 个数量级，表观活化能降低到 40 ~ 60 kJ/mol，远远低于传统的过渡金属负载型催化剂。前面在双活性中心部分也介绍过，这类催化剂具有不同于传统合成氨催化剂的作用机制（单一活性中心），过渡金属是第一活性中心，负责活化 N_2；金属氢化物作为从过渡金属中提取氮物种的第二催化中心。在反应时，晶格氢化物（H^-）与氮原子结合，形成 NH_x 物种，然后释放的 e^- 被阴离子空位捕获。电子与金属表面氢原子结合，重新形成晶格 H^-，为氢溢出提供了良好的途径，大大抵制了催化剂表面的氢中毒，从而进一步提高了催化剂活性。最近，Chang 等报道了一种无过渡金属催化剂 $KH_{0.19}C_{24}$，该催化剂可以在温和的条件下实现 N_2 的活化。氨的生成遵循缔合机制，其中吸附的 N_2 首先氢化，随后 $N\equiv N$ 键解离（第一个 NH_3 分子形成时）。Hattori 等将 CaH_2、BaO 和 Ru 粉末简单地混合后加热，成功制备了低温合成氨催化剂 Ru/BaO – CaH_2。该催化剂在低温下表现出优异的催化活性，活化能仅为 41 kJ/mol。在 340 ℃ 和 0.1 MPa 条件下，氨的合成速率约为 12 mmol/(g·h)。BaO – CaH_2 是一种稳定且具有强供电子能力的材料，它可以迅速将 e^- 转移到 Ru 上，然后促进 N_2 解离。此外，BaO – CaH_2 可以可逆地储存氢和释放氢，导致阴离子空位的形成，提高电子捕获能力并抑制氢中毒。N_2 和 H_2 在过渡金属 Ru 表面解离，分别形成 N 原子和 H 原子。晶格 H$^-$ 从 BaO – CaH$_2$ 的两相中释放出来，并与 Ru 表面的 N 原子结合，形成 NH$_x$ 物种，电子被释放回阴离子空位。阴离子空位捕获 Ru 表面氢原子，并与 e$^-$ 结合形成 H$^-$。这种可逆的氢储存和释放加速了 N≡N 键的解离，抑制了 Ru 表面氢中毒，提供了有效的氢溢出途径，并提高了 Ru/BaO – CaH$_2$ 合成氨催化剂的催化活性。

电子化合物是一种以电子作为阴离子的特殊离子晶体材料，其中作为阴离子的电子可以相对自由地扩散，在一定条件下也容易脱离化合物，因此电子化合物表现出很好的导电性，也可看作较强的还原剂。2003 年，日本东京工业大学的细野秀雄课题组首次合成了稳定的无机电子化合物材料 $[Ca_{24}Al_{28}O_{64}]^{4+}(4e^-)$，一般简写为 C12A7：e$^-$。该材料脱胎于水泥的主要成分之一——钙铝石（12CaO · 7Al$_2$O$_3$，简写为 C12A7）。Ca$_{12}$Al$_{14}$O$_{33}$ 的晶体结构主要由 12 个钙离子、14 个铝离子和 33 个氧离子组成，形成了一个笼状结构，其化学式可表示为 $[Ca_{24}Al_{28}O_{64}]^{4+}(O^{2-})_2$，晶胞的骨架带正电荷，被 2 个 O^{2-} 负离子中和，使晶胞整体呈电中性。最终组成的笼子上有约 0.1 nm 的开口，可以允许 O^{2-} 被其他阴离子取代（如 OH$^-$、F$^-$、Cl$^-$、O$_2^-$ 和 O$^-$）。经过适当的处理，带电荷的 2 个 O^{2-} 会被诱导转化为 O$_2$ 分子或者其他化合物而离开骨架，同时留下 4 个电子，此时，Ca$_{12}$Al$_{14}$O$_{33}$ 转化为电子化合物，由于晶胞中 CaO 和 Al$_2$O$_3$ 的化学计量比为 12：7，该电子化合物的化学式可简写为 C12A7：e$^-$。

2012 年，细野秀雄团队应用电子化合物 $[Ca_{24}Al_{28}O_{64}]^{4+}(e^-)_4$ 作载体，有效地增加了 Ru 的表面电子密度，从而提高了低压下的合成氨反应性能。结果表明，虽然 Ru/C12A7：e$^-$ 的比表面积仅有 1 m^2/g，Ru 的颗粒大小（~40 nm）也远高于其他纳米 Ru 催化剂，但其反应活性超越了商用的 Ru – Cs/MgO，转化频率高达商用催化剂的 60 ~ 70 倍。C12A7：e$^-$ 具有特殊的结构，允许可逆的氢气储存和释放，有效地抑制了合成氨反应过程中 Ru 催化剂的氢中毒。在反应过程中，N$_2$ 和 H$_2$ 分别吸附在过渡金属 Ru 的表面，C12A7：e$^-$ 充当强电子供体，笼中的 e$^-$ 在加热条件下可以突破笼壁并传递到 N≡N 键，从而削弱 N≡N 键并进一步促进 N≡N 键解离。同时，H$_2$ 在 Ru 表面解离成 H 原子，然后溢出到 C12A7：e$^-$ 笼中，并与电子结合，形成晶格 H$^-$ 阴离子。然后，笼中的晶格 H$^-$ 阴离子流向表面，与 N 原子结合形成 NH，再依次加氢生成 NH$_2$ 和 NH$_3$，最后生成的 NH$_3$ 脱附，离开催化剂表面并将电子释放回笼中。TPD 实验和 DFT 计算对比说明，Ru/C12A7：e$^-$ 催化剂上 N$_2$ 的解离吸附速率被大大促进，该步骤的活化能由 104 kJ/mol 大幅降低至 29 kJ/mol。因此，整个反应的速控步骤不再是 N_2 的解离吸附，而是 $N—H_x$ 的形成。Ru/C12A7：e^- 上 H_2 的反应级数为 0.97，催化剂活性与反应压力成正相关。研究表明，这个优点源于 C12A7：e^- 中表面"笼"的存在，笼可以快速可逆地存储 – 释放溢流的 H。Ru 上活化的 H 经过氢溢流转移到笼中形成 H^-，能够快速分散 Ru 上的 H，从而消除 H 的毒化。另外，这部分 H^- 又能够迅速地可逆释放，从而保证了表面有丰富的电子促进 Ru 解离 N_2。

沿着这个思路，细野秀雄教授和他的合作者又合成了几种新型的无机电子化合物，如 Ca_2N：e^-、$[Y_5Si_3]^{0.79+}$：0.79e^-、LaScSi、LnH_2（Ln = La、Ce 或 Y）。这些化合物具有同样的强供电子能力和快速储存 – 释放 H 原子的能力，在它们负载 Ru 之后都表现出类似于 Ru/C12A7：e^- 的优异合成氨催化性能。

2016 年，Kitano 等制备了一种二维电子化合物 Ca_2N：e^- 负载的 Ru 纳米颗粒催化剂 Ru/Ca_2N：e^-，在低至 200 ℃ 的温度下表现出高效和稳定的催化活性。与其他几种催化剂 Ru – Cs/MgO、Ru/CaNH、Ru/CaH_2 和 Ru/C12A7：e^- 相比，该催化剂具有最高的合成氨活性。在 340 ℃ 下，氨的合成速率约为 3.5 mmol/(g·h)。较低的活化能是 Ru/Ca_2N：e^- 高活性的原因之一，其表观活化能约为 60 kJ/mol，仅为 Ru – Cs/MgO 的一半，而 Ru/CaNH 和 Ru/C12A7：e^- 的活化能分别为 110 kJ/mol 和 91 kJ/mol。动力学实验表明，Ru/Ca_2N：e^- 的 N_2 反应级数 $\alpha = 0.53$，而传统的催化剂的 N_2 反应级数在 0.8 到 1 之间。这意味着吸附在 Ru/Ca_2N：e^- 表面的 N 原子种类的密度大于其他催化剂的密度。此外，Ru/Ca_2N：e^- 具有更正的 H_2 反应级数，$\beta = 0.79$，它远高于其他催化剂，如 Ru/CaNH（$\beta = -0.19$）、Ru – Cs/MgO（$\beta < 0$）。这表明 Ru/Ca_2N：e^- 表面合成氨活性不受氢吸附的抑制，说明氢中毒被有效抑制了。

反应通过以下三个主要步骤进行：

第一步，H_2 解离并吸附在 Ru 表面形成吸附的 H 原子，Ru/Ca_2N：e^- 中的阴离子电子从本体相中溢出，与吸附的 H 原子反应并形成 H^-，随后转化为 Ca_2NH（$[Ca_2N]^+e^- + H \longrightarrow [Ca_2N]^+H^-$）。

第二步，Ca_2NH 和 Ca_2N：e^- 通过可逆氢交换反应达到动态平衡，形成非化学计量 $[Ca_2N]^+e^-_{1-x}H^-_x$ 而不是化学计量 Ca_2NH。

第三步，$[Ca_2N]^+e^-_{1-x}H^-_x$ 具有低功函数，促进吸附在 Ru 表面的 N_2 分子的裂解，并且 N 原子倾向于与 H^- 阴离子在体相中形成氨和阴离子电子（氢空位）。这种特殊的反应机制与其他催化剂的反应机制截然不同。

氮氧化物（oxynitride）具有与金属氢化物相似的性质，因为它们的晶格阴离子可以从本体相中溢出，与氮或氢原子结合形成 NH_3。因此，它提供了良好的氢溢出途径，从而可以大大减少反应过程中活性组分的氢中毒现象，提高反应活性。

2019 年，Kitano 等通过在 300 ℃ ~ 600 ℃ 下将 CeO_2 和 $Ba(NH_2)_2$ 简单混合反应，获得了一种新型钙钛矿氮氧化物氢化物 $BaCeO_{3-x}N_yH_z$ 催化剂。该催化剂合成氨依托晶格 N^{3-} 和 H^- 参与的 Mars - van Krevelen 机理，活化能从传统催化剂的 85 ~ 121 kJ/mol 降低到 46 ~ 62 kJ/mol，独特的反应机理导致 $BaCeO_3$ 基催化剂的活性提高了 218 倍。$BaCeO_{3-x}N_yH_z$ 催化剂合成氨有两种反应机制，它们都遵循 Mars - van Krevelen 反应机制。第一种机制：首先晶格 N^{3-} 与晶格 H^- 或过渡金属表面解离的氢原子反应形成 NH_3，同时释放电子回到阴离子空位（Va）；在过渡金属和具有 Va 的载体表面之间，N≡N 键解离变得容易，解离的 N 原子形成晶格 N^{3-}，完成催化循环。第二种机制：N_2 分子在 Va 处被激活，然后与晶格 H^- 反应形成 NNH 物质，再依次加氢逐渐破坏 N≡N 键，形成 NNH_3。生成氨后，将电子释放回 Va，电子与在过渡金属表面解离的 N 原子和 H 原子在 Va 中反应，形成晶格 N^{3-} 和 H^-。

Tang 等报道了一种 $ATiO_{3-x}H_x$（A = Ba、Sr、Ca）合成氨催化剂。合成氨催化活性随着氢含量的增加而增加，$Ru/BaTiO_{2.5}H_{0.5}$ 在氢含量为 0.5 时表现出最高的合成氨活性。对于过渡金属 Fe，将载体从氧化物（$BaTiO_3$）转换为氢氧化物（$BaTiO_{2.35}H_{0.65}$）会导致活性提高 69 倍 [从 0.2 mmol/(g·h) 变为 14 mmol/(g·h)]。对于过渡金属 Co，与 $Co/BaTiO_3$ 相比，$Co/BaTiO_{2.37}H_{0.63}$ 活性增加了 392 倍 [从 0.014 mmol/(g·h) 变为 5.5 mmol/(g·h)]。与 $Ru/BaTiO_3$ 相比，$Ru/BaTiO_{2.5}H_{0.5}$ 的活性提高了 6 倍 [从 4.1 mmol/(g·h) 变为 28.2 mmol/(g·h)]。令人惊讶的是，当负载 Ru 时，反应是通过 Mars - van Krevelen 机制进行的，而当负载 Fe 和 Co 时，反应是通过电子给予方式进行的。与 $BaTiO_3$ 相比，这两种反应机制都在一定程度上提高了合成氨活性。当负载过渡金属 Fe、Co 时，经过动力学测试和分析，反应活化能和 N_2 反应级数较低，$Fe/BaTiO_{2.4}H_{0.6}$ 的活化能约为 72 kJ/mol，N_2 反应级数 $\alpha = 0.5$，表明反应的速控步骤不再是 N_2 的解离吸附。这归因于 $BaTiO_{3-x}H_x$ 载体强大的电子供体能力，它可以将电子快速转移到过渡金属 Fe、Co，然后转移到 N_2 分子，从而削弱 N≡N 键的强度。

7.5.2 电催化合成氨

合成氨工业是现代化工和国民经济的重要支柱，传统的哈伯－博施法每年消耗全球 1%～2% 的能源，同时排放全球近 2% 的二氧化碳。与此不同，电催化合成氨通常以氮气和水（氢气源）为原料，降低了哈伯－博施工艺对化石燃料的依赖且没有 CO_2 的排放。另外，电催化合成氨借助可再生的电能，如风电、光电和水电等绿色能源，驱动氮气分子的活化，还可以突破热催化合成氨在热力学上的限制，具有低工作压力、低能耗、清洁无污染等优点。

电催化合成氨体系中最常用的电解质是水溶液。电解质中移动电荷载体通常是质子（H^+）、氢氧根离子（OH^-）、氧离子（O^{2-}）和氮离子（N^{3-}）。

电催化合成氨的总反应方程式为

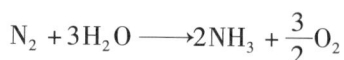

$$N_2 + 3H_2O \longrightarrow 2NH_3 + \frac{3}{2}O_2$$

不同溶液环境中所发生的阴、阳极反应略有不同，下面是酸性及碱性环境的电极反应。

酸性环境的阳极和阴极反应：

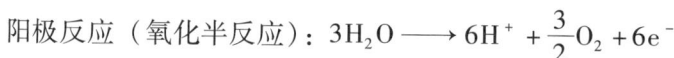

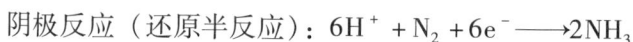

阳极反应（氧化半反应）：$3H_2O \longrightarrow 6H^+ + \frac{3}{2}O_2 + 6e^-$

阴极反应（还原半反应）：$6H^+ + N_2 + 6e^- \longrightarrow 2NH_3$

碱性环境的阳极和阴极反应：

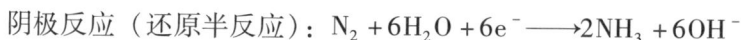

阳极反应（氧化半反应）：$6OH^- \longrightarrow \frac{3}{2}O_2 + 6e^- + 3H_2O$

阴极反应（还原半反应）：$N_2 + 6H_2O + 6e^- \longrightarrow 2NH_3 + 6OH^-$

无论是在酸性环境还是碱性环境下，氨的生成都是在阴极完成的。电催化合成氨的阴极反应示意图如图 7-4 所示。由图 7-4 可见，阴极反应主要由三个步骤组成：第一步是 N_2 的溶解和扩散；第二步是扩散到电极表面的 N_2 的吸附、活化和加氢过程；第三步是生成的 NH_3 的脱附和扩散，完成催化循环。

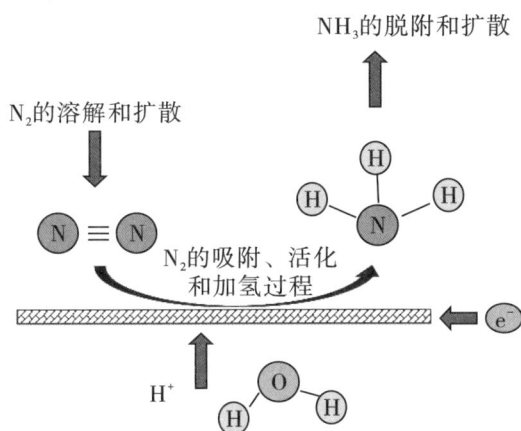

图 7-4 电催化合成氨阴极界面反应过程

电催化合成氨面临的最大挑战是第一步的 N_2 的溶解和扩散与第二步的 N_2 的吸附和活化。由于在常温常压下，N_2 在水中的溶解度较低（约 0.66 mmol/L），N_2 的溶解和扩散对整体合成氨的速率影响非常大。一般来说，电催化过程的重要影响因素主要是电催化剂与电化学操作环境和系统。电催化剂对于氨生产和 N_2 的解离至关重要，目前研究工作的主要重点是催化剂设计和性能优化，以提高法拉第效率（FE）。电化学操作环境和系统主要包括溶剂效应、电解质组成、pH 值等变量。我们在这里简要介绍一些近期电催化剂的研究进展。

由于氮气的吸附和活化极为困难，且存在析氢反应（HER）作为主要的竞争反应，氮气还原反应（NRR）电催化剂的产氨速率和法拉第效率都相对较低。因此，亟须开发能够有效吸附和活化氮气，同时能够抑制 HER 的高效 NRR 电催化剂。

武刚等使用富含氮、碳的 ZIF-8 为前驱体，通过对其在不同温度下进行热处理，制备出含有缺陷的氮掺杂碳催化剂。该催化剂显示了优异的电催化合成氨活性，其中最优的催化剂在碱性电解质中，常温常压下 NH_3 产率达到 3.4×10^{-6} mol/(cm^2·h)，法拉第效率达 10.2%（-0.3 V vs. RHE）。研究还发现，合成氨的产率随反应温度升高而增加，反应温度达到 60 ℃ 时，氨产率提高到 7.3×10^{-6} mol/(cm^2·h)。

2018 年，北京化工大学的孙振宇等通过在 N 掺杂多孔碳中锚定单原子 Ru 位点，制备了一种高效电化学合成氨催化剂 Ru@ZrO$_2$/NC。该催化剂在

-0.21 V下可获得较高的 NH_3 产率 $[3.665\ mg_{NH_3}/(h\cdot mg_{Ru})]$。加入 ZrO_2 后，催化剂可在较低的过电位下（0.17 V）将合成氨的法拉第效率提高到 21%。实验结果表明，具有氧空位的 Ru 位点是主要的活性中心，Ru 活性位点可稳定中间体 $^*NNH$、减弱 $^*H$ 吸附（抑制析氢反应）和增强 N_2 吸附，从而提升了将 N_2 电还原转化成 NH_3 的催化活性。

华南理工大学的王海辉团队采用非金属元素磷构筑了类磷烯结构的黑磷纳米片（FL - BP NSs），可以实现高效电化学合成氨。常温常压下，氨产率可达 31.37 $\mu g/(h\cdot mg)$。

余桂华等设计了一种新型含无定形结构的基于非贵金属类 $Bi_4V_2O_{11}/CeO_2$ 的复合电催化剂。无定形的 $Bi_4V_2O_{11}$ 具有多种缺陷结构，为氮还原过程提供了大量的催化反应位点。此外，这两种半导体催化剂可以实现能带错配，促进电荷转移，加速了电催化过程。

2020 年，南洋理工大学的颜清宇课题组通过研究在 p 区元素催化剂 $Bi_4O_5I_2$ 的表面同时引入氧空位（V_O）与表面羟基（—OH）修饰，从而在所制备的 V_O—$Bi_4O_5I_2$—OH 上构筑可以模拟 "π 电子反馈" 的活性位点。该活性位点具有较多的空轨道，可以降低 N_2 质子化形成 $^*NNH$ 的能垒，进而提高其合成氨性能，其法拉第效率最高可达 32.4%。

2022 年，王爽团队以 ZIF - 8 为母体材料，引入三苯基膦（P 源），通过一步法焙烧构筑了 P、N 共掺杂的多孔碳材料（PN - C - ZIF - 8）。该催化剂的氨产率高达 43.39 $\mu g/(h\cdot mg)$，法拉第效率为 16.67%。研究发现，P、N 的掺杂使得 PN - C - ZIF - 8 中的催化活性中心和缺陷的数量明显增多，且在遗传母体 ZIF - 8 具有大的比表面积的同时产生了多级孔结构。随后，团队成员还通过调变 ZIF - 8 和二苯基二硫（S 源）的比例，制备了一系列 ZnS/NC - X（X = 1、2、3 和 4）催化剂。在制备过程中，ZIF - 8 中的 Zn 节点与 S 源反应，生成了 ZnS 纳米粒子，ZIF - 8 中的配体 2 - 甲级咪唑碳化后转变为 N 掺杂的碳载体。当 ZIF - 8 和二苯基二硫的质量比为 1:1 时，制备得到了载体和催化活性中心具有高匹配性的 ZnS/NC - 2 催化剂，该催化剂的氨产率高达 65.60 $\mu g/(h\cdot mg)$，法拉第效率可达 18.52%。

吉林大学的陈志文等系统比较了 TM_2 - C_2N 的双原子催化剂（DAC）与 TM - C_2N 的单原子催化剂（SACs）（TM = Cr、Mn、Fe、Co 和 Ni）的 NRR 性能。结果发现，双原子催化剂 TM_2 - C_2N 比单原子催化剂 TM - C_2N 更适合作为 NRR 的催化剂，这是因为 $TM_2 - C_2N$ 对中间态 NNH^* 的吸附更强，有利于氮气的首次加氢反应。由于 C_2N 孔中的 N 原子具有孤对电子，可将过渡金属原子（Cr、Mn、Fe、Co、Ni）固定在 C_2N 孔中，在热力学和动力学上使其不易扩散，避免了金属原子发生团聚，因而两种催化剂都具有优异的稳定性。$TM_2 - C_2N$ 系列催化剂中，$Mn_2 - C_2N$ 具有最高的催化活性和最低的电位（-0.23 V vs. RHE）。

7.5.3 光催化合成氨

光催化合成氨是以可持续能源光能为反应能源进行常温常压固氮的新兴方法，具有绿色、无污染、反应条件温和等特点，近年逐渐成为合成氨领域的重要方向。光催化合成氨具有特殊的技术优势：可在常温常压下进行，低能耗，低成本；利用的能源为可再生的太阳能；以水作为氢源，而传统的哈伯－博施工艺主要依赖于蒸汽重整甲烷（$CH_4 + 2H_2O \longrightarrow 4H_2 + CO_2$）或者水煤气变换（$CO + H_2O \Longrightarrow CO_2 + H_2$）产生的 H_2，每年产生大量的 CO_2。传统哈伯—博施工艺中的惰性氮分子需要高压和高温才能突破 $N\equiv N$ 键的能垒，然而，光催化利用阳光作为温和而有效的驱动源，允许在温和的条件下激活 $N\equiv N$ 键。

光催化合成氨过程主要有 5 个关键步骤：

（1）光子吸收。

（2）光生电子 - 空穴分离与迁移。

（3）N_2 的化学吸附。

（4）N_2 的还原。

（5）NH_3 的脱附。

光催化效率主要由上述 5 个步骤相应的效率共同决定。

光催化合成氨主要依靠光催化剂的吸收光能力及光生电子和空穴的氧化还原能力来影响合成氨性能，这与半导体的能带结构相关。半导体催化剂的能带结构主要由导带（CB）、价带（VB）和禁带（Eg）组成。当光催化剂受到光激发后，价带电子吸收光子能量激发跃迁进入导带，从而价带位置留下大量带正电的空穴（h^+）。电子 - 空穴分离后会在半导体内部发生迁移，迁移过程中一些电子和空穴会彼此重新结合，一部分会迁移至催化剂表面，并与 N_2 和 H_2O 发生氧化还原反应。

近年来，光催化合成氨过程中被广泛运用的催化剂主要有金属氧化物（如

TiO_2、ZnO、Fe_2O_3、WO_{3x}、Ga_2O_3 和 BiO 等）、金属硫化物（CdS、$Cd_{0.5}Zn_{0.5}S$ 和 MoS_2 等）、卤氧化铋 $BiOX$（$X = Br$、Cl、I）和碳材料（$g - C_3N_4$）等。尽管取得了一定进展，但受到氮气吸附和催化性能等方面的影响，整体合成效率比较低。研究人员尝试用各种策略来提升光催化合成氨的性能，如掺杂、负载、异质结、选择性晶面暴露、构建缺陷、贵金属沉积、表面功能化与修饰等。

TiO_2 的化学稳定性好且廉价易得，已被广泛用作合成氨的光催化剂，但是单独使用时存在光吸收范围窄、光生电子和空穴复合率高和合成氨量子产率低的缺点。研究人员通过金属掺杂、负载、构建缺陷等方式对 TiO_2 基催化剂进行改性，一定程度上提高了其合成氨的性能。2014 年，Zhao 等人用两步水热法成功制备了具有高度暴露（１０１）面的 Fe 掺杂 TiO_2 纳米颗粒。在乙醇作为清除剂的情况下，光催化合成氨的量子产率可以显著提高到 $18.27 \times 10^{-2}/m^2$，比未改性的 TiO_2 高 3.84 倍。研究发现，TiO_2 表面的低掺杂浓度 Fe^{3+} 通过形成 Fe^{2+} 和 Fe^{4+} 来捕获电子和空穴，从而抑制了光生载流子的复合。不稳定的 Fe^{2+} 和 Fe^{4+} 将电子和空穴转移到 Ti^{4+} 和 OH^- 上，分别生成 Ti^{3+} 和 $\cdot OH$。

北京理工大学的韩庆等以层状 Ti_3SiC_2 为前驱物，通过 H_2O_2 辅助热氧化刻蚀法制备了碳掺杂氧化钛（$C - TiO_x$）多孔纳米片。最优的 $C - TiO_x$ 的 Ti^{3+} 和 Ti^{4+} 比为 72.1%，在可见光下显示了优异的合成氨催化活性，NH_3 的生成速率高达 109.3 $\mu mol/(g \cdot h)$。研究发现，高密度的 Ti^{3+} 位点是 N_2 分子化学吸附和活化的主要中心，合成氨的速率随着 Ti^{3+} 位点浓度的增加而增大。碳掺杂具有双重作用，一方面可以有效地增加 Ti^{3+} 位点浓度，另一方面使得催化剂的吸收边向可见光区红移。

中国科学院理化技术研究所的张铁锐等构筑了一种双金属的负载型催化剂 $AgPt - TiO_2$，来改善加氢过程中的 $^*H$ 供应。在紫外光（350 ± 15 nm）的照射下，$AgPt - TiO_2$ 催化剂的光催化合成 NH_3 速率能达到 38.4 $\mu mol/(g \cdot h)$，显著高于其他对比样品（$Ag - TiO_2$）。理论计算结果表明，相对于 $Ag - TiO_2$，基于 $AgPt - TiO_2$ 的 $^*H$ 获取和 $^*N_2$ 加氢反应能垒都更低一些，证明 Pt 掺入 Ag 晶格中可以有效促进 $^*H$ 的高效获取。

吉林大学的李路团队采用 Mo、Pt 改性 TiO_{2-x} 来构筑 $Mo - TiO_{2-x}$ 催化剂，该催化剂在室温可见光辐照条件下的合成氨速率高达 3 700 $\mu mol/(g \cdot h)$。理论计算表明，N_2 在 TiO_{2-x} 的（１０１）面吸附较弱（$E_{ad} = 0.04$ eV），而 Mo 的掺杂能够显著提高 N_2 的吸附能力（$E_{ad} = -2.02$ eV）。掺杂的 Mo（V）物种附

近的表面氧空位（V_O）为 N_2 活化提供了配位不饱和位点，具有很强的吸附能和优异的电子反向供给能力。表面负载的 Pt 纳米颗粒诱导氢从 Pt 溢流到 V_O，会显著降低氨分子的吸附能，从而促进 NH_3 分子的脱附，并增加自由的 Mo（V）活性位点的浓度和再生速度。此外，Mo 和 Pt 的掺入还协同优化了 TiO_2 的光捕获能力和能带结构，极大地促进了光激发 N_2 还原和 H_2 氧化的能力。

2024 年，中国科学院大连化学物理研究所的陈萍和郭建平团队实现了一种 LiH 介导的光催化合成氨过程。密闭体系合成氨实验中，LiH 的 NH_3 生成速率可达 518 $\mu mol/(g \cdot h)$。研究发现，短暂的紫外光照会导致 LiH 样品发生明显的变色现象，同时伴随着氢气的释放；如果对光照变色后的 LiH 持续通入 H_2，LiH 又会慢慢褪色直至恢复初始状态。固体漫反射紫外-可见光谱和顺磁共振波谱数据表明，LiH 在光照脱氢后，其表面生成了氢空位结构（F 心）。随后的理论计算结果也发现，电子更倾向于分布在氢空位中形成表面 F 心。与传统的光催化剂的光生电子和空穴高复合率不同，LiH 在光照过程中形成的空穴可以氧化负氢并释放出氢，生成氢空位，产生的光生电子则能储存在氢空位中，形成 F 心，从而使表面呈现富电子的状态，实现了光生电子和空穴的高效分离。LiH 的光解能产生氢空位和局域化的"活泼"电子，这为 N_2 的还原提供了有利的环境，有效地增强了光催化合成氨活性。

2015 年，张礼知等利用具有氧空位的层状 BiOBr 纳米片光催化合成氨。在常温常压条件以及没有任何有机清除剂和贵金属助催化剂的情况下，BOB-001-O_V 催化剂的合成氨速率高达 104.2 $\mu mol/(g \cdot h)$。随后，他们通过研究在不同晶面上具有氧空位的 BiOCl 活性，发现不同的晶面上合成氨反应遵循不同的反应机制，其中（0 0 1）面上氧空位的固氮遵循末端机制途径（$N_2 \longrightarrow N-NH_3 \longrightarrow N+NH_3 \longrightarrow 2NH_3$），而（0 1 0）面上的反应遵循交替机制途径（$N_2 \longrightarrow N_2H_3 \longrightarrow N_2H_4$）。研究发现，BiOBr 纳米片（0 0 1）面上的氧空位能够将吸附的 N_2 的 $N\equiv N$ 键键长从 1.078 Å 拉伸到 1.133 Å，有效地促进 N_2 分子的活化。

8　C1 化学催化

C1 化学，全称为"一碳化学"，是一个专注于研究和应用含有单个碳原子分子的化学领域，主要包括但不限于二氧化碳（CO_2）、一氧化碳（CO）、甲醇（CH_3OH）和甲烷（CH_4）等物质的转化与利用。这个领域之所以受到广泛关注，是因为它不仅触及化工、能源和材料等多个行业的核心技术，还在应对全球性环境挑战，如气候变化和资源枯竭方面，扮演着不可或缺的角色。例如，当前世界经济主要依赖石油这一不可再生能源来运转，而且排放出大量的 CO_2 等温室气体及污染物。C1 化学催化技术可以提供一种有效的途径——将大气中的 CO_2 转化为有用化学品和燃料。这种"碳捕获与转化"不仅有助于缓解全球变暖的问题，还为碳循环利用提供了可行方案，推动了循环经济和零碳经济的构建。图 8-1 是几种主要 C1 小分子的来源和相互之间的转化路径示意图。

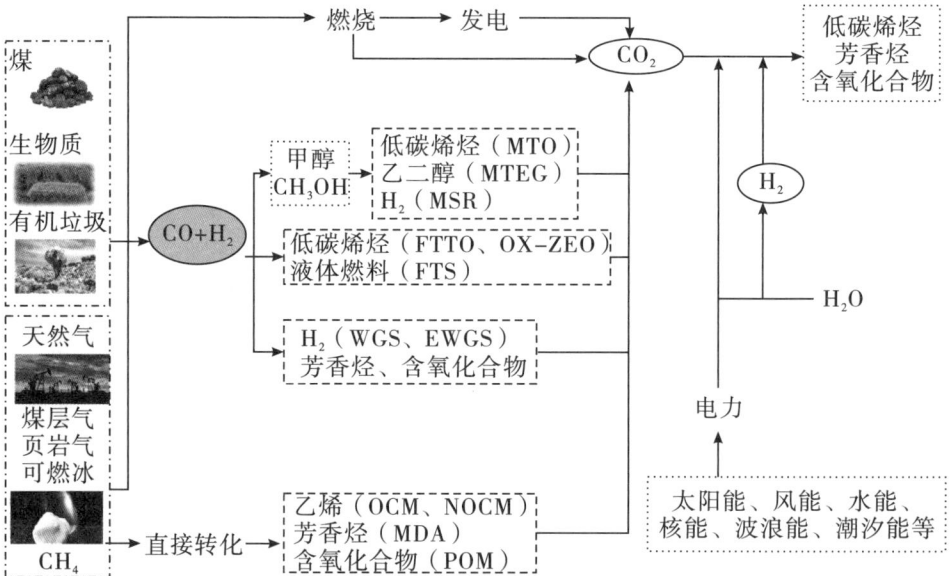

图 8-1　C1 小分子的来源和相互之间的转化路径

由图 8 – 1 可见，通过 C1 化学催化，传统的化石燃料（如石油）可以被更清洁、更可持续的能源所替代。例如，C1 化学催化技术可以将生物质转化为生物燃料，或将太阳能、风能、水能、波浪能和潮汐能等可再生能源产生的电力用于分解水和还原 CO_2，生成 H_2 和 CO 等合成原料，进而合成各种燃料，为能源转型提供了强有力的支持。

8.1　CO 的转化

CO 的高效转化不仅可以减轻环境污染，还能生成一系列高附加值化学品和能源产品（汽油、柴油和航空煤油等）。下面我们主要介绍 CO 转化技术中费托合成、低碳烯烃合成、芳香烃合成和含氧化合物合成等几个方面催化剂的研究进展。

8.1.1　费托合成

费托合成，是一种由德国化学家费舍尔（Fischer）和托罗普施（Tropsch）在 20 世纪 20 年代发明的化学工艺，是以合成气（CO 和 H_2 的混合气）为原料在催化剂及适当条件下合成以液态的烃为主的碳氢化合物的工艺过程。该工艺的核心是利用金属催化剂（通常包括 Fe、Co 和 Ru 等）在高温高压下催化合成气（$CO + H_2$）发生反应，生成各种碳氢化合物，包括轻质油品（汽油、煤油）、重质油品（柴油、润滑油）以及蜡状固体。

费托合成的基本原理是合成气（$CO + H_2$）在催化剂存在下发生以下反应：

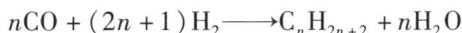

$$n\text{CO} + (2n+1)\text{H}_2 \longrightarrow \text{C}_n\text{H}_{2n+2} + n\text{H}_2\text{O}$$

$$n\text{CO} + 2n\text{H}_2 \longrightarrow \text{C}_n\text{H}_{2n} + n\text{H}_2\text{O}$$

这里，C_nH_{2n+2} 和 C_nH_{2n} 分别代表生成的链状烷烃和烯烃类化合物。实际过程中，除了直链烷烃外，还会产生一定比例的异构体和环状化合物。

根据反应温度的不同，费托合成可分为高温费托和低温费托。高温费托（HTFT）反应温度为 330 ℃ ~ 350 ℃（采用 Fe 基催化剂）。低温费托（LTFT）在较低的温度下运行，使用 Co 基或 Fe 基催化剂。

费托合成催化剂种类较多，常见的主要有 Fe 基和 Co 基催化剂，此外还有 Ni、Ru 和 Rh 等。现在工业上普遍采用的费托合成催化剂主要有 Fe 基和 Co 基催化剂。Fe 基催化剂成本低，具有温度适应范围宽、H_2 和 CO 量比宽等优点，但存在低温（220 ℃）活性低和产物选择性较差的缺点。内蒙古伊泰煤基合成油工业示范项目采用的就是 Fe 基催化剂。Co 基催化剂低温活性高、寿命长、选择性较好，但成本相对较高。2011 年，荷兰皇家壳牌公司在卡塔尔正式投产的 Pearl GTL 项目采用的就是 Co 基催化剂。

针对上述问题，如何能够利用 Fe 基和 Co 基催化剂两者的优点，设计并构筑低成本、高性能的 Fe - Co 双金属费托合成催化剂成为研究者关注的热点。

2017 年，北京大学的侯仰龙和马丁等利用二次生长的方式构建了新型的双功能 Fe_5C_2/Co 催化剂，Co 的负载量仅有 0.6 wt%。与 Fe_5C_2 催化剂相比，该催化剂在 220 ℃ 低温下的活性提高了四倍，达到了传统浸渍法制备的 Co 负载量为 7 wt% 的催化剂的活性水平。该催化剂体系通过在 30 ~ 40 nm 大小的 Fe_5C_2 纳米颗粒的表面二次生长 8 nm 大小的 Co 纳米颗粒而得。其中 Co 纳米颗粒起到低温活化 CO 生成 CH_x 的作用，而 Fe_5C_2 起到催化链增长反应的作用。在两种组分的协同作用下，催化剂的活性提升了四倍，长链烃（C_{5+}）的选择性也从 37% 提高到 46%。

传统费托合成面临的一个主要问题是产物分布过于宽泛，这是遵循所谓的安德森 - 舒尔茨 - 弗洛里（Anderson - Schulz - Flory，简称 ASF）分布规律所致的。在典型的费托合成反应条件下，产物分布从低碳烷烃（如甲烷、乙烷）到长链烃（如汽油、柴油组分和蜡状固体），其中甲烷的选择性相对较高，这对于追求特定中间馏分油品（如汽油、柴油和航空煤油）或高附加值化学品的生产而言，并不是一个理想的结果。

面对这一问题，科研工作者和工程师们一直在寻求方法改善产物分布，减少甲烷的生成，提高目标产物的收率。主要策略包括：新型催化剂的设计和构筑、工艺参数优化和反应器设计革新等。下面我们重点介绍催化剂的新策略。

2017 年，中国科学院大连化学物理研究所的孙剑、日本富山大学的椿范立和中国科学院山西煤化所的杨国辉等合作，采用浆态床反应器和自制的 Co/SiO_2 催化剂，通过添加少量的 1 - 烯烃（1 - 癸烯或 1 - 辛烯和 1 - 癸烯的混合物）作为共原料，利用费托合成中烯烃自循环引发的额外碳链增长机制，成功实现了一种反 ASF 规律的产物分布。该催化技术可将源于松木或杉树皮的合成气高选择性地直接转化为航空煤油，航空煤油在烃产物中的选择性高达 64%，在油相中选择性突破了 91%。

2018 年，椿范立、王野和杨国辉等在《自然·催化》期刊上发文，报道他们设计构筑的介孔 Y 型分子筛负载的 Co 纳米粒子双功能催化剂，成功实现了三种液体燃料（汽油、柴油和航空煤油）选择性的集成调控。通过对介孔 Y 型分子筛的孔结构和酸性的调变，他们成功地实现了反 ASF 规律的产物分布，对于汽油（$C_5 \sim C_{11}$）、航空煤油（$C_8 \sim C_{15}$）和柴油（$C_{10} \sim C_{20}$）的选择性分别达到 74%、72% 和 58%。

8.1.2 CO 转化为低碳烯烃

合成气经费托合成路线直接制烯烃（FTO），是现代化学工业中一个非常有吸引力的研究领域，因为它为利用丰富的煤炭、天然气、生物质乃至工业废气中的 CO 资源提供了一条通向高附加值化学品和聚合物前体的途径。这一过程通常涉及复杂的催化转化机制，旨在克服传统费托合成中产物分布宽泛、甲烷选择性高的局限，专一性地促进形成具有战略意义的低碳烯烃。

目前，FTO 存在的主要问题是烯烃选择性的提高及产物分布的有效控制。FTO 是强放热反应，过高的反应热容易引起局部过热，发生飞温现象，促进甲烷化和积碳的发生，尤其是由于 ASF 分布规律以及动力学和热力学等方面的限制，大量甲烷的生成严重降低了总烯烃收率。根据 ASF 分布模型，低碳烃类产物（$C_2 \sim C_4$）的选择性无法超过 58%。此外，由于在费托合成过程中烯烃作为一种中间产物，极易发生二次加氢反应转化为饱和烷烃，从而进一步降低烯烃选择性。鉴于合成气直接制备烯烃路线受上述因素的制约，为了实现很好的 FTO 催化性能，设法摆脱 ASF 分布的限制，同时体现低甲烷选择性及高烯烃选择性，有必要开发全新的催化活性位结构。

FTO 催化剂最重要的要求就是获得低碳烯烃的高选择性，同时将甲烷选择性限制在尽可能低的水平。2012 年，荷兰乌得勒支大学的德容（de Jong）等在《科学》期刊上报道，通过 S 和 Na 促进的负载在弱相互作用的 $\alpha - Al_2O_3$ 或者碳纳米纤维（CNF）载体上的 Fe 纳米催化剂（Fe/CNF 和 Fe/$\alpha - Al_2O_3$），首次实现了对低碳烯烃的高选择性（61% 的 $C_2 \sim C_4$ 烯烃选择性）合成，打破了 ASF 规律的限制，同时甲烷的选择性小于 25%。

2016 年，中国科学院大连化学物理研究所的包信和潘秀莲领导的研究团队在《科学》期刊上发表文章，报告了一种新型的氧化物—分子筛复合双功能催化剂，可以实现一步反应将合成气高选择性地直接转化为低碳烯烃。在

CO 转化率为 17% 时，低碳烃类产物（$C_2 \sim C_4$）的选择性达到 94%，其中低碳烯烃的选择性突破 60% 的壁垒，达到 80%，这一结果是该领域的重要里程碑。催化剂在接近工业应用反应条件（400 ℃、2.5 MPa、$H_2/CO = 1.5$）下稳定运行超过 100 h。这种双功能催化剂由金属氧化物（$ZnCrO_x$）和多孔 SAPO 沸石（MSAPO）组成，被称为 OX – ZEO。在双功能催化剂上，金属氧化物与分子筛协同作用，$ZnCrO_x$ 表面的 CO 被活化后加氢，形成含有 CH_2 的化合物，并随后形成烯酮化合物（CH_2CO），形成的烯酮化合物再扩散进入分子筛表面，最后转化为低碳烯烃。

该方法创新性地将 CO 活化和 C—C 键形成分在不同的活性中心来进行，成功地突破费托合成的选择性限制，实现高达 80% 的低碳烯烃选择性。

这种新工艺无疑对化学工业上煤和天然气的开发应用产生深远的影响。《科学》期刊发表了以"令人惊奇的选择性"（Surprised by Selectivity）为题的专家评述文章，认为该过程在未来工业上将具有巨大的竞争力。

OX – ZEO 在 2016 年首次报道后，包信和院士和潘秀莲的团队与刘中民院士的应用开发团队强强联手，并与陕西延长石油集团合作，进行合成气直接制低碳烯烃的产业化开发。2019 年，他们在陕西榆林进行了煤经合成气直接制低碳烯烃技术的工业中试，并取得圆满成功。试验开车一次成功，实现 CO 单程转化率超过 50%，低碳烯烃（乙烯、丙烯和丁烯）选择性优于 75%，是世界上首套基于该项创新成果的工业中试装置。

包信和和潘秀莲在之后的 6 年里对该催化过程进行了系统深入的基础研究和理论分析。结果发现，现有分子筛活性中心是主副反应共同的活性中心，既催化中间体生成低碳烯烃（主反应），也催化低碳烯烃进一步反应生成烷烃或者大分子烯烃等（副反应）。这个共同的活性中心就像"跷跷板"的支点一样，由于副反应相互竞争而变得复杂，一端的转化率提高了，另一端的选择性就降低了，无法实现转化率和选择性的同时提高。为了打破这一"纠缠"现象，研究人员研发了一种新型的金属 Ge 离子同晶取代的微孔分子筛（GeAPO – 18），这种分子筛具有高的 B 酸中心密度和低的酸强度。高的 B 酸中心密度可以增强烯酮中间体的 C—C 键偶联反应，从而形成烯烃；而低的酸强度可以抑制 C—C 键偶联过程中过度加氢和过度聚合的副反应。在优化的反应条件下，该催化剂在保持低碳烯烃选择性大于 80% 的条件下，CO 的单程转化率达到 85%，实现了低碳烯烃收率达 48% 的国际最高水平，超过了第一代 OX – ZEO

催化剂的一倍以上。该研究成果在 2023 年的《科学》期刊上进行了报道。

2016 年 10 月，中国科学院上海高等研究院的孙予罕和钟良枢等在《自然》期刊上报道了他们的最新研究成果。采用棱柱形状的 Co_2C 纳米粒子能够实现合成气到低碳烯烃的高效直接转化，总烯烃选择性高达 80% 以上，其中低碳烯烃选择性超过 60%，烯烷比可高达 30 以上，同时把甲烷的选择性保持在 5% 左右。反应条件温和：250 ℃ 和 0.1～0.5 MPa，并且可以用来自生物质的 H_2/CO 的值较低的合成气作为原料生产低碳烯烃。

2016 年，厦门大学的王野团队在《德国应用化学》首次报道了无 Cr 的 $Zn-ZrO_2/SAPO-34$ 双功能催化剂可催化合成气高选择性转化为低碳烯烃。在双功能催化剂中，CO 和 H_2 的反应以及中间体形成是在 $Zn-ZrO_2$ 上完成的，而 C—C 键偶联是在具有 CHA 拓扑结构的 SAPO-34 上实现的。CO 的转化率为 11% 时，低碳烯烃的选择性达到 74%。

随后，王野团队系统地研究了 Zn/Zr 值、SSZ-13 酸性、$Zn-ZrO_2$ 和 SSZ-13 间接触距离等催化剂结构方面的因素，以及温度、压力、接触时间等参数对 $Zn-ZrO_2/SSZ-13$ 催化剂性能的影响。研究发现，低碳烯烃的选择性随着 CO 转化率的增加而降低，当 CO 转化率由 10% 提升到 29% 时，低碳烯烃的选择性由 87% 降低到 77%。反应动力学和反应机理的研究结果表明，反应中间体为甲醇/二甲醚。SSZ-13 酸中心在 C—C 键偶联反应中起着关键的作用，但其含量需要精确控制。无酸性位点时，甲醇/二甲醚为主要产物，随着酸性位点密度的增加，甲醇/二甲醚的选择性下降，低碳烯烃的选择性上升，但过量的酸性位点会导致低碳烯烃转化为低碳烷烃。

2021 年，武汉大学的定明月团队在《科学》期刊上发表文章，报道了他们在合成气高收率和高选择性制取烯烃的最新成果。通过一种新型疏水性 FeMn@Si 催化剂，在 320 ℃、3.0 MPa、4 000 mL/(g·h) 和 $H_2/CO=2$ 的反应条件下，烯烃的收率高达 36.6%，单轮 CO 转化率为 56.1%，烯烃选择性可达 65%（烯烃中高附加值 α-烯烃选择性可达 81% 以上），还高效抑制了 CO_2 和 CH_4 的生成（两者的选择性低于 22.5%）。

FeMn@Si 催化剂能够抑制 CO_2 副产物生成的关键是催化剂外层的二氧化硅疏水层，一方面，可以通过阻隔水对碳化铁活性相的氧化作用，保持碳化铁的稳定性；另一方面，可以阻止水相进入核层反应区域，进而抑制水煤气变换反应的进行（$CO+H_2O \longrightarrow CO_2+H_2$），从而减少 CO_2 的生成。此外，催化剂核层中 Mn 金属助剂通过向铁活性物相转移电子,实现了提高烯烃的选择性和降低 CH_4 选择性的目的。

8.1.3 CO 转化为芳香烃

芳香烃的合成一直是石油化工行业的重要组成部分,特别是在塑料、溶剂、染料和医药原料制造中发挥关键作用。然而,传统费托合成产物主要偏向于直链式饱和碳氢化合物,如各种链状烷烃和少量烯烃,而非芳香烃,通常情况下芳香烃选择性不超过 15%。

针对直接一步转化法的劣势,有学者提出了合成气 – 甲醇 – 芳香烃的两步合成路线:

(1)将合成气转化为甲醇。

(2)由甲醇制芳香烃(MTA)。

然而,两步法存在反应步骤多、能耗高等问题,而且 MTA 催化剂因积碳问题而失活严重。

2017 年,北京大学的马丁和厦门大学的王野在同一期的 *Chem* 期刊上"背靠背"发表了两篇合成气一步法制备芳香烃的文章。两组研究人员采用不同的催化剂体系,经由不同的中间物和反应路径实现了从合成气到芳香烃的高效转化。马丁与樊卫斌团队的合成路径是:合成气—低碳烯烃—芳香烃,中间体为低碳烯烃,而王野团队是合成气—甲醇—芳香烃,中间体为甲醇。

马丁和樊卫斌团队将之前开发的 Fe 基催化剂 Na – Zn – Fe_5C_2(FeZnNa,具备高效制备 α – 烯烃的性能)与改性处理后的介孔 HZSM – 5 分子筛混合,构筑了 FeZnNa@0.6 – ZSM – 5 – a 催化剂,成功实现了以烯烃为中间体的合成气直接制备芳香烃。在 340 ℃、2 MPa 的条件下,芳香烃的总体收率可以达到 33%,时空收率高达 16.8 $g_{aromatics}/(g_{Fe} \cdot h)$,在烃类产物中最多可以得到 51% 的芳香烃,甲烷的选择性为 10%。

王野团队设计了 Zn 掺杂 ZrO_2/H – ZSM – 5 双功能催化剂,实现了合成气一步高选择性、高稳定性制备芳香烃。要实现这一过程并不容易,因为耦合甲醇合成和 MTA 反应的最大障碍是两个反应的适宜温度不一致。合成气制甲醇热力学上是低温有利(250 ℃左右),而甲醇制芳香烃则需要较高的反应温度(400 ℃ ~ 450 ℃)。反应耦合的另一大障碍是 CO 加氢催化剂上常常极易发生中间产物烯烃加氢,而烯烃产物一旦加氢饱和就很难继续转化。

王野团队成功地发现了 Zn－ZrO$_2$ 复合氧化物的独特 CO 选择加氢功能性能，也就是烯烃加氢能力弱，避免了深度加氢生成不活泼的烷烃。团队通过对催化剂组分、分子筛酸度以及活性组分微观间距的精准调控，成功制备出 Zn－ZrO$_2$/H－ZSM－5 催化剂，最终实现了较高的 CO 转化率（>20%）下 80% 的芳香烃选择性。该催化体系中合成气制芳香烃的反应经历了"合成气→甲醇/二甲醚→低碳烯烃→芳香烃"的过程。

武汉大学的定明月团队设计和构筑了新型双功能催化剂，将核-壳结构的 Fe$_3$O$_4$@MnO$_2$ 与中空结构的 HZSM－5 进行偶联，实现了合成气一步法高效制取芳香烃。在工业反应条件下，CO 转化率超过 90%，芳香烃选择性达到 57%。反应分为两个步骤，首先合成气在核-壳结构的 Fe$_3$O$_4$@MnO$_2$ 上转化为烯烃中间物种，然后在中空 HZSM－5 酸性位点的作用下高效转化为芳香烃。

8.1.4 CO 转化为含氧化合物

合成气制乙醇可以采用一步直接法和多步间接法，但目前的催化剂体系都存在一些不足。目前的一步直接法多采用单一催化剂体系，例如，修饰的 Rh 催化剂或者改性的甲醇合成催化剂等，由于在这些催化剂体系中存在多种通道的反应，乙醇选择性普遍低于 60%，且产物中 C$_{2+}$ 含氧化合物的组成复杂、分布宽泛。多步间接法路线的缺点主要体现在反应条件的苛刻性、反应路径的复杂性、副产物的多样性以及催化剂活性的降低等方面，这些问题增加了工业生产的难度和成本。

鉴于此，发展合成气直接制乙醇的新方法和新路线具有重大意义。

2018 年，王野团队在合成气直接制备 C$_{2+}$ 含氧化合物方面取得突破。针对单一催化剂体系存在的缺点，该团队采用集成化的多功能催化体系（Cu－Zn－Al/H－ZSM－5 | H－MOR 组合），通过反应耦合，成功实现了合成气一步直接法高选择性地制备含氧化合物，如乙酸甲酯和乙醇等。反应路径按照合成气→二甲醚→乙酸甲酯/乙酸→乙醇→乙烯的方式串联催化（tandem catalysis）进行，其中二甲醚是反应的关键中间体。反应首先从经典甲醇合成催化剂 Cu－Zn－Al 出发，通过与 H－ZSM－5 分子筛的耦合，可以将合成气转化为二甲醚（DME）；然后生成的二甲醚在羰基化功能的丝光沸石（H－MOR）分子筛表面高选择性地合成乙酸甲酯，乙酸甲酯的选择性可高达 95%。

通过改变催化剂体系的组合方式，我们可以获得不同的目标产物。

例如，$ZnAl_2O_4$｜H－MOR 催化剂在 340 ℃～370 ℃、CO 转化率 11% 时，乙酸甲酯和乙酸的总选择性达到 87%。采用三明治构型的 $ZnAl_2O_4$｜H－MOR｜$ZnAl_2O_4$ 催化剂组合，合成气可直接转化为乙醇，乙醇选择性达 52%。采用层层重叠的 $ZnAl_2O_4$｜H－MOR｜$ZnAl_2O_4$｜H－MOR 组合催化剂，合成气可以直接转化为乙烯（选择性约为 50%）。

2020 年，王野团队设计多种串联催化体系，与 2018 年发表在《德国应用化学》期刊上的串联路径不同，这一催化剂组合体系中的关键中间物不是二甲醚，而是甲醇和乙酸。他们通过精准控制三步串联催化体系，对传统 Rh－Mn、Cu－Co、Cu－Fe 等催化剂上发生的包含若干反应中间体和多个反应通道的不可控的反应进行组合，反应按照"合成气→甲醇→乙酸→乙醇"的方式进行串联催化，成功实现乙醇的一步高选择性合成。串联催化体系中甲醇和乙酸这两种中间产物对目的产物乙醇的选择性有决定性的影响。

研究人员设计了几组对照实验来确定组合催化剂体系中各个催化剂组分在串联催化过程中的作用机制。实验结果表明，通过 K^+ 修饰制备的 K^+－ZnO－ZrO_2 催化剂的表面酸性减弱，甲醇选择性高达 93%。K^+－ZnO－ZrO_2 与 H－MOR 分子筛进行组合时，甲醇在 H－MOR 上发生羰基化反应，有选择性地生成乙酸。采用 K^+－ZnO－ZrO_2｜H－MOR－DA－12MR 催化剂组合，乙酸选择性达到了 84%。K^+－ZnO－ZrO_2、H－MOR－DA－12MR 和 Pt－Sn/SiC 组成的三步串联催化体系中，合成气制乙醇选择性达到 70%。这充分证实了，在合成气制乙醇串联催化体系中，反应按合成气→甲醇→乙酸→乙醇的方式高效进行。

2019 年，中国科学院上海高等研究院的钟良枢和孙予罕团队设计和构筑了一种包含 CoMn 和 CuZnAlZr 的多功能催化剂体系，实现了合成气高选择性地转化 C_{2+} 含氧化合物。在 CO 转化率为 29% 时，总含氧选择性高达 58.1 wt%，其中 C_{2+} 含氧化合物在总含氧化合物中的比例超过 92.0 wt%。

2023 年，中国科学院大连化学物理研究所的邓德会团队和厦门大学的王野团队在《自然·通讯》期刊上发表了合成气一步高效转化 $C_{2+}OH$ 的文章。团队采用 K 助剂修饰的、具有丰富边结构的二维 MoS_2 纳米片阵列催化剂（ER－MoS_2－K），在 240 ℃、5 MPa 下，获得了 17% 的 CO 转化率和 45.2% 的 $C_{2+}OH$ 选择性。MoS_2 的边面比对产物中 $C_{2\sim4}OH/CH_3OH$ 的值有显著影响，研究人员通过调控 MoS_2 的边面比，可以获得高达 2.2 的 $C_{2\sim4}OH/CH_3OH$ 的值。

8.2 CH₄ 的转化

甲烷转化是指将甲烷（CH_4）转化为更有价值的化学品或燃料的过程。甲烷主要源于天然气和可燃冰，但也存在于沼气、煤矿瓦斯、垃圾填埋场释放的气体中。众所周知，具有四面体对称性的甲烷分子是自然界中最稳定的有机小分子，它的选择活化和定向转化是一个世界性难题，被誉为催化乃至化学领域的"圣杯"，长期以来一直是国内外科学家研究的主题。

甲烷转化路径主要有：甲烷蒸气转化（SMR）、部分氧化（POX）、干气重整（DRM）、甲烷制甲醇和甲烷直接转化等。

甲烷蒸气转化是将甲烷转化为合成气（CO 和 H_2 的混合物）的过程。在高温（700 ℃ ~ 1 100 ℃）下，甲烷与水蒸气反应，使用 Ni 基催化剂，生成 CO 和 H_2，反应式如下：

$$CH_4 + H_2O \longrightarrow CO + 3H_2$$

部分氧化是一种在高温高压条件下，用氧气或空气将甲烷部分氧化为合成气的方法。与 SMR 相比，POX 能够在较低的温度下进行，并且可以更灵活地调节合成气中 CO 与 H_2 的比例。

干气重整是使用二氧化碳（CO_2）代替水蒸气，与甲烷反应生成合成气。这一过程被认为是一种将 CO_2 转化为有用化学品的方式，但由于 CO_2 的低反应活性，需要更高的温度和更有效的催化剂才能实现高效转化，反应式如下：

$$CH_4 + CO_2 \longrightarrow 2CO + 2H_2$$

甲烷制甲醇是将甲烷转化为甲醇（CH_3OH）的过程。虽然传统上先要将甲烷转化为合成气再制备甲醇，但现在正在研究甲烷直接转化至甲醇的催化方法，这将简化生产流程并减少能量损失。

8.2.1 甲烷非氧化转化

甲烷非氧化转化是一系列化学过程的统称，旨在无须引入氧气或其他氧化剂的条件下，直接将甲烷转化为更高级别的碳氢化合物或化学品。主要的非氧化转化技术包括甲烷耦合和脱氢转化等。

甲烷耦合通常涉及将两个甲烷分子耦合在一起，生成含有两个碳原子以上的化合物，如乙烯（C_2H_4）。这一过程往往在高温和特定催化剂的作用下进行，但面临的主要挑战之一是选择性控制，即如何有效避免副反应的发生，确保目标产物的高收率。

下面我们简要介绍甲烷非氧化偶联和甲烷脱氢芳构化（MDA）近十年的新进展。

1. 甲烷非氧化偶联

甲烷直接转化为轻质烯烃一般有两种路径，即甲烷非氧化偶联（NOCM）和甲烷氧化偶联（OCM）。NOCM 过程因无须使用氧化剂，固有碳原子经济性高而被认为是理想的转化路径，却伴随有反应温度高和积碳的问题。OCM 过程使用氧化剂来克服热力学限制并使反应放热，但目前无法避免甲烷氧化的副反应发生，生成 CO_2、H_2O 等副产物，降低了原子经济性并污染了产物。

美国 Siluria 技术公司的甲烷氧化偶联制乙烯技术可将天然气中的甲烷有效地转化为乙烯或其他更长链的高价值烃类，如喷气燃料、汽油或芳香烃化学品。该技术在美国得克萨斯州石油化工厂建有一套商业示范装置，并于 2015 年投产并且稳定运行了一段时间。然而甲烷氧化偶联工艺中，由于 O_2 的存在，转化过程中有部分甲烷会被氧化为 CO_2，降低了碳的利用率。故而，开发无氧的甲烷直接转化技术对世界各国的研究者具有极大吸引力。

2014 年，中国科学院大连化学物理研究所的包信和院士团队基于"纳米限域催化"的新概念，创造性地构建一种硅化物晶格限域的单原子铁中心催化剂（$Fe_1 \copyright SiO_2$），成功实现了甲烷在无氧条件下采用一步法生产乙烯和芳香烃。单中心的低价 Fe 原子被两个 C 原子和一个 Si 原子限域在氧化硅或碳化硅晶格中，形成热稳定性高的活性中心。CH_4 分子在单 Fe 中心上活化脱氢生成表面甲基物种，脱附后形成高活性的甲基自由基，随后在气相中经自由基偶联反应生成乙烯或者芳香烃等分子。在反应温度 1 090 ℃ 和空速 21.4 $L/(g_{cat} \cdot h)$ 条件下，甲烷的单程转化率达 48.1%，乙烯的选择性为 48.4%，所有产物（乙烯、苯和萘）的选择性 >99%。

然而，甲烷在 $Fe_1 \copyright SiO_2$ 催化剂上的反应机理一直不明，限制了催化剂的优化和反应过程的进一步设计。一直到 2020 年，清华大学的李隽与西安交通大学的常春然合作，采用密度泛函理论的从头算分子动力学方法，对甲烷在 $Fe_1 \copyright SiO_2$ 催化剂上活化与转化机理进行了系统研究，终于揭示了甲烷在该催化剂上催化转化的微观机理。Fe 单原子催化剂上甲烷无氧催化转化反应是按照类马尔斯－范克雷维伦机理进行的。与包信和院士团队之前报道的气相反应耦合机理不同，甲基自由基并未脱附到气相，而是迁移到与 Fe 单原子活性中心临近的不饱和 C 原子上，基于 C—C 键偶联形成了—CH—CH$_2$ 的重要中间反应物种，最后转化成乙烯。有趣的是，乙烯脱附空出的活性中心会继续吸附新的甲烷分子作为碳源，补充载体表面失去的碳原子，最终恢复 Fe$_1$©SiC$_2$ 活性中心。

2024 年，浙江大学的周少东等在前期工作的基础上，创新性地设计和制备了石墨氮化碳（g－C$_3$N$_4$）负载的 Ta—N$_4$ 结构的酞菁钽催化剂 TaPc/g－C$_3$N$_4$，实现了甲烷非氧化偶联转化烯烃。在 350 ℃ 反应温度下，丙烯选择性高达 96.0%，乙烯选择性仅 4.0%，*TOF* 值为 0.99 s^{-1}。DFT 计算结果表明，甲烷活化、乙烯生成、丙烯生成过程的关键中间体分别为 N—CH$_2$—Ta、N—CH（CH$_3$）—Ta 以及 N—C（CH$_3$）$_2$—Ta，其中后两者通过异构化释放出烯烃分子。

2. 甲烷脱氢芳构化

甲烷脱氢芳构化是一种新兴的化学转化技术，目标是从甲烷出发，直接生成芳香烃，特别是苯这样的基础芳香族化合物。

1993 年，Wang 等首次在掺入金属阳离子（Mo 或 Zn）的 ZSM－5 分子筛催化剂上，非氧化条件下实现了甲烷的脱氢芳构化反应。在反应温度 700 ℃，反应压力 200 kPa 下，苯是唯一的烃类产物。略显不足的是催化剂活性较低，几种催化剂的甲烷转化率都不超过 7%。

2014 年，包信和团队采用 Fe$_1$©SiO$_2$ 中的单个铁位点可以在非氧条件下催化 CH$_4$ 转化为烯烃、芳香烃和氢（MTOAH）。反应温度 1 090 ℃ 下，甲烷的单程转化率达 48.1%，乙烯的选择性为 48.4%，伴有苯（21.5%）和萘（25.8%），芳香烃的总选择性为 47.3%（苯＋萘）。

鉴于 Mo/HZSM－5 催化剂体系中甲烷平衡转化率低（约 12%）和芳香烃产物容易发生聚合导致催化剂积碳失活的问题，北京化工大学的张燚和埃克森美孚公司的徐腾创新性地采用 Mo/HZSM－5 催化剂，通过向原料加入少量甲醇（CH$_3$OH），将甲烷无氧脱氢芳构化反应与芳烃甲醇烷基化反应耦合，实现了甲烷直接高选择性地转化为苯、甲苯和二甲苯（BTX）。这一反应体系实现了芳构化反应与烷基化反应产物和热量的高效耦合，甲烷转化率达到 26.4%，BTX 选择性超过 90%。

尽管甲烷无氧条件下直接制芳香烃的催化转化技术取得了长足的进展，但上述催化体系都需要在温度很高（超过 1 000 ℃）的条件才能实现甲烷的直接转化，这对于工业化大规模生产是一个不小的挑战。因此，发展在相对低温度下的甲烷直接转化技术意义重大。

2016 年，美国 CoorsTek 公司的 Kjølseth 和西班牙 ITQ 研究所的 Serra 合作在《科学》期刊上发文，报道了他们在离子膜反应器（CMR）上甲烷到芳香化合物的高效选择性转化的最新成果。与传统的固定床反应器中的甲烷无氧转化催化剂（如 Mo/MCM－22）不同，该研究团队在反应器的中心增加了中空的离子选择性透过膜，膜中装填的电解质 BZCY72（$BaZr_{0.7}Ce_{0.2}Y_{0.1}O_{3-x}$）可以传导氧离子和氢离子，在离子膜的两侧加一个电压以实现驱动氧离子和氢离子的目的。在 700 ℃ 和 1 bar 条件下，5% H_2 共进料，CMR 上芳香烃收率约为 6.5%。

反应过程为：CH_4 在 Mo/H－MCM－22 催化剂上脱氢偶联生成以苯为主的产物，同时，生成的氢离子可以通过离子膜进入另一侧的内管中被抽离掉。在膜的另一侧，引入少量的水蒸气便能把氧离子带到甲烷脱氢一侧，清除催化剂上的积碳。这样的工艺具有两个优点：

（1）脱氢产物氢气移除，拉动反应向增强 CH_4 的转化方向移动。

（2）引入少量水蒸气产生的氧来除去在 Mo/MCM－22 催化剂上的积碳，抑制催化剂失活。

自 1993 年 Wang 等首次发现 Mo/ZSM－5 分子筛催化剂以来，学界至今已经发表了超过千篇关于 Mo 基催化剂的文章，研究的焦点是催化剂的活性中心、反应机理和催化高温稳定性差的问题。其他过渡金属如 Co 和 Fe 等作为活性组分普遍被认为具有很低的活性和芳香烃选择性。针对这一现象，江南大学的刘小浩团队通过离子交换法创新性地构筑了一种结构高度单一的 Co 活性中心的催化剂（Co/HZSM－5－IE），成功地实现了甲烷高选择性地转化为芳香烃。该新型催化剂具有与 Mo 基催化剂可比拟的催化活性，总芳香烃（主要是苯和萘）的最大选择性可以达到 80% 以上。Co 被锚定在 HZSM－5 分子筛 B 酸位点上（—Al_F—O—Co(Ⅱ)—O—Al_F—），非常适合活化 CH_4 的 C—H 键，使之可控地形成 CH_x 物种，进行随后的 C—C 键偶联、齐聚和环化脱氢形成芳香烃，而不是过度活化 C—H 键导致 CH_4 分解后最终结焦。与文献中研究的非 Mo 基催化剂（如 V、Cr、Mn、Fe、Zn、Cu、Ga 和 W 等）相比，Co/HZSM－5－IE 催化剂的 MDA 反应的转化频率（s^{-1}）高出数倍。

随后，研究组还采用该合成策略制备了 Ni/HZSM - 5 - IE 催化剂，同样成功实现了甲烷无氧催化转化制芳香烃（芳香烃选择性约为 70%），与之形成对比的是，采用传统的浸渍法制备的 Ni 基催化剂导致甲烷 100% 分解成积碳和氢气，无法得到芳香烃产品。

2021 年，刘小浩团队又采用离子交换法制备了 Fe^{2+} 交换的 HZSM - 5 催化剂，可以在相对高的甲烷转化率下（约为 15%），将甲烷高选择性地转化为芳香烃（可达 75% ~ 80%）。研究结果表明，甲烷无氧转化为芳香烃的活性中心不是碳化铁物种（$\chi - Fe_5C_2$），而是在分子筛骨架中 Al 锚定的原子级分散的 Fe - oxo 活性物种。这类活性中心对实现 C—H 键的可控活化起关键作用，因而金属铁和碳化铁物种对 CH_4 的 C—H 键容易活化过度，导致深度脱氢生成积碳，降低芳香烃的选择性。

8.2.2　甲烷氧化转化

甲烷氧化转化主要有选择性氧化和氧化偶联两种方式。

选择性氧化是甲烷在特定催化剂的存在下与氧气反应，目标是生成特定的中间体，如甲醇（CH_3OH）、甲醛（CH_2O）和醋酸（CH_3COOH）。

氧化偶联是一种特殊的氧化转化过程，其中两个甲烷分子通过氧化剂的作用耦合并氧化，形成更复杂的化合物，比如乙烷（C_2H_6）或乙烯（C_2H_4）。这种方法可以看作将甲烷分子"黏合"起来，随后再对其进行氧化处理，以获得更高的碳氢化合物。

$$4CH_4 + O_2 \longrightarrow 2C_2H_6 + 2H_2O \qquad \Delta G^{\ominus}_{298K} = -320.8 \ kJ/mol$$
$$2C_2H_6 + O_2 \longrightarrow 2C_2H_4 + 2H_2O \qquad \Delta G^{\ominus}_{298K} = -254.9 \ kJ/mol$$

甲烷氧化转化面临的最大挑战是在不完全氧化至二氧化碳的同时，高效且选择性地生成所需产品。

1. 甲烷选择性氧化

甲烷选择性氧化制甲醇是甲烷直接利用的一个理想反应，其催化转化是当今催化学科的主要挑战和热门研究领域之一。因为甲醇易于转化成烯烃、芳香烃等重要的化工原料以及燃料，且甲烷来源丰富，这个反应如果能实现大规模的工业化生产，将会极大地帮助人类摆脱对石油的依赖。

1993 年，佩里亚纳（Periana）等人提出了以 Hg(Ⅱ) 及 Pt(Ⅱ) 为催化剂，100% 浓硫酸为氧化剂和介质的均相活化甲烷体系。在 180 ℃ 条件下，硫酸氢

汞 $Hg(OSO_3H)_2$ 能催化甲烷直接氧化为硫酸甲酯（CH_3OSO_3H），从而避免其进一步氧化，硫酸甲酯进一步水解则生成甲醇和副产物 SO_2，SO_2 可以再氧化后循环使用。1 L 规模实验表明，此反应的甲烷转化率为 50%，选择性为 85%，甲醇单程产率超过 42%。

大自然能够在有氧条件下通过甲烷单加氧酶（MMO）将甲烷生物催化转化为甲醇，依靠的是含有两个 Cu 原子的活性中心。MMO 有两种形式：一类是以 Cu 为活性中心的可溶性甲烷单加氧酶（sMMO），另一类是以 Fe 为活性中心的颗粒型甲烷单加氧酶（pMMO）。受此启发，2015 年，慕尼黑工业大学的勒彻（Lercher）研制了一种仿生沸石催化剂 Cu - MOR，这种铜交换沸石具有与 pMMO 类似的催化性能，可以选择性地氧化甲烷生成甲醇。研究结果表明，甲烷选择性氧化的活性中心是沸石 MOR 微孔内的三核铜氧簇（$Cu_3O_3^{2+}$），被两个 Al 酸性位点稳定。在这个催化剂体系中，分子首先会吸附在 Cu 物种上，C—H 键中被插入一个 O 原子，随后通入水蒸气使甲醇脱附，得到产品。整个过程中，分子筛的活化（O_2 处理）和 C—H 键中插入 O 原子是分步进行的，避免了 CH_4 与 O_2 的直接接触。

在此之后，离子交换法制备的 Cu 分子筛催化剂成为研究者的关注焦点。

2016 年，麻省理工学院的列什科夫（Leshkov）采用离子交换法制备 Cu - 分子筛，以甲烷、O_2 和水为原料，成功实现了甲烷持续氧化为甲醇。

2017 年，瑞士苏黎世联邦理工学院的博克霍恩（Bokhoven）在铜型丝光沸石（Cu - MOR）上，用水代替传统的 O_2 作为氧化剂，成功实现了甲烷到甲醇的转变，甲醇选择性高达 97%。反应历程为：首先在呈现氧化态的 Cu - 分子筛催化剂上，CH_4 的 C—H 键被活化后插入 O 原子，此时分子筛上的铜物种从 2 价变为 1 价 [（Cu(Ⅱ)⟶Cu(Ⅰ)]。之后，通入水蒸气使得甲醇脱附，这时，生成了氧空位的 1 价铜物种 [Cu(Ⅰ)] 会从水分子中夺走一个 O 后返回 2 价 [Cu(Ⅱ)] 状态，完成催化循环。

2017 年，勒彻（Lercher）团队采用 MOF 材料 NU - 1000 制备了 Cu/NU - 1000 催化剂，成功实现了甲烷氧化转化甲醇。研究发现，与他们早期的 Cu - MOR 催化剂类似，Cu/NU - 1000 催化剂中也存在一个 Cu_3 的团簇作为催化甲烷氧化为甲醇的活性位点。

南开大学的李兰冬等人采用 Cu - CHA 催化剂，在 573 K、2% H_2O、400 ppm O_2 条件下，实现了甲烷转化甲醇，甲醇的选择性和时空收率分别达到

91% 和 542 mmol/（mol$_{Cu}$·h）。他们还通过同位素标记的程序升温表面反应、红外光谱分析和理论计算初步阐明了甲烷氧化制甲醇的机制。甲烷可以被 O$_2$ 氧化，水也在甲烷氧化过程中参与反应，两者起到各自的作用。Cu－CHA 催化剂的高催化活性与甲烷选择性氧化过程中 Cu^{2+}－Cu$^+$－Cu^{2+} 的快速氧化还原循环密切相关。

中国科学院精密测量科学与技术创新研究院的徐君和邓风团队在《自然·催化》期刊上发文，报道了他们采用 Au/ZSM－5 催化剂，实现了在氧气条件下低温催化甲烷高选择性地氧化为甲醇和乙酸。在 120 ℃～240 ℃条件下，以 O$_2$ 为氧化剂，可以高效催化甲烷选择性地氧化为甲醇和乙酸，可获得 7.3 mol/（mol$_{Au}$·h）的最大含氧化合物产量。

2023 年，厦门大学的熊海峰等人在《自然·通讯》期刊上报道了甲烷直接高效氧化合成甲醇的最新成果。他们利用离子交换法成功将 Cu^{2+} 选择性引入 SSZ－13 分子筛的 6 元环孔道（6MR）中，而非 8 元环孔道（8MR），合成出具有特定限域环境的 Cu 单位点催化剂（Cu$_1$/SSZ－13）。研究发现，该催化剂可高效实现甲烷－水蒸气连续转化合成甲醇，在 400 ℃下，甲醇时空收率达 2 678 mmol/（mol$_{Cu}$·h），选择性达 93%，远高于相关文献报道结果。理论计算表明，相较于 8MR 孔道，6MR 孔道具有更强的限域作用，使 Cu 活性位点在甲烷氧化反应中表现出更低的形变能，在利于产物甲醇的快速脱附。

甲烷部分氧化通常需要在较高温度下（200 ℃～500 ℃）才能进行，然而，高温一方面会导致催化剂寿命缩短，另一方面目的产物（如甲醇）的选择性会较低。因此，开发低温下甲烷直接氧化转化的催化体系（在过氧化氢、氧气、水、臭氧和一氧化二氮等氧化剂作用下反应）有重要的潜在应用价值。

2017 年，英国卡迪夫大学的哈钦斯（Hutchings）在《科学》期刊上发文报道了他们在甲烷低温氧化制甲醇方面的突破性成果。采用以聚乙烯吡咯烷酮（PVP）作为稳定剂形成的一种 Au－Pd 纳米粒子胶体催化剂，实现了 CH$_4$ 在温和条件下的选择性氧化。在 50 ℃的水溶液中，以 H$_2$O$_2$ 与 O$_2$ 共同作为氧化剂，甲烷能够高选择性地转化为甲醇（选择性为 92%）。

哈钦斯团队之前曾经制备过 Au－Pd 纳米粒子负载在 TiO$_2$ 上的催化剂，以 H$_2$O$_2$ 作为氧化剂，50 ℃水溶液中，CH$_4$ 可以氧化转化为甲醇。电子顺磁共振（EPR）波谱分析检测，反应体系中存在·CH$_3$ 与·OH，说明反应是通过自由基途径完成的。然而，该催化剂体系需要消耗大量的 H$_2$O$_2$，其原因可能是载体 TiO₂ 对反应过程中产生的自由基有淬灭作用。为了提高 H₂O₂ 的有效利用率，哈钦斯等设计了这一新的催化反应体系，催化剂采用非负载型的 PVP 稳定的 Au‑Pd 纳米粒子（AuPd‑PVP）胶体，以 O₂ 和 H₂O₂ 为共同氧化剂。没有载体 TiO₂ 后，H₂O₂ 的降解速率大大降低，显著提升了 H₂O₂ 的有效利用率。体系中加入 O₂ 作为氧化剂，可以进一步提高 CH₃OH 的产率。

2018 年，包信和院士团队采用一种石墨烯限域的单原子 Fe 催化位点（其原子级配位结构为—FeN₄—），可以在常温（25 ℃）下直接将甲烷转化为包括甲醇在内的 C1 含氧燃料（产物包括 CH₃OH、CH₃OOH、HOCH₂OOH 和 HCOOH），C1 含氧液体燃料的选择性高达 94%。

2020 年，浙江大学的肖丰收等在《科学》期刊上报道了一种创新性的新型结构催化剂——"分子围栏"催化剂（AuPd@ zeolite‑R），成功实现了低温下高效、高选择性地使甲烷催化氧化为甲醇。该催化剂的外层是外表面被修饰了有机硅烷的铝硅酸盐沸石，AuPd 合金纳米颗粒被包裹在铝硅酸盐沸石晶体中。外表面的疏水性硅烷允许氢、氧和甲烷扩散到催化剂内部的 AuPd 活性位点；同时又像围栏一样限域了原位生成的 H₂O₂，由于 H₂O₂ 是亲水性的，疏水的外层便阻碍其扩散，使其在活性位点附近保持高的浓度，这样可以保证 CH₄ 高效转化的同时，维持较高的甲醇选择性。在 70 ℃下，用 H₂ 和 O₂ 分子对甲烷进行催化氧化，使用 AuPd@ ZSM‑5‑R 催化剂，甲烷转化率为 17.3% 时，甲醇选择性达到 92%。而对照实验中，未经疏水处理的 AuPd@ ZSM‑5 催化剂的甲烷转化率仅为 6.3%。分子筛内外 H₂O₂ 含量测定结果显示，未经疏水处理的 AuPd@ ZSM‑5 催化剂反应时约 92% 的 H₂O₂ 溶解在水相中；与之相反，修饰后的 AuPd@ ZSM‑5‑R 催化剂，原位生成的 H₂O₂ 绝大部分（78% ~ 86%）被限制在分子筛内。

2024 年，海南大学的邓培林等在《自然·通讯》期刊上发文，报道他们在甲烷直接氧化制甲醇方面的最新成果。他们通过控制一种超薄 PdₓAu_y 纳米片催化剂上 Au 原子的覆盖率，可以实现在 70 ℃条件下，高达 147.8 mmol/(g·h) 的 CH₃OH 产率和 98% 的甲醇选择性。他们还发现甲烷直接氧化制甲醇性能与 Au 原子覆盖率之间存在火山型性能—结构关系。密度泛函计算结果显示，纳米片表面的催化反应过程由反应触发步和反应转化步构成，反应触发步和反应转化步之间的互相制约关系导致了催化剂的火山型性能‑结构关系。

水在甲烷选择性氧化制甲醇中有什么作用？

起初，在探讨甲烷选择性氧化制甲醇的早期实验中，水常被认为仅是一种无害的溶剂或反应媒介，用于溶解反应物和产物，并帮助传热和传质。这一时期的研究重点更多放在寻找合适的催化剂和氧化剂，以提高甲烷转化率及甲醇选择性上，水的内在作用并未引起足够重视。随着时间推移，研究人员逐渐意识到水并不仅仅是转化反应的"旁观者"。实验证明，在某些条件下，水的存在能够显著改善甲烷氧化制甲醇的效率和选择性。这引发了研究人员对水所扮演角色的兴趣，促使他们重新审视水在反应机制中的地位。

以 CH_4、O_2 和 H_2O 的混合物为原料时，Ni/CeO_2（1 1 1）催化剂可以将 CH_4 直接转化为 CH_3OH，但甲醇选择性低于 40%。2016 年，美国布鲁克海文国家实验室的森纳那亚克（Senanayake）等人发现对水解离活性高的 $CeO_2/Cu_2O/Cu$（1 1 1）催化剂，在水的存在下，可以高效催化甲烷转化为甲醇，CH_3OH 选择性接近 70%。

此后，众多的研究者对 $CeO_2/Cu_2O/Cu$（1 1 1）催化剂催化甲烷转化反应的反应机理、活性位点、反应中间体以及 O_2 和 H_2O 在 CH_4——CH_3OH 转化中的作用等进行了广泛的研究。有研究者认为 O_2 作为氧化剂，通过在高温（450～500 K）下在催化剂表面生成 M══O 物种（金属原子与氧原子之间形成的双键），然后将 CH_4 转化为吸附的甲氧基（$^*CH_3O$）和 CH_3OH，而 H_2O 可以帮助 $^*CH_3O$ 的加氢或阻塞表面位点以阻止其进一步分解，从而促进甲醇的提取。

尽管学界已经对反应机理进行了广泛的研究，但 $CeO_2/Cu_2O/Cu$（1 1 1）催化剂高选择性地生成 CH_3OH 的相关机理仍然存在一些未解之谜。

2020 年，美国布鲁克海文国家实验室的 Rodriguez 和森纳那亚克在《科学》期刊上发文，报道了他们关于 $CeO_2/Cu_2O/Cu$（1 1 1）催化剂高选择性地生成 CH_3OH 机理研究的最新成果，认为 H_2O 在其中起到了关键作用。

研究结果显示，源于水分解的羟基（$^*OH$）占据了 90% 的活性 Ce 位点，只有 10% 形成了 Ce—O—Cu 物种。这充分表明反应体系中加入 H_2O 会改变催化反应的途径，H_2O 会在 Ce 位点解离成活性 $^*OH$，从而阻止 O_2 的吸附。高表面浓度的 $^*OH$ 一方面可以有效促进 CH_4——CH_3OH 的直接转换，由 Ce 位点上活性 $^*OH$ 通过 C—O 键缔合和 C—H 解离实现；另一方面，可以防止 $^*CH_3O$ 物种被完全氧化，从而提高 CH_3OH 的选择性。

总而言之，H_2O 对甲烷选择性地氧化为甲醇的作用至关重要，主要体现在以下三个方面：

（1）活化 CH_4，通过断裂一个 C—H 键并提供一个—OH，从而将 CH_3 直接转化为 CH_3OH。

（2）阻塞可能将 CH_4 和 CH_3OH 深度氧化为 CO 和 CO_2 的反应位点。

（3）促进表面形成的 CH_3OH 转移到气相中。

2. 甲烷氧化偶联

甲烷氧化偶联的主要障碍包括：

（1）控制反应选择性：CH_4 分子极其稳定，其氧化过程极易失控，导致大部分 CH_4 直接氧化成 CO_2，而非希望获得的 C—C 键偶联产物。

（2）开发高效催化剂：找到能够在温和条件下长期稳定地催化 OCM 反应的催化剂是另一个艰巨任务。催化剂不仅要具备足够的活性，还要能够区分并促进特定的 C—C 键形成路径，同时避免不必要的深度氧化。

尽管特定催化剂的具体催化机理尚待商榷，但一般认为 OCM 反应包括三个主要步骤：

（1）O_2 在催化剂表面的解离或非解离吸附。

（2）通过与表面氧相互作用，活化 CH_4 形成甲基自由基（从甲烷中提取氢气）。

（3）甲基自由基在气相中的偶联产生 C_{2+} 碳氢化合物。

1982 年，Keller 和 Bhasin 开创性地进行了 OCM 反应的探索性研究工作，随即引起了全世界催化学家的极大研究热情。

1985 年，Ito 和 Lunsford 报道了 Li/MgO 催化剂在 993 K 温度下展现出 38% 的 CH_4 转化率以及 50% 的 C_2 选择性。然而，略感不足的是，由于 Li 的损失，催化剂会迅速失活。

1992 年，我国科学家 Fang 等首次报道了 Mn_2O_3 - Na_2WO_4/SiO_2 催化剂，可以高效地将甲烷转化为 C_2。该催化剂可在 800 ℃ ~ 900 ℃ 稳定工作数百小时，甲烷转化率为 20% ~ 30%，乙烯等烃类选择性可达 60% ~ 80%，被认为是颇具工业化应用前景的催化剂。自发现以来，该催化剂在制备和修饰、催化机制和微动力学建模方面已得到广泛研究。

数十年间，已经报道的 OCM 催化剂有成百上千种，所使用的元素包含了除零族元素以外几乎所有的元素。归结起来，被广泛研究的催化剂主要有：碱土金属氧化物、稀土金属氧化物、Mn - Na - W - SiO_2 和钙钛矿（ABO_3）催化剂。最近，有科学家对 1982 年至 2011 年在 420 篇文献中报道的 OCM 催化剂进行了统计分析。结果发现，许多碱性金属掺杂氧化物在 OCM 中表现出高活性，具有 70% ~80% 的 C_2 选择性和 15% ~27% 的 C_2 产率。

$Mn_2O_3 - Na_2WO_4/SiO_2$ 催化剂过高的反应温度（800 ℃ ~900 ℃）和较低的乙烯收率限制了其工业应用，为此，研究者开展了大量的研究。有研究者通过选择其他大比表面积的 SiO_2，例如 SBA - 15 等来改善该催化剂，以提高 Mn_2O_3 和 Na_2WO_4 的分散度，反应温度被降低到 750 ℃，C_{2+}（乙烷、乙烯、丙烷和丙烯）收率为 9% ~10%。

2017 年，华东师范大学的路勇等利用 Ti 等助剂对 $Mn_2O_3 - Na_2WO_4/SiO_2$ 催化剂进行改性，显著地降低了反应温度（650 ℃），CH_4 转化率为 26%，$C_2 ~C_3$ 选择性为 76%。他们的创新之处是 O_2 的低温化学循环活化路径，通过加入 TiO_2，构成了（Mn_2O_3，TiO_2）$\longleftrightarrow MnTiO_3$ 化学循环。甲烷氧化活化时，Mn_2O_3 转变为 $MnTiO_3$，之后与 O_2 分子反应转化为 Mn_2O_3 和 TiO_2。而传统的 $Mn_2O_3 - Na_2WO_4/SiO_2$ 催化剂是"$MnWO_4 \longleftrightarrow Mn_2O_3$"化学循环，该循环只能在高温条件下实现。

8.3　甲醇的转化

甲醇的主要转化路径有：甲醇制烯烃（MTO）、甲醇制汽油（MTG）、甲醇制芳香烃（MTA）和甲醇制甲醛（MF）等。

8.3.1　甲醇转化制烯烃

在全球应对气候变化的大背景下，MTO 技术因其较低的能源消耗和排放特征，被视为化学工业绿色革命的领头羊。相比于传统石油裂解过程，MTO 工艺能在生产同等数量的烯烃时，显著降低碳足迹。

1. 甲醇转化制烯烃催化剂

由于 MTO 技术的重要性，MTO 催化剂和催化工艺的研发成为国内外许多研究机构的研究热点。MTO 技术从催化剂到生产工艺都获得了飞速发展。目前，比较有代表性的生产工艺有中国科学院大连化学物理研究所的 DMTO 工艺、埃克森美孚公司的 MTO 工艺、鲁奇公司的 MTP 工艺以及中石化（上海）

石油化工研究院开发的 SMTO 工艺。

MTO 工艺过程的理论框架最初是由埃克森美孚公司的科学家 Silvestri 等人在 20 世纪 70 年代末期提出的。Silvestri 及其团队在一系列的基础研究中发现，采用特定类型的沸石催化剂，可以催化甲醇高效转化成低碳烯烃，如乙烯和丙烯。埃克森美孚公司最初开发的 MTO 催化剂为 ZSM－5，其甲醇转化乙烯的收率仅为 5%。

SAPO－n 分子筛是由美国联合碳化物（UCC）公司研制出的一种新型的硅－铝磷酸沸石，n 为结构型号。这类分子筛拥有从八元环到十二元环的孔道（对应孔径 0.3～0.8 nm）和中等强度的酸性。有研究者发现，对于 MTO 反应，小孔 SAPO 分子筛具有良好的催化性能。截至目前，八元环微孔 SAPO 分子筛因其独特的孔道结构、优异的择形选择性、适宜的酸性以及良好的热稳定性成为 MTO 工艺的首选催化剂。环球油品公司开发的以 SAPO－34 为活性组分的 MTO－100 催化剂，其乙烯和丙烯选择性分别达到 43%～61.1% 和 27.4%～41.8%，明显优于 ZSM－5，这使 MTO 工艺取得突破性进展。埃克森美孚公司在 SAPO－34 分子筛及 MTO 工艺领域拥有大量专利。埃克森美孚公司采用改良的 SAPO－34 分子筛作为催化剂，在反应条件为 0.1～0.3 MPa、400 ℃～500 ℃时，甲醇转化率为 100%，低碳烯烃的总产率超过 80%。

在 MTO 反应过程中，分子筛作为核心催化剂，其性能的优劣直接关系到反应的效率、产品选择性以及催化剂的长期稳定性。近年来，研究人员逐渐认识到分子筛催化剂的性能与其晶粒尺寸、反应动力学参数、物质传输属性（如扩散系数）之间存在紧密关联。基于此认识，为了提升 MTO 反应的效能，研究人员采取一系列催化剂设计与优化策略，例如：

（1）调控分子筛晶体形貌和尺寸。改变分子筛晶体的大小和形状能够影响其表面能和内部孔隙率，从而调整活性位点的数量和分布。较小的晶粒尺寸有助于增大催化剂的比表面积，增强反应物吸附能力和反应速度；而特殊的形貌设计则有利于改善传质效率，减小扩散阻力，促进更高效的反应路径。

（2）调节分子筛孔道体系。分子筛孔道系统的复杂度对其催化行为有显著影响。精确调控分子筛的孔径、孔道长度和连通性，可以优化反应物和产物的进出通道，避免积碳堵塞和过度裂解等问题，同时增强目标产物的选择性。比如，SAPO－34 催化剂因具有合适的孔径和酸性位点分布，在 MTO 反应中表现出了较高的丙烯产率。

（3）构建多级孔道体系。多级孔结构是指在单一催化剂颗粒内包含不同尺度的孔隙系统，旨在结合大孔和小孔的优点。大孔提供快速的宏观传质通道，而小孔则负责细化反应物的吸附和转化过程，这样既能加快反应速率，又能维持高的选择性。多级孔分子筛的设计使得催化剂能在保持较高活性的同时，降低副反应的发生概率。

（4）引入杂原子或功能团。掺杂金属离子或其他非硅元素（如硼、磷），或者修饰表面性质（如引入有机功能团），可以在不破坏原有骨架结构的前提下，调整分子筛的酸碱性、电子状态和亲疏水平衡，进而优化催化性能。

H–SSZ–13 是与 H–SAPO–34 类似的硅铝酸盐分子筛。由于 H–SSZ–13 分子筛中桥接羟基的酸性较强，MTO 反应过程中沸石晶体的内部空隙容易快速积碳，导致催化剂失活。2012 年，Wu 等创新性地利用两种模板剂（TMAdaOH 和二季铵型表面活性剂），成功制备了介孔 H–SSZ–13，其 MTO 的寿命是块体 H–SSZ–13 的三倍。其中，TMAdaOH 作为结构导向剂，而二季铵型表面活性剂的作用是产生足够的晶内介孔。近年来，埃因霍芬理工大学的 Hensen 课题组采用单/双季铵盐表面活性剂引入晶内介孔结构，制备多级孔 SSZ–13 分子筛材料，在甲醇制烯烃领域取得了一系列的进展。2016 年，他与乌特勒支大学的 Weckhuysen 合作，将 F 离子与双季铵盐表面活性剂相结合，构筑出双微孔–介孔复合的多级孔 SSZ–13 分子筛材料 SSZ–13–F–Mx，大大提高了传质速率，显著抑制了催化剂的积碳失活，延长了催化剂的寿命。

2016 年，吉林大学的于吉红院士团队创新性地采用了一种纳米晶种导向的合成策略，成功合成了具有微孔–介孔–大孔复合的多级孔道结构的 SAPO–34 分子筛催化剂。合成过程中仅需以课题组前期工作中制备的超薄纳米片层状 SAPO–34 为晶种，在无任何介孔导向剂的条件下，通过三乙胺的结构导向作用实现了高性能 MTO 催化剂的合成。与未引入晶种合成的 SAPO–34 分子筛相比，采用该法制备的 SAPO–34 样品，其晶体尺寸降低到 400～800 nm，而且存在 25～200 nm 的多级孔道结构。微孔–介孔–大孔复合的多级孔道结构的 SAPO–34 分子筛催化剂具有优异的 MTO 反应性能，与传统微米 SAPO–34 分子筛催化剂相比，其寿命延长了 4 倍，对乙烯和丙烯的选择性显著提高到 85%。

2024 年，Wu 等通过反应扩散实验和分子模拟的协同作用，揭示了催化剂在 MTO 反应中多级孔结构、催化性能和抗焦沉积性能之间的构效关系，阐明了多级孔 SAPO - 34 催化剂消除扩散极限和提高酸性位点可及性的机理。结果表明，多级孔结构的建立加强了反应物甲醇在孔隙中的扩散，导致扩散阻力降低至五分之一，扩散系数提高了两个数量级。速控步骤从微孔扩散转向多级孔中酸性位点的吸附，催化剂的催化效率提高了 3 倍。多级孔结构的构建，一方面使得焦炭沉积容纳空间扩大，减缓了由于焦炭沉积而导致的孔隙堵塞；另一方面相互连接的多级孔可以极大地促进传质和增强孔内酸性位点可及性，从而提高 SAPO - 34 催化剂的抗焦沉积性能。

2021 年，曼彻斯特大学的杨四海团队将 Ta（Ⅴ）和 Al（Ⅲ）中心引入分子筛框架来精细控制 ZSM - 5 分子筛的活性位点的微环境，设计得到一种新型的双位点 TaAlS - 1 分子筛。该分子筛具有超高的甲醇制丙烯催化性能，甲醇转化率为 100%，丙烯选择性为 51%，P/E 值为 8.3。表征结果显示，甲醇在 TaAlS - 1 孔道中形成了类似三甲基氧鎓中间体。甲醇催化转化过程中，该三甲基氧鎓中间体与活化的甲醇分子之间形成了第一个 C—C 键，而 Ta（Ⅴ）和 Al（Ⅲ）双位点之间的耦合作用为甲醇转化创造了极佳的微环境，有利于丙烯的形成。

中石化（上海）石油化工研究院的刘红星等人研制的第一代 SMTO 催化剂（SMTO - 1）于 2011 年应用于中国石化中原石油化工有限责任公司 MTO 工业装置，稳定运行 9 年，反应器出口气中双烯选择性保持在 79% 以上。2016 年，SMTO - 1 催化剂成功应用于世界最大的煤制烯烃项目——中天合创能源有限责任公司 3.6 Mt/a MTO 装置。

在 SMTO - 1 催化剂工业应用基础上，中国石化 SMTO 催化剂团队通过设计新型模板导向剂，创新分子筛合成思路，实现了硅铝磷物种水解速率的精准控制和结构单元构筑过程的精确调变，创制了具有"中空"叠层结构、扩散性能优良的 SAPO - 34 分子筛。相比于 SMTO - 1 催化剂，新一代 SMTO 催化剂（SMTO - 2）的相对结晶度提升了 45%，催化剂的活性中心密度提升了 26%。SMTO - 2 催化剂于 2019 年 7 月应用于中安联合煤化有限责任公司 1.7 Mt/a MTO 工业装置，反应器出口气中双烯选择性标定值为 82%；目前已稳定运行 4 年以上，长周期平均选择性达到 81.6%。

2. 中国的甲醇制烯烃工业化

在面对全球能源结构转型和环境保护的双重挑战下，MTO 技术成为中国化工与能源产业发展的关键突破口。长期以来，中国对外部石油的依赖严重限制了能源自主权，而低碳烯烃（如乙烯、丙烯）作为化工产业链的基础原料，其需求量巨大，却主要依赖于石油裂解。MTO 技术的崛起，打破了这一僵局。通过将国内充裕的煤炭、生物质和固体废弃物等资源转化为甲醇，再经由 MTO 技术高效转化为低碳烯烃，中国实现了烯烃原料来源的多元化，大幅降低了对进口石油的依赖，增强了国家能源安全和战略主动权。

中国科学院大连化学物理研究所自 20 世纪 80 年代以来始终在 MTO 的基础研究和工业化实践中走在世界前列。2015 年 1 月 9 日，技术带头人刘中民院士在人民大会堂从国家主席习近平手中接过国家技术发明奖一等奖证书，全场掌声雷动。这些成绩的背后是中国科研人员几代人 30 多年的坚持创新和默默奉献。

陈国权和梁娟研究小组在国内首先合成了 ZSM - 5 型沸石分子筛。几年后，研究人员终于研制出了甲醇制烯烃的固定床催化剂，并于 1985 年完成了实验室小试。

1989 年年底，中国科学院大连化学物理研究所的甲醇制烯烃攻关小组先后完成了 3 吨/年规模沸石放大合成及 4 ~ 5 吨/年规模的裂解催化剂放大设备，以及日处理量 1 吨甲醇规模的甲醇制烯烃固定床反应系统和全部外围设备等，并在此基础上于 1991 年 4 月完成了中试运转。

1995 年，采用国际首创的"合成气经由二甲醚制烯烃工艺"，完成了流化床甲醇制烯烃过程的中试运转。

1998 年，刘中民团队把 1995 年中试时采用的"合成气经由二甲醚制烯烃工艺"改为"合成气经由甲醇制烯烃工艺"。

2004 年，中国科学院大连化学物理研究所、新兴能源科技有限公司和中石化洛阳工程有限公司合作，进行甲醇制取低碳烯烃成套工业技术开发，建成了世界第一套万吨级（日处理甲醇 50 吨）甲醇制烯烃工业性试验装置，于 2006 年完成了工业性试验，该装置规模和技术指标均处于国际领先水平。

2006 年 5 月，DMTO 工业化试验宣告成功，每天可以转化甲醇 75 吨，而国外类似装置一天转化量还不到 1 吨。

2007 年 9 月 17 日，中国科学院大连化学物理研究所、新兴能源科技有限公司、中石化洛阳工程有限公司三方代表与神华集团在北京签订了 60 万吨/年甲醇制低碳烯烃（DMTO）技术许可合同。这是世界首套煤制烯烃技术许可合同。

2010 年 8 月 8 日，DMTO 装置项目在包头投料试车一次成功，甲醇单程转化率为 100.0%，乙烯和丙烯选择性大于 80%。

为了获得更高的低碳烯烃产出率，中国科学院大连化学物理研究所团队开发了一种双功能催化剂，它既能催化甲醇制烯烃，又能催化 C_{4+} 烃类裂解反应。基于这种催化剂，该团队开发了 DMTO 技术的更新版本——DMTO－Ⅱ技术。在 DMTO－Ⅱ装置中，原本在 DMTO 装置中被视为副产品的 C_{4+} 碳氢化合物可再循环到额外的流化床 C_{4+} 裂解反应器中，以增加乙烯和丙烯产量。

2009 年 9 月，中国科学院大连化学物理研究所团队与相关合作者一起对 DMTO 示范装置进行了改造，并将其升级为 DMTO－Ⅱ示范装置。

2010 年 5 月，DMTO－Ⅱ技术的示范实验成功完成。

2015 年，陕西蒲城世界首套甲醇制烯烃第二代（DMTO－Ⅱ）工业示范装置开车成功。

为了进一步提高烯烃的选择性和甲醇转化率，中国科学院大连化学物理研究所团队使用专门设计的纳米级 SAPO－34 分子筛以及更有效的合成工艺开发了一种新型 DMTO 催化剂。2018 年，宁夏宝丰二期 CTO 工厂开工，采用新型 DMTO 催化剂，使该装置生产每吨低碳烯烃对应的甲醇消耗量降至 2.85 吨。

3. MTO 催化反应机理研究

MTO 催化反应机理的重要性在于它不仅关系到反应的效率和产物选择性，还直接影响到催化剂的设计和工业应用的效果。

刘中民院士团队多年来深耕于 MTO 反应机理研究，取得了丰硕的成果：

2012 年，他们通过直接捕捉重要的反应中间物种——苯基和环戊烯基碳正离子中间体，从而确定了分子筛催化甲醇制烯烃的催化循环途径。

2015 年，他们通过对不同笼结构分子筛的甲醇转化及反应中间体的形成进行对比分析，提出笼结构的限域作用会影响反应中间体的形成和活性，进而控制烯烃产物分布的理论。

2017 年，他们采用原位固体核磁共振技术，在接近真实甲醇转化反应条件下研究 MTO 的催化反应机理。研究发现，在 ZSM－5 分子筛表面有源自二甲醚 C—H 键活化后生成的类亚甲氧基物种，得到了 C1 物种活化转化生成第一个 C—C 键的证据。据此，他们提出了甲醇在 ZSM－5 分子筛上的 MTO 反应路径：表面甲氧基/三甲基氧鎓离子协助甲醇/二甲醚活化转化的协同反应机理。

2018 年，采用色质谱（GC-MS）、飞行时间质谱（TOF-MS）、原位^{13}C 固体核磁共振技术及原位红外技术等多种谱学表征技术系统研究了甲醇在 SAPO-34 分子筛上的 MTO 反应机理。固体核磁共振实验结果表明，在反应的初始阶段（30~60 s）催化剂表面仅有吸附态的甲醇、二甲醚及甲氧基等 C1 物种存在，而这时气相产物中已有低碳烯烃（乙烯和丙烯）生成，说明初始 C—C 键是表面 C1 物种通过直接机理生成的。二维^{13}C—^{13}C 相关固体核磁共振技术揭示了表面吸附的二甲醚与表面甲氧基之间通过相互作用实现了甲醇转化第一个 C—C 键的构建。

2020 年，中国科学院大连化学物理研究所的叶茂与刘中民团队利用多尺度反应-扩散模型与结构照明成像技术实现了甲醇制烯烃过程中 SAPO-34 分子筛晶体中的反应物、气相产物、积碳物种以及催化活性位点的时空演化成像。通过模型模拟，研究人员可以了解到不同晶体粒度 SAPO-34 分子筛催化甲醇制烯烃反应过程，以及单一晶体中的酸性位点以及积碳物种的时空演化过程，最终实现复杂甲醇制烯烃反应体系中单一分子筛晶体尺度下反应物和气相产物的反应与扩散历程，揭示了积碳物种和酸性位点的时空非均匀演化过程。

8.3.2 甲醇转化制芳香烃

催化剂在 MTA 工艺中起到决定性作用，其性能直接影响着芳香烃的选择性和产率。目前，常用的催化剂体系主要包括：

（1）沸石催化剂：如 ZSM-5、SAPO-34、SAPO-18 等，通过精确调控沸石的孔径大小和酸碱性质，可以提高特定芳香烃的选择性。

（2）金属氧化物催化剂：如 MoO_3、V_2O_5 等，用于促进烯烃的脱氢和芳构化反应，有助于提高总芳香烃的产率。

1. 甲醇转化制芳香烃催化剂

ZSM-5 分子筛以其独特的规则的孔道结构、优良的热稳定性和可调变的酸性而成为 MTA 反应中的明星催化剂。世界各国的科学家们尝试用各种策略来改性 ZSM-5 分子筛，其中用金属或非金属改性是常见的改性手段。

2002 年，Freeman 等通过机械混合法制备了 Al_2O_3、Ga_2O_3、In_2O_3、Tl_2O_3 改性的一系列 ZSM-5 分子筛。结果发现：400 ℃反应时，Ga_2O_3 改性的 ZSM-5 分子筛 MTA 的产物中 C_7 和 C_9 芳香烃的选择性显著增加；而在 300 ℃反应时，Ga_2O_3 和 In_2O_3 改性的 ZSM-5 分子筛 MTA 反应的芳香烃收率都有明显得提高。

2012 年，Conte 等采用多种贵金属和过渡金属（包括 Ag、Cu、Ni、Pd、Ir 和 Ru）改性 ZSM - 5 分子筛，并在连续流固定床反应器中测试了催化剂的 MTA 反应性能。实验结果表明，与未改性的 ZSM - 5 分子筛相比，采用 Ag、Cu 和 Ni 等改性的 ZSM - 5 催化剂的 MTA 催化性能大幅提升，其中 $C_6 \sim C_{11}$ 芳香烃的选择性提高了两倍以上。此外，Ag 改性的催化剂主要增加芳香烃产物中 $C_6 \sim C_7$ 芳香烃的含量，Ni 改性的催化剂增加芳香烃产物中萘的含量，而 Cu 改性的催化剂增加产物中 $C_9 \sim C_{11}$ 芳香烃的选择性。

2014 年，Niu 等详细考察了不同制备方法对 Zn 改性的 Zn/ZSM - 5 催化剂的 MTA 反应性能的影响。结果发现，不同方法制备的 Zn/ZSM - 5 催化剂的 MTA 反应产物中芳香烃的选择性与催化剂上 $ZnOH^+$ 物种的数量呈线性关系。产物中芳香烃选择性增加的原因是 Zn 改性后分子筛上生成的 $ZnOH^+$ 物种降低了 B 酸强度，从而促进低碳烃脱氢转化为芳香烃。离子交换法制备的 Zn/ZSM - 5 催化剂拥有最为丰富的 $ZnOH^+$ 物种，MTA 反应中芳香烃的选择性也最高。同年，Bi 等采用浸渍法制备催化剂，考察了 Zn 的前驱物对改性 Zn/ZSM - 5 分子筛催化剂的 MTA 催化性能的影响。结果发现，不同 Zn 盐改性的 ZSM - 5 分子筛表面的酸强度和酸分布不同，从而影响其 MTA 催化性能。以硫酸锌为前驱物采用浸渍法改性的 Zn/ZSM - 5 催化剂表面存在中等强度的 B 酸中心，这些酸中心有利于提升 MTA 反应产物中芳香烃的选择性。

Zhang 等制备了 Cd 改性的催化剂 Cd/ZSM - 5。MTA 性能测试显示，Cd 改性可以明显提高产物中芳香烃的选择性。Cd 能够通过与 ZSM - 5 分子筛上的质子交换而减少催化剂的 B 酸中心数目，同时形成新的 L 酸中心，这有利于芳香烃产物的形成。实验结果表明，MTA 产物中芳香烃的选择性与 Cd/ZSM - 5 分子筛上的 L 酸浓度呈线性相关。

2018 年，Deng 等详细研究了 Ga 改性的 ZSM - 5 分子筛（Ga/ZSM - 5）MTA 反应的增效机制。吡啶吸附、固体 NMR 和 FTIR 等表征结果显示，阳离子 Ga 通过取代 H - ZSM - 5 上的 B 酸位点形成 L 酸位点。MTA 反应过程会产生 C_5 - 环烯烃和 C_6 - 环烯烃，并形成环状碳阳离子，而这些环状碳阳离子对 Ga/ZSM - 5 的反应性远高于 H - ZSM - 5，因而对芳香烃的形成起到促进作用。

2024 年，Wang 等采用自制的三维网络结构的大孔 - 介孔碳材料作为硬模板，通过自下而上的蒸气辅助结晶法合成了具有大孔 - 介孔 - 微孔的有序多级孔 ZSM - 5 分子筛。与传统的微孔 ZSM - 5 相比，有序多级孔 ZSM - 5 分子筛由于具有高度有序和完全互连的晶间多层次孔结构，其 BTX（苯、甲苯和二甲苯）的选择性从 18.02% 提高到 24.01%。随后，他们通过原位引入 Zn 制备了有序多级孔 3DOMmC－Zn－Z5－0.5 催化剂，其 BTX 选择性从 24.01% 显著提高到 29.9%，同时催化剂的寿命也由 6.5 h 增加到 8 h 以上，优于一般的同类型催化剂。这说明精确定制具有相互连接的大孔－介孔－微孔的有序多级孔 Zn－ZSM－5 分子筛对于提高 MTA 的活性和芳香烃的选择性、减少 MTA 过程的结焦来提高催化剂稳定性而言至关重要。

单一组分金属改性难以精准调变分子筛的酸性质，因此通过多组分负载分子筛以精准调变酸性质是目前该领域的一个热点。

2011 年，Ni 等采用共浸法制备了双金属改性的 La/Zn/HZSM－5 分子筛催化剂，并考察了 MTA 的反应性能。在反应温度为 437 ℃、反应压力为 0.1 MPa 和甲醇重时空速为 0.8 h⁻¹ 时，芳香烃选择性达到 64.0%，其中 BTX（苯、甲苯和二甲苯）的选择性为 56.6%。结果表明，La 是一种非常好的助剂，La 的引入能够抑制焦炭的生成，有效地延长催化剂的寿命，并提高芳香烃选择性。

2017 年，Jia 等通过简单的超声浸渍合成了 Zn/ZSM－5（NZ2）和 Zn/Ni/ZSM－5（NZ3）的 MTA 催化剂。XRD 和 HRTEM 结果表明，Zn 和 Ni 的掺入对沸石的基本结构的影响不大，但是，双金属改性后的 ZSM－5 分子筛的酸性质发生了巨大的变化。Py－IR 和 XPS 结果显示，引入的 Zn 能够与分子筛中的 B 酸中心相互作用，转变为 L 酸中心（ZnOH⁺），将部分强酸中心转化为中强酸中心。从 MTA 反应的实验结果可以看出，Zn 的引入能够增强分子筛的脱氢能力，抑制氢转移反应的发生，提高催化剂的芳构化性能。而助剂 Ni 的引入能够很好地抑制 Zn 物种的流失，并将部分 ZnO 物种转化为 ZnOH⁺ 物种，从而提高该催化剂的芳构化性能和稳定性。

2024 年，Vicente 等采用浸渍法制备了具有不同含量 Ca（0.02 wt% 和 0.5 wt%）的 Zn 改性的 ZSM－5 催化剂（2 wt%），并评估了它们在 MTA 和乙烷脱氢反应中的动力学行为。结果显示，双金属离子改性的 Zn（2）Ca（0.02）催化剂（ZSM－5 分子筛中 Zn 含量 2 wt%，Ca 含量 0.02 wt%），由于两种金属之间的协同作用，该催化剂具有优异的 MTA 催化反应性能。Ca 离子的引入限制了过度芳构化引起的焦炭形成，提高了催化剂的稳定性并去除了 Zn 簇，恢复了对形成轻质芳香烃具有活性的 B 酸位点。

2. 中国煤制芳香烃技术的进展与挑战

中国的煤制芳香烃技术正处于快速发展阶段，多家科研机构和企业正致力于将这一前沿科技从实验室推向工业化生产。主要的技术路线包括中国科学院山西煤化所的固定床甲醇制芳香烃技术、清华大学的循环流化床甲醇制芳香烃技术，以及河南煤化集团研究院与北京化工大学合作开发的煤基甲醇制芳香烃技术。这些技术方案各有特色，但共同的目标都是利用丰富的煤炭资源，通过中间体甲醇的转化，生产高质量的芳香烃类产品，特别是二甲苯，这是石化产业链中极为重要的基础原料。

（1）固定床甲醇制芳香烃技术。

中国科学院山西煤化所在 2017 年完成的百吨级中试项目展示了令人鼓舞的结果：甲醇转化率达到 100%，液相烃收率为 31%，芳香烃选择性高达83%。这一成就标志着该技术已经具备了一定的工业化潜力。

（2）循环流化床甲醇制芳香烃技术。

清华大学主导的循环流化床用醇制芳香烃技术采用循环流化床反应器，相比于传统的固定床反应器，其优点在于更高的物料利用率、更强的热稳定性以及更好的催化剂再生能力。这一技术特别适用于大规模工业化生产场景。

（3）煤基甲醇制芳香烃技术。

河南煤化集团研究院与北京化工大学的合作项目着眼于整合煤炭气化、甲醇合成与芳香烃转化三大环节，力求实现从原料到产品的全流程一体化解决方案。该项目强调的是资源的综合利用和环保效益。

根据理论计算，生产 1 吨二甲苯需要消耗 6.8～6.9 吨甲醇，而要获取这些甲醇，则需消耗超过 20 吨的煤炭。这个数据反映了煤制芳香烃工艺的高原料消耗特征，也提示我们在追求技术创新的同时，还需关注能源效率和成本控制问题。

8.4 CO_2 的转化

二氧化碳还原转化的主要方向有：加氢制甲醇（CH_3OH）、加氢制甲烷（CH_4）、加氢制合成气、加氢制汽油（芳香烃）、电催化制 CO 或甲酸（HCOOH）和生物催化转化等。下面主要介绍 CO_2 催化转化技术的研究进展。

8.4.1　CO₂转化为甲醇

二氧化碳加氢合成甲醇作为一种新兴的碳捕集与利用（CCU）技术，不仅能有效缓解温室气体排放带来的环境压力，还是实现低碳经济转型的重要途径。

1. 二氧化碳加氢制甲醇化学反应方程式

二氧化碳加氢合成甲醇有两条路径：一种是 CO_2 和氢气直接合成甲醇，另一种是 CO_2 和氢气反应生成 CO，然后 CO 和氢气反应生成甲醇。反应方程式如下：

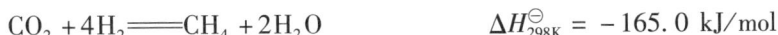

$$CO_2 + 3H_2 = CH_3OH + H_2O \qquad \Delta H_{298K}^{\ominus} = -49.5 \ kJ/mol$$

$$CO_2 + H_2 = CO + H_2O \qquad \Delta H_{298K}^{\ominus} = +41.2 \ kJ/mol$$

$$CO + 2H_2 = CH_3OH \qquad \Delta H_{298K}^{\ominus} = -90.6 \ kJ/mol$$

$$CO_2 + 4H_2 = CH_4 + 2H_2O \qquad \Delta H_{298K}^{\ominus} = -165.0 \ kJ/mol$$

二氧化碳加氢制甲醇反应中，温度、压力和 H_2 与 CO_2 摩尔比都是影响反应的重要因素。之前公开报道的研究结果表明，一般最佳反应温度区间在 373～573 K，反应压力在 0.1～3.0 MPa，H_2 与 CO_2 摩尔比范围在 2～10。二氧化碳加氢制甲醇是放热反应，随着温度升高，甲醇的选择性降低，因此温度升高对二氧化碳制甲醇不利。由化学反应式可知，二氧化碳加氢合成甲醇是摩尔数降低的反应，因此增加压力有利于反应的进行。

CO_2 加氢合成甲醇存在两种不同的反应路径：一种是逆水煤气路径，另一种是甲酸盐（$HCOO^*$）路径。逆水煤气路径是指 CO_2 首先经过逆水煤气变换反应得到 CO，然后通过羧基（$HOCO^*$）中间体氢化成甲醇。甲酸盐路径是指将 CO_2 转化为 $HCOO^*$ 中间体，然后再氢化成甲醇。

2. 二氧化碳加氢合成甲醇的原料获取

二氧化碳主要来自一些行业中，例如发电厂、炼钢厂和水泥厂的尾气的碳捕集，加氢制甲醇是对捕集 CO_2 的资源化利用手段。而氢气的来源可以有多种，即"灰氢""蓝氢"和"绿氢"。世界能源理事会将 H_2 分为三类：通过化石能源制备的"灰氢"、通过化石原料制备同时使用碳捕集、利用与封存技术制备的"蓝氢"以及通过可再生能源制备的"绿氢"。

根据氢气来源的不同，这一过程的产物被划分为三个主要类型：灰色甲醇、蓝色甲醇以及绿色甲醇，各自代表了不同的环境影响等级和碳足迹水平。

绿色甲醇代表着最高等级的环境友好性，其特点是完全依靠可再生能源（如太阳能、风能和潮汐能等）驱动的水电解法生产的氢气，再与大气中的 CO_2 或工业排放中的 CO_2 相结合合成的甲醇。

2018 年，中国科学院的白春礼院士等人首次阐述了"液态阳光"观念，其核心是将太阳能与 CO_2 和水结合起来生产绿色液态燃料（如甲醇、乙醇），实现总碳的平衡，以及从化石燃料到醇类燃料的转变。

3. 二氧化碳加氢合成甲醇的催化剂

1905 年，法国化学家 Sabatier 首次提出了通过 CO 和 H_2 反应产生甲醇的路线。他发现 Ni 基催化剂可以催化 CO 加氢反应，从而生产甲醇。巴斯夫开发的第一个商业化的合成气（CO/H_2）制甲醇工艺采用的是 $ZnO - Cr_2O_3$ 催化剂。这一工艺由 Mittasch 在 1923 年开发的，实现了合成气到甲醇的转化。20 世纪 60 年代，合成气的生产原料由煤改为石脑油/天然气，导致合成气的杂质减少。英国帝国化学工业公司（ICI）成功开发了 $Cu - ZnO - Al_2O_3$ 催化剂，在温和反应条件（220 ℃ ～ 300 ℃，5 ～ 10 MPa）下实现了甲醇合成。这种催化剂因具有高活性、高选择性以及良好的稳定性而成为商业生产甲醇的标准催化剂。

用二氧化碳合成甲醇，虽然理论上可行，但由于 CO_2 分子的惰性较高，将其还原成甲醇需要更为苛刻的反应条件和高效的催化剂。近年来，随着对温室气体减排和可再生能源利用的关注增加，CO_2 直接转化成甲醇的研究变得日益活跃。由于 CO_2 加氢制 CH_3OH 与合成气制 CH_3OH 反应存在较多相似之处，因此首先被广泛研究的催化剂体系就是之前被用于合成气制甲醇反应中的 Cu 基催化剂。然而研究人员很快发现 Cu 基催化剂在 CO_2 加氢制 CH_3OH 反应中存在着低温下催化活性差以及使用寿命短的问题，因此 Cu 基催化剂的改进是制甲醇反应的热门研究方向。科学家也开始探索新型的催化剂，如贵金属催化剂，以及配合特定的反应器设计和操作条件，以提高 CO_2 转化效率和甲醇选择性。

2017 年，Alvarez 在《化学评论》期刊上发表了一篇 CO_2 多相催化转化为甲酸、甲醇和二甲醚的综述文章。他根据 2006 年到 2016 年十年间 Scopus 检索出来的约 200 篇论文，粗略统计了 CO_2 催化加氢制甲醇的主要催化材料。统计结果显示，在这十年间发表的关于 CO_2 加氢制甲醇文献中，有 79% 涉及 Cu 基催化剂，紧随其后的是 Pd 基催化剂，占比 11.5%，还有 9.5% 是双金属催化剂。在 79% 的 Cu 基催化剂中，有 75.9% 涉及 Cu – ZnO 复合材料。第三组分的选择，Al_2O_3 占比 50%，ZrO_2 占比 32.7%。因而 Cu – ZnO – Al_2O_3 是研究最多的催化剂。Pd 基催化剂中使用最多的载体是 Ga_2O_3，之后是 CeO_2 和 SiO_2。下面我们先介绍 Cu – ZnO – Al_2O_3 催化剂的研究进展。

（1）Cu 基催化剂。

常见的 Cu 基催化剂载体有 ZnO、Al_2O_3、ZrO_2 和 CeO_2 等。自 20 世纪 60 年代以来，Cu – ZnO 组合一直是甲醇合成催化剂的首选。ZnO 被用作载体，有双重作用，既是结构助剂，又是电子助剂。一方面，ZnO 作为结构助剂将 Cu 纳米颗粒间隔开来，提高了 Cu 分散度和特定 Cu 表面积的暴露。另一方面，由于 Cu 和 ZnO 之间的金属/载体相互作用，ZnO 能够调节催化剂的电子性质。通常，商业甲醇合成 Cu – ZnO – Al_2O_3 催化剂是通过共沉淀制备的，一般含有 50～70 mol% 的 CuO、20～50 mol% 的 ZnO 和 5～20 mol% 的 Al_2O_3。

ZrO_2 具有大的比表面积，且热稳定性和机械稳定性强，用作载体可以提高 Cu 基催化剂对于产物的选择性。制备方法对 Cu/ZnO/ZrO_2 催化剂的催化性能有显著的影响。Frusteri 等研究发现，相比于传统的共沉淀法和柠檬酸配位法，草酸凝胶 – 沉淀法制备得到的 Cu/ZnO/ZrO_2 催化剂表现出更好的催化活性。Guo 等的研究结果表明，用表面活性剂辅助的共沉淀法制备得到的 Cu/ZnO/ZrO_2 催化剂因具有更强的 Cu – Zn 和 Cu – Zr 相互作用力而表现出对甲醇更高的选择性。ZrO_2 有单斜晶相 ZrO_2（m – ZrO_2）和四方晶相 ZrO_2（t – ZrO_2）等不同的晶相。通常，单斜晶相 m – ZrO_2 拥有更高浓度的 B 酸中心的 Zr—OH 基团、强的 L 酸 Zr^{4+} 离子和强的 L 碱 O^2 离子。据报道，与四方晶相 t – ZrO_2 制备的对应物相比，用单斜晶相 m – ZrO_2 制备的 Cu/ZrO_2 和 Cu/ZnO/ZrO_2 催化剂表现出更高的活性和甲醇选择性。与此不同，2014 年，Grabowski 等人研究发现，甲醇生成速率随着四方晶相 t – ZrO_2 含量的增加而增加，原因是氧空位的存在能够在低温下稳定热力学不稳定的 t – ZrO_2 相和 Cu^+ 离子。

2022 年，新加坡国立大学的曾华淳团队采用一种创新性的催化剂合成方法，制备了 Si – Cu – Zn 催化剂。该催化剂在温和反应条件下（200～280 ℃，3.0 MPa），表现出超越传统 Cu – ZnO – Al_2O_3 催化剂的甲醇产率和甲醇选择性，并且稳定运行 150 h 活性未明显降低。该催化剂的制备以 Cu_2O 纳米球和（3 – 氨基丙基）三甲氧基硅烷（APTMS）为前驱体，先以史托伯法合成铜 – 有机硅酸盐（Si – RNH_2 – Cu）纳米线网络；随后，引入可控比例的 Zn 并最终得到可控组分的预催化剂，预催化剂经过煅烧和还原后得到 Si – Cu – Zn 催化剂。表征结果显示，采用该合成方法制备的 Si – Cu – Zn 催化剂，由于 Cu 在预催化剂中的高分散性和结构促进剂 ZnO 的引入，不仅 Cu 纳米颗粒的尺寸小，还存在金属 Cu 和 ZnO 之间的强金属 – 载体相互作用。

近年来，随着对 CO_2 资源化利用和低碳经济发展的迫切需求，寻找高效、稳定的 CO_2 加氢制甲醇催化剂已成为催化科学与工程领域的热点。在此背景下，一系列新兴材料被开发出来作为 Cu 基催化剂的载体，以期改善催化剂的性能。

①分级介孔 Al_2O_3 和 SiO_2：这两种载体材料因拥有可控的孔径和大比表面积，能够为活性金属提供丰富的分散位点，有利于提高金属颗粒的均匀性和稳定性，从而提升催化效率。分级孔隙结构还可以有效缓解反应物和产物的扩散阻力，减少副反应的发生。

②$La_2O_2CO_3$：镧系金属氧化物作为载体，不仅能提高催化剂的耐硫性能，还能促进电子转移，增强金属 – 载体间的相互作用，从而提升 CO_2 的活化能力和甲醇的选择性。

③碳纳米纤维（CNF）：CNF 作为一种非金属载体，具有优异的导电性能和机械强度，能够加速电子传递，减少催化剂中毒的可能性，适合构建高性能的 CO_2 加氢制甲醇催化剂。

④还原氧化石墨烯（rGO）和氧化石墨烯（GO）：这类二维材料拥有极大的比表面积和丰富的官能团，不仅可以作为优良的载体，还能够通过调整官能团的种类和含量来调节催化剂的电子结构，进而优化 CO_2 加氢的反应动力学。

⑤金属有机框架化合物（MOFs）：MOFs 以其高度有序的多孔结构、可调节的孔道大小和形状以及易于修饰的功能性基团，在催化领域展现出巨大潜力。它们能够为 Cu 基催化剂提供理想的微环境，促进 CO_2 分子的吸附和转化。同时，MOFs 内部的孔隙结构也有利于产物的快速释放，避免了产物在催化剂表面的过度积累，从而保持催化剂的高活性和长寿命。

2014 年，华东理工大学的刘殿华团队采用钙钛矿结构的 n 型半导体材料 $SrTiO_3$ 为载体，制备了 $Cu – ZnO – SrTiO_3$ 催化剂。结果表明，从载体到 Cu 上的电子转移是 Cu 和载体之间金属与载体间电子转移的本质，这种电子转移进一步促进了氧空位（O_V）的生成。由于金属和载体的费米能级不同，两者接触会形成莫特 – 肖特基结，进而促进金属与载体间电子转移。此外，载体中的

O_V 增强了 CO_2 的活化，而与载体接触的 Cu^δ – 物种促进了氢溢出，界面上的 Cu^δ – O_V 可能是催化剂的活性位点，电子转移越多，相应的铜颗粒直径越小。

美国布鲁克海文国家实验室的陈经广等采用密度泛函理论计算与原位漫反射傅里叶变换红外光谱（DRIFTS）实验相结合的方法，确定了 Cu – 氧化物界面上 CO_2 加氢制甲醇过程中的关键中间产物和详细反应机理，并通过采用不同的氧化物载体（TiO_2 和 ZrO_2），改变了 Cu – 氧化物界面性质并调控了关键中间产物的吸附能，最终实现加氢活性的增强以及甲醇选择性的提高。密度泛函理论预测并经实验证实，Cu/ZrO_2 催化剂具有更优的反应活性以及更高的甲醇选择性。原因在于甲醇合成路径中的关键中间产物（$^*CO$、$^*HCO$ 和 $^*H_2CO$）在 Cu – ZrO_2 界面上的吸附能适中，有利于促进 $^*CH_3O$ 的形成，从而提高甲醇的选择性。尽管另一反应路径的中间产物 $^*HCOO$ 也在原位实验中被观察到，但其在 Cu – TiO_2 界面上的吸附太强导致相关活性位点被毒化，无法进行下一步反应。陈经广等的研究再次证实了通过不同的氧化物 – 金属界面改变关键中间产物吸附强度进而实现调控二氧化碳加氢产物选择性这一策略的可行性。

2017 年，厦门大学的林文斌团队利用金属有机框架化合物的限域效应，原位构筑了 Cu/ZnO_x@ MOF 催化剂。该催化剂表现出非常高 CO_2 加氢转化甲醇的活性，时空产率高达 2.59 $g_{MeOH}/(kg_{Cu}\cdot h)$，甲醇的选择性为 100%，比目前商业所使用的 Cu – ZnO – Al_2O_3 催化剂高 3 倍，并且在 100 h 内活性保持稳定。研究团队以含有 Zr_6 簇金属连接点及 Zn^{2+} 离子后修饰的 UiO – bpy MOF（bpy 代表 2，2′ – 联吡啶）为载体，利用 MOF 结构对生成纳米粒子 Cu 和 ZnO_x 的分散作用，原位还原得到超小 Cu/ZnO_x 纳米粒子（直径小于 2 nm）。这些小的 Cu/ZnO_x 纳米粒子被限域在 MOF 的纳米空腔中。

Wang 等采用胶体晶体模板法制备了具有三维有序大孔结构的 Cu – Zn – Zr（CZZ）催化剂。该催化剂在 220 ℃ 条件下反应，甲醇产率为 9.29 $mol/(kg_{cat}\cdot h)$，甲醇选择性为 80.2%。催化剂的三个组分所构成的 Cu – ZnO、Cu – ZrO_2 和 ZnO – ZrO_2 界面，在催化反应过程中各司其职，协同配合，完成 CO_2 的催化加氢反应。在 Cu – ZnO 或 Cu – ZrO_2 界面的活性位点上 H_2 发生解离吸附，而 CO_2 吸附、活化和随后的加氢反应都发生在 ZnO – ZrO_2 界面的活性位点上。

2021 年，Gina 等采用表面有机金属化学制备了 Cu 纳米颗粒负载在定制的载体 SiO_2（M 高分散在 SiO_2 上，M = Ti、Zr、Hf、Nb、Ta）上的催化剂。结果发现，催化剂上 L 酸位点的存在有效地促进了 CO_2 转化为甲醇的形成速率，这是因为 Cu 纳米颗粒外围甲酸盐和甲氧基表面中间体的稳定化。

（2）Pd 基催化剂。

由于优异的稳定性以及对烧结和中毒的抵抗力，Pd 基催化剂成为 Cu 基催化剂的一个颇具潜力的替代品。Pd 基催化剂的研究已广泛而深入，各种不同类型的载体，包括氧化物（如 ZnO、Ga_2O_3、CeO_2 和 In_2O_3）、介孔二氧化硅（如 SBA – 15 和 MCM – 41）和碳材料（如 CNTs 和 CNFs）等，被用以提高 Pd 催化剂的活性。此外，许多合成策略和方法，例如，湿润浸渍、溶胶固定法、共沉淀法、沉积 – 沉淀法（DP 法）、化学气相沉积法、柠檬酸盐分解和热解法等，已被研究者进行广泛而深入的研究。

1985 年，Bell 等研究了不同金属氧化物载体，如 SiO_2、TiO_2、MgO、Al_2O_3、La_2O_3 和 ZrO_2 等，对 Pd 基催化剂的 CO 和 H_2 合成甲醇催化性能的影响。结果发现，Pd/La_2O_3 催化剂表现出最高的反应活性，而 Pd/ZnO 对甲醇生成表现出最高的选择性。受此启发，1995 年，Fujitani 等首次系统考察了 Ga_2O_3、ZnO、Al_2O_3、TiO_2、Cr_2O_3、SiO_2 和 ZrO_2 等金属氧化物载体对 Pd 基催化剂 CO_2 加氢转化甲醇性能的影响。结果发现，载体对甲醇产率和选择性的影响显著，活性高低按以下顺序排列：Ga_2O_3 > ZnO > Al_2O_3 > TiO_2 = Cr_2O_3 > SiO_2 = ZrO_2。在反应条件 523 K、H_2/CO_2 = 3 和 5.0 MPa 下，Pd/Ga_2O_3 催化剂的甲醇产率为 10.1%，而之前被多数人认为活性最高的 Cu/ZnO 催化剂的甲醇产率仅为 4.2%。Pd/Ga_2O_3 催化剂的转化频率为 113.9，是 Cu/ZnO 催化剂的 20 倍。

天津大学的 Song 等详细考察了 Pd/ZnO 催化剂中 Al 掺杂的影响。研究结果表明，Al 的加入量对 Pd/ZnO 催化剂 CO_2 加氢转化甲醇的活性有显著影响。当 Al 的负载量低于 3.93 wt% 时，CO_2 转化率和 CH_3OH 产率随着 Al 含量的增加而增加。在铝含量为 3.93 wt% 时，Pd/ZnO 催化剂表现出最佳催化性能，其中 CO_2 转化率和 CH_3OH 产率分别比未掺杂 Al 的 Pd/ZnO 催化剂增加了 2.5 倍和 1.7 倍。结合各种实验表征和密度泛函理论计算，研究人员发现在 ZnO 中掺杂 Al 可以促进 CO_2 的吸附和活化，从而提高 Pd/ZnO 催化剂的催化性能。进一步增加 Al 的负载量至 3.93 wt% 以上，CO_2 转化率和 CH_3OH 产率都会降低，这归因于 $ZnAl_2O_4$ 尖晶石相和非晶态 Al_2O_3 在 ZnO 表面的形成，降低了催化剂的催化性能。

Pd/ZnO 催化剂对 CO_2 加氢制甲醇表现出高的活性和甲醇选择性，其中的 Pd – Zn 合金相通常被认为是活性相。Dorado 等详细研究了 Pd/ZnO 催化剂制备过程中前驱体种类和还原温度对催化性能的影响。结果表明，高还原温度有利于 Pd-Zn 合金的生成，从而提高反应活性。Maxim 等在真实的甲醇合成反应条件下，采用原位 X 射线吸收光谱、XRD 和时间分辨同位素标记实验等多种表征技术，对 CO_2 加氢过程机理进行了研究。研究发现，通过还原异质双金属 $Pd^{II}Zn^{II}$ 醋酸盐桥络合物制备的 Pd-Zn 合金（不含 ZnO 或者 PdZn/ZnO 界面）催化剂，CO_2 加氢的产物主要为 CO。这表明 Pd-Zn 合金相与 CO 的形成有关，并不提供从 CO_2 直接加氢生产甲醇所需的活性位点。CO_2 加氢制甲醇需要多功能催化剂，与 Pd-Zn 相接触的 ZnO 相的存在对于高效的甲醇生成至关重要。在该催化剂体系中，ZnO 负责活化 CO_2 并生成活性甲酸盐物种中间物种，而 Pd-Zn 合金解离 H_2。与典型的 Cu-ZnO-Al_2O_3 催化剂情况一样，选择性甲醇合成是 ZnO 相与 Pd-Zn 合金相之间存在协同作用的结果。

厦门大学的黄加乐等使用 MIL-68（In）纳米棒作为形貌模板剂合成了空心 In_2O_3 纳米管（h-In_2O_3），并以此为载体制备了负载型 Pd 催化剂 h-In_2O_3/Pd。该催化剂在 295 ℃ 和 3 MPa 条件下反应，CO_2 转化率为 10.5%，甲醇选择性为 72.4%，甲醇时空产率为 0.53 g_{MeOH}/(h·g_{cat})。研究发现，In_2O_3 上 Pd 物种的电子性质和金属-载体相互作用可以通过控制合成条件来进行微调，这是催化剂高活性和稳定性的来源。h-In_2O_3/Pd 催化剂中 Pd^{2+} 物种的摩尔分数达到 67.6%，是 In_2O_3@Pd 催化剂（21.3%）的 3.2 倍。对于实心棒状 In_2O_3 负载 Pd 来说，在反应后金属间的强相互作用导致 Pd 原子掺杂到载体表面，形成 Pd—In—O 电子结构，使得 Pd 与 In_2O_3 载体失去原有催化特性，在反应过程中容易团聚失活。对比负载在 MOF 表面制备的 In_2O_3@Pd 催化剂，由于体积收缩，Pd 与 In_2O_3 的距离过远，两者之间相互作用力过弱，无法促进表面氧空位的形成，显示出较差的活性与选择性。

CO_2 分子的键角固定且键能高，为了使 CO_2 分子活化，通常需要较高的温度和/或压力条件。而在较高的温度下，除了期望的 CO_2 加氢反应外，还会发生逆水煤气变换反应（$CO_2 + H_2 \longrightarrow CO + H_2O$）。这个反应会竞争性地消耗 CO_2 和 H_2，产生副产物 CO 和水蒸气，从而降低了甲醇合成的效率。当反应温度升高时，一方面，加快了 CO_2 的活化速率，有利于 CO_2 转化；另一方面，增强了 RWGS，从而出现 CO_2 转化率和 CH_3OH 选择性难以两全的"跷跷板"效应。

针对此项难题，中国科学技术大学的路军岭课题组设计了一种新型的 InO_x

包裹 PdCu 双金属纳米颗粒后形成的 $Pd_xCu_y@2c-InO_x$ 双界面催化剂，实现高 CO_2 转化率下高选择性转化甲醇的 "双赢" 局面。首先采用静电吸附的方法合成不同原子比的 Pd_xCu_y/SiO_2 双金属催化剂；随后利用原子层沉积（ALD）技术在 PdCu 双金属催化剂上精准沉积超薄的 InO_x 包裹层。结果表明，最优的 2 个 ALD 周期 InO_x 包裹的 Pd_1Cu_5/SiO_2 催化剂，在 270 ℃下，CO_2 转化率达到 22%，甲醇选择性维持 80%，能够在接近热力学平衡转化率时保持甲醇的高选择性，打破了 CO_2 转化率与甲醇选择性之间的 "跷跷板" 关系难题。

（3）氧化物催化剂。

在众多氧化物催化剂中，In_2O_3、CeO_2 和 MoS_2 因具有独特的物理化学属性而在 CO_2 加氢转化为甲醇的应用中受到了广泛关注。

In_2O_3 表现出比 Cu、Co 和贵金属催化剂更高的甲醇选择性以及比 ZnO 催化剂更高的催化活性。In_2O_3 催化剂由于易于通过负载或者修饰的方法来提高反应性能，因此受到研究者的广泛关注。2016 年，瑞士苏黎世联邦理工学院的 Martin 等首次报道了 In_2O_3/ZrO_2 催化剂，在近乎工业生产的条件下，催化剂使 CO_2 直接氢化制甲醇展现出超高活性、100% 的甲醇选择性以及极高的稳定性。相比于工业应用的 $Cu-ZnO-Al_2O_3$ 催化剂，该催化剂可以达到 100% 的甲醇选择性以及非常好的稳定性（在 5 MPa 和 300 ℃下运行 1 000 h 仍未出现明显失活）。其中 ZrO_2 与 In_2O_3 的相互作用被认为是高甲醇选择性的关键。天津大学的巩金龙制备了具有不同晶相（m：单斜晶相；t：四方晶相）的 ZrO_2 负载的 In_2O_3 催化剂，并用于 CO_2 加氢转化甲醇。实验结果表明，甲醇的选择性和产率与 ZrO_2 的晶相组成密切相关。$In_2O_3/m-ZrO_2$ 的甲醇选择性高达 84.6%，CO_2 转化率为 12.1%。此外，在较宽的反应温度范围内，单斜晶相负载的 $In_2O_3/m-ZrO_2$ 催化剂的甲醇收率远高于 $In_2O_3/t-ZrO_2$ 催化剂。原位拉曼光谱研究发现，在 $m-ZrO_2$ 上具有高度分散的 In—O—In 结构，这有可能是将 CO_2 转化为甲醇的主要活性位点。准原位 XPS 表征和 DFT 计算研究结果发现，In_2O_3 与 $m-ZrO_2$ 之间存在强的电子相互作用，电子从 $m-ZrO_2$ 转移到 In_2O_3，提高了 In_2O_3 的电子密度，从而促进了 H_2 的分解和甲酸中间体进一步氢化为甲醇。

2020 年，南开大学的胡同亮团队采用 MOF 模板导向策略，通过一步热解 MIL-68@UiO-66 晶体的方式成功地构筑了中空结构的 In_2O_3/ZrO_2 异质结催化剂。所得的 $In_2O_3@ZrO_2$ 催化剂在 In_2O_3 和 ZrO_2 之间具有丰富的异质结界面。

这些独特的 In_2O_3/ZrO_2 异质结界面为催化反应提供了丰富的活性位点，可用于促进 CO_2 加氢过程中 H_2 解离和 CO_2 活化。由于 $In_2O_3 - ZrO_2$ 之间的强相互作用从 ZrO_2 转移到 In_2O_3 的电子能够有效地促进 H_2 解离和甲酸盐（$HCOO^*$）和甲氧基（CH_3O^*）物质氢化为甲醇，提高甲酸盐中间体到甲醇的催化活性。实验结果表明，中空结构 In_2O_3/ZrO_2 异质结催化剂对 CO_2 选择性加氢制甲醇具有良好的催化性能。在 290 ℃ 下，CO_2 转化率为 10.4% 时，甲醇选择性高达 84.6%，甲醇时空产率高达 $0.29\ g_{MeOH}/(g_{cat}\cdot h)$。

8.4.2　CO_2 转化为甲烷

CO_2 甲烷化反应又被称为 Sabatier 反应，是在 20 世纪初期由 Sabatier 发现的一种使用 H_2 还原 CO_2 并生产 CH_4 的技术，其反应方程式如下：

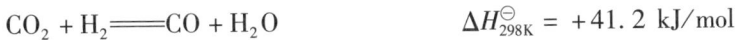

$$CO_2 + 4H_2 =\!=\!= CH_4 + 2H_2O \qquad \Delta H^\ominus_{298K} = -165.0\ kJ/mol$$

$$CO_2 + H_2 =\!=\!= CO + H_2O \qquad \Delta H^\ominus_{298K} = +41.2\ kJ/mol$$

从上面两个方程式可以看出，CO_2 甲烷化反应是一个强放热反应。从热力学角度考虑，低温是甲烷生成的。从动力学角度考虑，该反应需要较高的反应温度，因为 CO_2 分子化学惰性导致低温下该反应在动力学上难以发生。这里就存在热力学和动力学之间的矛盾，提高反应温度和 CO_2 转化率的同时，也会导致副反应加快，生成更多的 CO，甚至可能导致催化剂活性组分烧结而失活。

CO_2 甲烷化反应的重点是催化剂的研发，主要是通过研究催化剂的构效关系和强化活性位点功能来实现高催化活性和长寿命。为此，研究人员尝试用各种策略，例如，利用载体、助剂和制备方法等来提升催化剂的催化性能。

目前，CO_2 甲烷化反应研究的活性金属有很多，常见的有 Fe、Co、Ni、Ru、Rh、Pd、Pt 和 Ir 等。1974 年，Mills 等系统地研究了元素周期表Ⅷ族金属、ⅠB 族金属（Ag、Au）和ⅥB 族金属（Mo）的 CO_2 甲烷化反应性能，发现金属的催化活性按下面顺序降低：Ru > Rh > Ni > Fe > Co > Os > Pt > Ir > Mo > Pd > Ag > Au，贵金属 Ru 和 Rh 的活性远远高于过渡金属。2012 年，Beuls 等研究发现，Rh/Al_2O_3 催化剂在低温下（135 ℃ ~ 200 ℃）甲烷选择性达到 100%，而 Ni 基催化剂需在 500 ℃ 以上才能获得与 Rh/Al_2O_3 催化剂相同的反应效果。

Karelovic 等考察了 Rh/Al_2O_3 催化剂中活性组分 Rh 的粒径对 CO_2 甲烷化反应性能的影响。结果发现，$Rh/\gamma - Al_2O_3$ 催化剂在 CO_2 加氢制甲烷中的内在活性在 185 ℃ ~200 ℃ 的温度下不取决于颗粒大小，而在较低温度下，较大的颗粒具有较高的活性。Karelovic 等还研究了 Rh 粒径对 Rh/TiO_2 催化剂低温和常压下的 CO_2 甲烷化反应活性和反应机理的影响。催化剂的活性在反应温度 85 ℃ ~165 ℃ 和 $H_2/CO_2 = 4$ 条件下测试。实验结果显示，随着金属粒径增加到约 7 nm，每个表面 Rh 原子的甲烷生成速率增加。超过此粒径大小后，速率不会发生明显变化。对于小团簇尺寸（约 2 nm）的催化剂，活化能较高（高达 28.7 kcal/mol），而对于较大的颗粒（> 7 nm），活化能较低且不随尺寸变化（约 17 kcal/mol）。

Dong 等通过激光轰击合成了具有丰富氧空位的缺陷 TiO_x 纳米颗粒，并在光热还原的辅助下将 Ru 纳米颗粒均匀负载在 TiO_x 上制得 $Ru - TiO_x$。在缺陷 TiO_x 的高光热转换效率的辅助下，$Ru - TiO_x$ 的光热共催化甲烷产率达到 15.84 mmol/(g·h)，选择性高达 99.99%。在比较了不同波长下的甲烷产率后，证实了 $Ru - TiO_x$ 的光催化和热催化之间的协同效应。理论计算表明，TiO_x 的脱氧活性位点和 Ru 的加氢活性位点是高活性和高选择性的原因。

Tada 等考察了制备方法对 $Ru/m - ZrO_2$ 催化剂 CO_2 甲烷化反应性能的影响。研究发现，通过选择性沉积方法制备的 $Ru/m - ZrO_2$ 催化剂表现出非常高的活性，在 250 ℃ 时，获得了 82% 的 CO_2 转化率和超过 99% 的 CH_4 选择性。催化剂卓越的低温催化性能可归因于 Ru 和 ZrO_2 之间的强相互作用，增强了对 CO_2 分子的活化作用。

Park 等研究了 Pt 粒径对 Pt/Ga_2O_3 催化剂 CO_2 甲烷化反应性能的影响。Ga_2O_3 上具有低 Pt 负载量时形成了 Pt 簇，而具有高 Pt 负载量时则形成 Pt 纳米颗粒。Pt 簇主要是 CO_2 吸附更强的边缘和阶梯位点，而 Pt 纳米颗粒主要由梯田位点组成。Pt 簇比 Pt 纳米颗粒具有更高的甲烷选择性。反应条件下通过漫反射傅里叶变换红外光谱（DRIFST）进行表征分析，结果发现，Pt 簇主要显示甲酸盐峰，CH_4 的形成遵循甲酸盐路线。

McFarland 等使用反向微乳液合成制备了由 SiO_2 中高度分散的 Pd 和 Mg 聚集体形成的催化剂 $Pd - Mg/SiO_2$。在 450 ℃ 时，$Pd - Mg/SiO_2$ 催化剂的 CO_2 转化率高达 59%，CH_4 的选择性大于 95%；不含 Mg 的类似催化剂 Pd/SiO_2 仅具有将 CO_2 还原为 CO 等能力；仅含有 Mg 和 Si 的氧化物（不含过渡金属）的样品基本上不具备催化活性。这说明 Pd 与 Mg/Si 氧化物之间具有协同效应。

美国布鲁克海文国家实验室的陈经广团队采用可还原性氧化物负载的 Pt -

Co 双金属催化剂，实现了 CO_2 加氢产物选择性的调控。实验结果表明，TiO_2 负载的 Pt–Co 双金属催化剂倾向于将 CO_2 还原为 CO；而 ZrO_2 或 CeO_2 负载的催化剂则能够进一步将 CO 还原为 CH_4，其中的关键中间产物甲氧基在 AP–XPS 实验中被证实。同时，他们结合 DFT 深入研究了各个基元反应中间态与始末态之间的能量变化，继而得出各反应阶段的活化能，阐明了氧化物载体调控催化反应路径继而改变 CO_2 加氢产物选择性的机理。

在 CO_2 甲烷化反应中，贵金属如 Pt、Pd、Rh 和 Ir 等表现出极高的催化活性和选择性，它们能够有效地促进 CO_2 与 H_2 之间的化学键断裂与重组，生成 CH_4，而不会过度反应，形成如 CO、C_2H_6 等副产品，但其高昂的价格是制约大规模工业应用的一大瓶颈。以 Pt 为例，其价格远高于常规金属，而且全球储量有限，供应不稳定，导致使用成本居高不下。

对于追求经济效益的工业企业而言，高昂的催化剂成本意味着更高的初始投资和运行费用，降低了整体流程的竞争力。因此，在评估 CO_2 甲烷化技术的商业可行性时，寻找更经济、更可持续的催化剂替代方案成为关键。除了贵金属外，过渡金属如 Ni、Fe 和 Co 也被广泛研究，试图找到性价比更高的替代品。这些金属不仅成本低廉，而且在适宜的条件下能展现不错的催化活性和稳定性。

Zhang 等通过静电纺丝方法制备了具有大比表面积（高达 101.2 m^2/g）的 Ni/ZrO_2 纳米纤维催化剂。Ni/ZrO_2–ES 催化剂在 CO_2 甲烷化中表现出优异的催化性能，350 ℃时，CO_2 转化率为 81%，CH_4 选择性高达 99%，优于大多数报道的 Ni/ZrO_2 催化剂。对照实验显示，共沉淀法制备的 Ni/ZrO_2–CP 的催化性能较差，在 350 ℃时 CO_2 转化率为 54%，CH_4 选择性为 90%。表征结果显示，Ni/ZrO_2 纳米纤维可以形成更多的活性氧空位和具有更多的 CO_2 吸附位点。Ni/ZrO_2 纳米纤维催化剂的优异催化性能归因于 Ni 物种在纳米纤维表面的较高分散性、大比表面积、更多的氧空位、更多的 CO_2 吸附位，以及 Ni 纳米颗粒和 ZrO_2 纳米纤维之间的协同效应。

Yang 等制备了一系列由埃洛石纳米管（HNTs）负载的 Ni 基催化剂，研究 MgO 助剂在 CO_2 甲烷化中的作用。结果表明，引入 MgO 可以增强金属与载体的相互作用，从而产生更细、更稳定的金属颗粒。同时，MgO 还可以为 CO_2 活化提供足够的碱性位点和氧空位。在 275 ℃下，$NiMg_{1.0}/Na$–HNTs 也表现出优异的催化性能，CO_2 转化率高达 79%，CH_4 选择性为 97.5%。原位 DRIFTS

表明，$NiMg_{1.0}/Na-HNTs$ 催化剂上 CO_2 甲烷化的机制主要遵循甲酸盐途径。

Ai 等通过水热和浸渍方法制备了具有不同 Co 和 Zn 质量比的 Co_x/ZnO 催化剂。该催化剂在低的反应温度和反应压力下，显示出卓越的 CO_2 甲烷化催化性能。在 260 ℃的反应温度下，Co_5/ZnO 催化剂的 CO_2 转化率可达 82.27%，CH_4 和 CO 的选择性分别为 99.53% 和 0.047%。表征结果表明，与纯 Co_3O_4 和 ZnO 样品相比，当 Co 和 Zn 参与催化剂时，Co 和 Zn 之间的相互作用改善了催化剂的结构性质，增大了比表面积，在 Co_x/ZnO 催化剂中产生更多的氧空位，有效地促进了 CO_2 的活化，增强了 CO_2 甲烷化催化活性。

8.4.3　CO_2 转化为汽油

将 CO_2 转化为液态燃料，如汽油、柴油和航空煤油等，不仅是应对全球气候变化的一项重要策略，还是实现能源转型的关键途径之一。传统上，这一过程分为两步：首先通过逆水煤气变换（RWGS）反应将 CO_2 加氢转化为 CO，然后通过费托合成将 CO 进一步加氢生成各种链长度的烃类燃料。在这一序列反应中，Fe 基催化剂扮演着核心角色，其中 Fe_3O_4 作为 RWGS 反应的活性中心，而铁碳化物如 Fe_5C_2，则是费托合成过程的关键成分，负责引导碳链的增长和终止，决定最终产物的分布，这一分布通常受限于 ASF 规则。

然而，传统的两步法不仅能量消耗大，而且产物分布受 ASF 规则约束，难以精准调控产物类型和比例，尤其是高价值轻质液体燃料的比例相对较低。为了克服这些限制，科学家们致力于开发一步催化 CO_2 直接加氢转化为汽油的技术。这种一体化催化体系的优势在于简化了反应步骤，提高了原子经济性，更重要的是，它允许更精细地控制产物选择性，从而有可能突破 ASF 规则，大幅增加所需汽油组分的产出。

在追求一步催化 CO_2 加氢的过程中，催化剂的设计和制备成为研究的重点。研究者们关注催化剂活性位点的精确调控，以促进 CO_2 活化、氢吸附和 C—C 键耦合三个关键步骤，进而提高汽油选择性。

2017 年，中国科学院大连化学物理研究所的孙剑和葛庆杰等设计了一种新型的 $Na-Fe_3O_4/HZSM-5$ 多功能复合催化剂，成功实现了 CO_2 直接加氢制取高辛烷值汽油。该催化剂具有优异的稳定性，可连续稳定运转 1 000 h 以上。在 320 ℃、3 MPa 以及 $H_2/CO_2=3$ 的条件下，该催化剂 CO_2 转化率超过 30%，烃类产物中汽油馏分（$C_5 \sim C_{11}$）的选择性高达 78%，CH_4 和 CO 的选择性分别为 20% 和 4% 。产物中汽油馏分主要为高辛烷值的异构烷烃和芳香烃，满足国 V 汽油对苯、芳香烃和烯烃的组成要求。

该催化剂具有三种功能的催化活性中心，即 Fe_3O_4、Fe_5C_2 和 ZSM-5 上的酸性位点。Fe_3O_4 的作用是通过 RWGS 反应将 CO_2 还原为 CO，Fe_5C_2 活性位点的作用是将生成的 CO 经由费托合成转化为 α-烯烃。随后，α-烯烃转移到 ZSM-5 上的酸性位点进行齐聚、异构化和芳构化等反应，选择性生成汽油馏分的异构烷烃和芳香烃。CO_2 和催化还原的中间物（CO 和烯烃）在三种活性中心上分步进行反应，通过对催化剂多活性位点的结构及其亲密性效应的精准调控，可以有效地打破传统费托合成产物的 ASF 分布，实现高选择性地转化为汽油。单独的 $Na-Fe_3O_4$ 的 CO_2 还原产物是以 C_3 为中心的 $C_2 \sim C_{11}$ 烯烃，与 H-ZSM-5 结合后（$Na-Fe_3O_4$/HZSM-5）将产物转移到以 C_9 为中心的 $C_5 \sim C_{11}$ 异构烷烃和芳香烃上。研究发现，$Na-Fe_3O_4$ 与 HZSM-5 两种组分的空间分布对产物选择性影响至关重要。如果 $Na-Fe_3O_4$ 和 HZSM-5 混合得非常均匀，CH_4 的选择性会增加；而如果让两个组分空间上产生一定的距离，则会得到高收率的汽油馏分烃。

2017 年，中国科学院上海高等研究院的孙予罕和钟良枢团队设计一种 In_2O_3/HZSM-5 双功能催化剂，实现了 CO_2 一步加氢转化高选择性地合成汽油。在 340 ℃、3.0 MPa 的反应条件下，最高可以获得 13.1% 的 CO_2 转化率，同时 CO 的选择性为 40% ~ 50%，高于前文提及的 $Na-Fe_3O_4$/HZSM-5 催化剂。与传统费托合成催化剂转化产物中汽油馏分（$C_5 \sim C_{11}$ 烃）选择性低且多为低辛烷值直链烃不同，在该双功能催化剂上，CO_2 加氢烃类产物中 $C_5 \sim C_{11}$ 烃的选择性高达 80%，而甲烷仅有 1%，且烃类组分以高辛烷值的异构烃为主。催化剂拥有双活性中心，即 In_2O_3 和 HZSM-5 的酸中心。In_2O_3 表面的高度缺陷结构有利于 CO_2 分子的活化，并与氢气反应生成甲醇等含氧中间体，而 In_2O_3 较弱的加氢能力同时又避免了甲醇等含氧中间体深度加氢，从而降低了甲烷的选择性。HZSM-5 的酸中心能够使迁移而至的甲醇等含氧中间体快速地发生 C—C 键偶联反应生成汽油烃类组分。研究还发现，双功能活性中心间的距离对抑制 RWGS 反应、提高汽油馏分的选择性尤为关键。双功能活性中心间的距离短，有利于反应中间物的传递而拉动平衡移动，提高产物中汽油馏分的选择性；但距离过近，HZSM-5 的酸性中心数目会减少，导致催化剂快速失活。

在这之后，该团队还考察了不同类型分子筛对烯烃产物中的烯烷比的影响。结果发现，采用 SAPO – 34 分子筛，可以得到较高比例的 $C_2 \sim C_4$ 的烯烃；如果使用 Beta 分子筛，则产物会出现较多的低碳烷烃。

2021 年，中国科学院山西煤化所的谭猗生团队设计了一种 HZSM – 5 分子筛包覆氧化物表面的 Fe – Zn – Zr – T@ HZSM – 5 核壳催化剂，成功实现了对副产物 CO 的有效抑制，高选择性地合成高品质汽油。在 340 ℃、3 000 mL/（g·h）、5.0 MPa 反应条件下，Fe – Zn – Zr（0.1∶1∶1）– T – 24h@ HZSM – 5 的 CO_2 转化率为 18%，汽油烃中 C_{5+} 异构烷烃的选择性高达 93%，同时 CO 的选择性降低到 24%。研究发现，与 Fe – Zn – Zr 相比，采用 TPABr 水热处理后的 Fe – Zn – Zr – T 氧化物表面有利于 H_2 和 CO_2 的吸附，同时增强了反应中间物表面 $HCOO^*$ 物种的吸附强度和加快了表面 CH_3O^* 物种的脱附速率。在 Fe – Zn – Zr 氧化物上 CO_2 加氢是按传统的费托合成反应途径（检测到吸附态 CO^* 物种）进行的，而经 TPABr 水热处理的 Fe – Zn – Zr – T 上未出现吸附态的 CO^* 物种，因此费托合成路径受到明显抑制，主要遵循甲醇反应路径。

谭猗生团队曾在 2016 年采用简单且价廉的物理黏结法制备了一系列的核 – 壳结构的催化剂（其中催化剂的核为 Fe – Zn – Zr 金属催化剂，壳为分子筛），实现了 CO_2 高选择性地合成异构烷烃。研究发现，单壳层催化剂 Fe – Zn – Zr@ HY（2∶1）上，总烃选择性为 58.1%，异构烷烃和总烃的比率为 67.9%。双核壳催化剂 Fe – Zn – Zr@ HZSM – 5 – Hbeta（4∶1）上，总烃选择性增加到 60.8%，异构烷烃和总烃的比率达到 81.3%。

2024 年，椿范立团队设计和制备了纳米结构的 NaFeGaZr10 – H120 和空心结构的 0.2M – HZSM – 5（105）复合催化剂。研究表明，与传统合成方法相比，亚临界水热法制备的 NaFeGaZr 金属催化剂具有更加均匀和分散的纳米颗粒结构，这种独特结构有利于 Fe_5C_2 活性位点的产生，促进反应过程中间产物烯烃的形成。碱处理后的 HZSM – 5 产生了空心介孔结构，增强了芳香烃和其他产物在沸石孔隙通道内的转移，同时抑制了碳氢化合物的过度加氢裂化。该催化剂能够通过快速响应机制成功实现大规模商用汽油的选择性生产，时空产率高达 0.9 $kg_{gasoline}/(kg_{cat} \cdot h)$。日本工业标准 K2536 – 2 进行的 PONA 分析已经证实，使用 NaFeGaZr10 – H120 和 0.2M – HZSM – 5（105）从 CO_2 转化直接获得的液体燃料已经与日本商用汽油具有高度的相容性。

9 新型催化剂

随着新兴催化剂概念如雨后春笋般涌现，催化科学的舞台变得更加丰富多彩。其中，单原子催化剂（Single-Atom Catalysts，SACs）、二维催化剂、图灵结构催化剂、量子点催化剂、高熵合金催化剂、串联催化剂、金属有机框架催化剂、酶催化剂（特别是定向进化技术的应用）、铠甲催化剂以及贵金属纳米框架催化剂等，作为催化剂家族的新锐力量，展现出了前所未有的活性与选择性。它们不仅丰富了催化反应的类型与应用场景，还为解决复杂化学转换提供了新的思路和手段。

在这众多新兴概念中，源自中国智慧的单原子催化剂与铠甲催化剂尤为引人注目。单原子催化剂以其独特的结构设计——单个催化活性中心分散在载体上，实现了原子级别的高效利用和精准控制，极大地提升了催化效率和选择性。而铠甲催化剂则通过构建具有保护层的结构，有效地防止了活性中心的聚集与流失，增强了催化剂的稳定性和循环使用寿命。这两种概念的提出与实践，不仅体现了中国科学家在催化科学领域的创新思维与深厚积累，还彰显了我国在全球科学创新版图中日益增强的影响力。

本章简要介绍单原子催化剂和铠甲催化剂的基本概念和研究进展。

9.1 单原子催化剂

9.1.1 单原子催化剂概念的提出

单原子催化剂，这一概念虽然在 21 世纪初才被正式提出，但其历史可追溯至 20 世纪 60 年代。那时，科学家们便开始探索金属原子在催化反应中的独特作用，但真正的突破发生在 1999 年：当 Iwasawa 及合作者报道了以原子形态分散的铂催化剂 Pt/MgO 在丙烷燃烧中的卓越活性，其性能竟能与 Pt 纳米团簇相媲美。EXAFS 光谱技术揭示了 Pt 原子与氧原子之间独特的配位结构——仅含 Pt—O 键。这一结构的发现，不仅深化了我们对催化反应机理的理解，还为后续的研究指明了方向。进一步的研究发现，在反应条件下，这些孤立的 Pt 原子能够可逆地转化为 Pt_6 团簇与 Pt_1 原子状态，这种动态变化为催化剂的设计提供了新的思路。

进入 21 世纪，Stephanopoulos 等将 Au 和 Pt 以原子级别分散于 CeO_2 载体上，并在 WGS 反应中发现了其相较于传统纳米颗粒催化剂更为优异的性能。研究人员通过 CN^- 洗涤实验，去除了催化剂中的金属 Au 和 Pt 纳米颗粒成分，仅保留下原子级分散的金属 Au 和 Pt。令人震惊的是，酸洗前后，Au/CeO_2 和 Pt/CeO_2 催化剂在 WGS 反应中的活化能保持不变。由此得出结论：对于 WGS 反应，具有活性的金属 Au 和 Pt 纳米颗粒并不参与反应，真正的活性中心是与表面 Ce—O 基团密切相关的单原子 Au 或 Pt 物种。这一结果直接推翻了长期以来金属纳米颗粒作为主要活性中心的认知。

随后，清华大学的徐柏庆团队也在单原子催化领域取得了重要进展。在 1，3 - 丁二烯选择性加氢的研究中，他们采用单分散的 Au/ZrO_2 催化剂，再次验证了原子级分散 Au 离子作为高效催化活性中心的假设。通过调控负载量及 KCN 处理，他们发现极低负载量及处理后的样品展现出极高的转化频率。

2007 年，Lee 课题组在烷基醇的选择性氧化反应中，利用原子级分散的 Pd/Al_2O_3 催化剂取得了显著催化效果。其中 0.03 wt% Pd/meso - Al_2O_3 催化剂肉桂醇催化氧化的转化频率达到 4 400 h^{-1}，这一数值是当时报道的活性最高值。与 Au/CeO_2（120 ℃）的 538 h^{-1} 和 Ru/Al_2O_3 的 27 h^{-1} 的最佳值相比，这一结果毫不逊色。通过对比实验和高分辨球差扫描电镜（AC - STEM）的直观观察，他们首次直接捕捉到载体表面的单个 Pd 原子，这一发现无疑为单原子催化领域的研究提供了宝贵的实验依据。

2011 年，张涛与合作者李隽和刘景月等在《自然·化学》期刊上发表文章，正式提出了"单原子催化"的概念。团队采用共沉淀法合成了一种 Pt_1/FeO_x 催化剂，成功实现了 CO 的高效催化氧化。结合球差扫描电镜、X 射线吸收光谱（XAS）和傅里叶变换红外光谱（FTIR），他们确认了 Pt 物种呈现单原子分散状态。通过 DFT 计算，他们揭示出 Pt_1 位点是如何在 FeO_x 上稳定的，并成功解释了 Pt_1/FeO_x 催化剂表现出显著增强的 CO 催化氧化活性的原因。

随着 SACs 概念的提出，一个跨越国界的科研热潮随之兴起。世界各地的科学家被这一创新理念深深吸引，纷纷投身于单原子催化剂的研发之中，旨在解锁其在化工生产、清洁能源、环境保护等多个领域的无限潜能。通过不断优化载体材料的选择与设计、精细控制合成条件以及引入更为精准的表征手段，研究人员逐步克服了单原子催化剂制备过程中的技术难题，推动其从理论研究走向实际应用。

中国作为科研创新的重要力量，在单原子催化剂的研究浪潮中同样扮演着举足轻重的角色。自该概念提出以来，国内众多顶尖科研机构与高校积极响应，组建起一支支精锐的科研队伍，持续深化 SACs 的基础理论探索与应用开发。其中，中国科学院大连化学物理研究所的张涛团队、清华大学的李亚栋团队、中国科学院大连化学物理研究所的包信和团队、厦门大学的郑南峰团队、厦门大学的王野团队、浙江大学的肖丰收团队、中国科学技术大学的曾杰团队、中国科学技术大学的吴宇恩团队和东南大学的王金兰团队等，均在这一前沿领域取得了一系列令人瞩目的成就。

鉴于张涛院士与李亚栋院士在推动单原子催化剂领域发展所做的开创性贡献，2024 年，他们被授予未来科学大奖——物质科学奖。这不仅是对他们个人科研生涯的最高赞誉，还是对整个单原子催化研究领域的高度认可与鼓励。

什么是单原子催化剂？

单原子催化剂，顾名思义，是指活性金属以单个原子的形式负载于载体表面，通过与异原子键合的方式联接，形成具有独特催化活性的位点。单个金属原子 M 分散在载体上的此类材料被称为 $M_1/$载体（如 Pt_1/FeO_x），以表明该材料既是原子分散的，又是异质的。所谓的原子不同于物理意义上的电中性原子，也不同于气相的自由原子，而是与载体形成一定相互作用而稳定存在的活性中心原子。单原子催化剂不仅打破了传统纳米颗粒催化剂的限制，还在原子层面上实现了对化学反应的精准控制。

金属原子的配位环境可能相同，但更多情况是不完全一致的。当每一个单分散的活性金属原子配位环境完全一致时，单原子催化也是单位点催化（single-site catalyst）。单原子催化剂并不是指单个零价的金属原子是活性中心，单原子也与载体的其他原子发生电子转移等配位作用，往往呈现一定的电荷性，金属原子与周边配位原子协同作用是催化剂高活性的主要原因。

SACs 通过将金属活性中心以孤立的原子形式分散到固体载体上，展现出了卓越的催化性能。单原子催化剂的主要优势如下：

（1）SACs 中孤立的金属原子与固体载体之间存在着强烈的相互作用。这种强相互作用力是 SACs 高活性和选择性的重要来源之一。金属活性中心被固定在载体上，能够有效地避免金属聚集成团簇或颗粒，从而保持金属的高分散状态。这种高度分散的金属原子，由于与载体间的特殊作用，能够为反应物分子的活化提供有利的环境。

（2）SACs 的最大特点是其活性位点的最大化利用。在传统的催化剂中，金属往往以纳米颗粒的形式存在，而大部分金属原子位于颗粒内部，无法直接参与表面反应。相反，SACs 中的每一个金属原子都暴露在表面，可以直接与反应物接触并发挥作用。这一点对于昂贵金属的应用尤为重要，因为它可以显著降低催化剂的成本。SACs 不仅极大提高了金属的利用率，还意味着相同质量的催化剂可以拥有更多的活性位点。

（3）SACs 以其明确的活性部位和统一的反应界面，为深入理解和优化催化反应机制提供了前所未有的机会。SACs 的特点在于每个活性位点性质一致且相对独立，这意味着每一步化学反应都可以被清晰地捕捉和解析，这对于复杂催化过程的理解与机制探究意义重大。SACs 提供了一个理想的模型，让研究者能够细致入微地观察单个金属原子上的化学反应，这是传统多原子催化剂难以达到的精度。AI 算法，特别是机器学习和深度学习，可以从大量实验数据中挖掘规律，加速识别并预测反应中间体和产物，辅助解释复杂的反应动力学和热力学特征。SACs 的结构简单性和高度一致性的特点，为研究催化剂的结构与催化性能之间的直接联系创造了条件。AI 可以帮助建立量化模型，解析不同结构参数（如电子构型、配位环境等）如何影响催化活性，指导催化剂的理性设计。借助 AI 的强大计算能力和数据处理速度，科研人员能够基于 SACs 的基础研究，发现以往未知的催化反应路径，甚至是低能耗、高选择性的替代路线，促进绿色化学的发展。

9.1.2 单原子催化剂的载体

载体材料的选择对 SACs 的性能有着决定性的影响。理想的载体不仅能稳定孤立的金属原子，还能通过特定的界面作用调节金属中心的电子性质，进而影响催化剂的活性和选择性。例如，某些氧化物载体可以通过形成强 M—O 键来增强金属原子的氧化态，而碳基材料则可能通过 $\pi - \pi$ 相互作用促进底物的吸附和解离。在过去的十年里，SACs 在材料科学与催化领域掀起了一场革命性浪潮。然而，这一领域的飞速发展，离不开各类新型载体材料的发现与应用。从最初的金属氧化物出发，逐渐拓展到金属硫化物与氮化物、金属有机框架、碳基材料（如石墨烯和氮化碳）以及金属载体等，每一次载体材料的迭代都为 SACs 的设计与性能优化开辟了全新视野。

1. 金属氧化物载体

金属氧化物长期以来作为经典的 SACs 载体，提供了丰富的活性位点与良好的热稳定性。例如，Fe、Co 和 Cu 等金属离子在 TiO_2、Al_2O_3 和 CeO_4 等氧化物表面的分散，展现了出色的催化性能，尤其在加氢、氧化、裂解等反应中。然而，如何提高金属原子的载量与稳定性，避免团聚，一直是该领域面临的关键挑战。

2. 金属硫化物与氮化物载体

近年来，金属硫化物与氮化物作为新型载体展示了独特的电子特性与稳定性。这些材料不仅能为金属原子提供更强的电子配位能力，还能调节金属中心的电子状态，从而优化催化活性。比如，MoS_2、WS_2 等二维硫族化合物在氢化、脱硫反应中展现出卓越性能。而 TiN、VN 等氮化物在选择性催化氧化反应中也表现出高活性与稳定性。这些材料的独特性质源于它们的大比表面积和优异的电子传导性能，使得它们在许多工业催化应用中具有广阔的前景。

3. 金属有机框架载体

金属有机框架材料以其独特的多孔结构、大比表面积及可调变的孔径，成为 SACs 研发的热门载体。MOFs 不仅能够提供物理限域，还能够通过功能化处理引入各种官能团，实现对 SACs 活性和选择性的精细调控。MOFs 的多孔性允许分子级客体进出，同时为金属原子提供化学键结合点，确保了高负载量下的稳定锚定。

4. 碳基材料（石墨烯与氮化碳）

石墨烯与氮化碳作为碳家族的一员，凭借其高导电性、稳定性与大比表面积，为 SACs 提供了理想的支撑平台。石墨烯的平面 π 电子云能够促进电子传输，而氮化碳的氮原子则是强的电子给体，二者均能有效稳定金属原子，形成高效催化中心。特别是氮掺杂石墨烯与石墨相氮化碳（$g - C_3N_4$），已成为

SACs 合成与应用的重点研究对象。

5. 金属载体

将单金属原子嵌入金属基载体，金属基载体由于通常具备半导体或金属团簇的特性，拥有独特的吸光能力、氧化还原性质、表面酸碱度可调性、丰富的表面结合位点以及高活性晶格离子等优势，成为制备高效催化剂的理想选择。此外，对于负载型催化剂而言，金属 – 载体相互作用（M – SI）模式对于单原子（SA）位点的成功锚定至关重要。

从热力学角度来看，SA 金属具有相对较高的表面自由能，容易发生自聚集现象。为了确保 SA 金属能够原子级地固定在金属载体上，M – SI 模式需优于 SA 物种之间的金属—金属键（M—M）。这意味着通过优化 M – SI 模式，可以有效避免 SA 金属的团聚，保持其高度分散状态。M – SI 模式依赖于 SA 金属与金属载体之间独特的物理化学状态。具体来说，SA 金属可以通过以下几种方式锚定在金属基载体上：

（1）与表面配位不饱和位点（SCUS）上的原子键合。金属基载体表面可能存在终止于配位不饱和位点的非金属阴离子空位和金属阳离子空位，这些都可作为 SA 金属锚定或掺杂的 SCUS。然而，载体表面的 SCUS 密度通常较低，导致 SA 金属负载量不高。因此，在合成或预处理过程中，可通过物理化学方法有意设计增加 SCUS 的数量，以提高 SA 金属的负载率。

（2）取代表面原子。单原子锚定可以是载体表面元素掺杂的一种特定模式。杂原子可以通过孤立的表面原子掺杂、体相原子掺杂或多金属原子簇合等方式掺入载体材料中。其中，只有局限于载体亚表面的孤立金属原子才能被视为催化位点并定义为 SACs。这种锚定方式要求精确控制掺杂过程，以确保形成的是单个金属原子而非金属簇。

（3）与表面有机/无机官能团桥联或者配位。配位有机/无机配体的功能化可以使惰性的金属基载体变得活跃，从而结合杂原子。例如，在金属基载体表面接枝后，桥接配体可以为 SA 金属提供锚定位点。除了有机配体外，一些阴离子或碱金属离子也常用于桥接 SA 金属与基底之间。由桥接配体锚定的 SA 金属位点通常位于宿主基面以上，便于反应物接近它们，同时允许 SA 金属达到较高的覆盖密度，且不受宿主表面的物理化学状态限制。不过，这种方式的稳定性高度依赖于不确定的配体稳定性及配体与基底之间的相互作用强度。

（4）空间限域引起的表面嵌入。当 SA 金属被限制在一个较小的空间内时，SA 金属可能会因为空间限域效应而嵌入载体表面。这种锚定机制需要精心设计载体结构以创造合适的限域环境。

9.1.3　单原子催化剂的稳定策略

在 SACs 领域，载体的作用不可忽视。特别是当载体具备多孔性、功能化或含有固有缺陷时，它们能够在单原子锚定过程中扮演关键角色，为活性金属原子提供稳定支持，进而影响催化剂的整体性能。这种精细的互动机制，形成了四种主要的稳定机制：配体组合的 SACs（LASACs）、电子配位的 SACs（ESACs）、微孔限制的 SACs（MS–SACs）和缺陷稳定的 SACs（DS–SACs）。

1. 配体组合的 SACs

在这一稳定机制中，载体表面的特定配体直接与金属原子结合，形成稳定的配位环境，防止原子间的聚集，保证单原子状态的持久性。配体的选择性与多样性，使得这种稳定模式能够适应广泛的反应条件与催化剂需求。例如，SiO_2 因其丰沛的 OH 基团与开放的表面，成为理想的负载平台之一，尤其适用于接枝各种有机金属前驱体，生成高度分散的单原子催化位点。已知的过渡金属元素，如 Zr、Ta、Mo、W 和 Re，均已在 SiO_2 载体上成功稳定分散，显示出卓越的催化活性。不过，面对液相反应的应用场景，如何避免金属活性位点的流失与团聚仍是一项亟待攻克的技术瓶颈。

2. 电子配位的 SACs

N、S 和 O 等元素的存在赋予载体强电子配位能力，它们能够通过紧密的电子交互作用，将金属原子稳定于载体之上。聚合物复合材料富含 N 官能团，不仅提供充足的配位点，还享有可观的比表面积，促进了金属原子的均匀分散。热解后的 N 原子可围绕金属原子形成牢固的锚定结构。然而，要实现更高的金属原子负载量与增强催化位点密度，采用外来 N 或 S 掺杂来强化载体配位特性不失为良策。氮掺杂石墨烯、石墨相氮化碳等材料凭借其广阔的空间结构与可调电子属性，已证明能够显著改善 SACs 的稳定性和催化效能，通过促进电子转移，调控金属活性位点的电子结构，从而激发出意想不到的催化性能。

图 9–1 展示了单原子催化剂（以酞菁样 M—N$_4$ 配位为例）的多种配位结构，包括饱和配位结构、不饱和配位结构和过饱和配位结构。饱和配位结构通

常是指金属中心与周围的原子形成了完整的配位环境，这种结构往往表现出良好的稳定性，但可能会限制反应物的吸附和活化过程。相反，不饱和配位结构则因为存在空余的配位点，使得反应物能够更容易地接近金属中心，从而促进化学反应的进行。过饱和配位结构，顾名思义，是超过常规配位数的结构，这种结构通常会打破原有的电子平衡，引入额外的电子或空间效应，进而影响催化剂的活性和选择性。

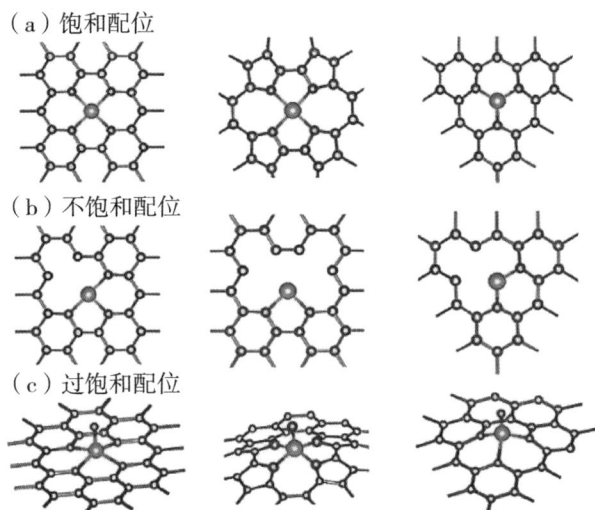

图 9-1　单原子催化剂的配位结构图

　　在众多单原子催化剂的结构中，M—N—C（其中 M 代表金属，N 代表氮，C 代表碳）构型因其具有简单性和稳定性而受到广泛关注。特别是在酞菁样 M—N$_4$配位中，金属位点与具有饱和电子结构的衬底位于同一平面上，这为催化剂提供了一个理想的平台。当去除一个或两个配位的 N 原子时，会导致金属位点从碳平面突出，这种突出的结构不仅有利于反应物分子的捕获，还能够增加金属位点的局部电负性，从而促进反应物的吸附和活化过程。除了不饱和配位结构外，过饱和配位结构如 M—N$_5$也是调节金属位点局部环境和增强电催化性能的一种有前途的方法。过饱和配位结构中的金属位点通常显示出更高的价态，这种孤立金属的电正性增加也有利于电解过程。此外，过饱和配位通常涉及一个与中心金属位点配位的额外轴向配体，导致独特的不对称电子分布。

轴向配体的存在不仅丰富了单原子催化剂活性中心的配位环境，还为催化剂的催化活性、稳定性和选择性等性能的调控提供了更多的思路和途径。例如，通过理论计算我们可以发现，轴向配体对 Fe/Co/Ni－四苯基卟啉共价有机骨架（Fe/Co/Ni－TPP COF）氧还原反应（ORR）活性有着显著的影响。

3.　微孔限制的 SACs

微孔载体的限制作用在 SACs 合成中同样举足轻重。诸如沸石、金属有机框架（MOFs）或共价有机框架（COFs）等材料，因其精确的多孔结构与有机配体的独特优势，既能为金属前驱体提供精准的空间限制，又可确保其稳定嵌入。沸石的微孔系统允许金属前驱体通过物理方式固定，后续经还原形成SACs。MOFs 与 COFs 则不仅提供物理拘束，还能通过化学键结合稳定 SACs，特别在配体包含孤对电子时效果更佳。此外，通过掺杂 N、S 或其他元素至MOFs 或 COFs 孔道，能够进一步提升 SACs 的稳定性与负载容量。

MOFs 由于其高度有序的结构和可调控的特性，成为 SACs 开发中金属原子稳定化的理想平台。以下是三种稳定金属原子在 MOFs 中的定位的有效策略：

（1）后处理金属原子移植到 MOFs 的有机配体。

通过后处理将金属原子嫁接到 MOFs 的有机链或环状结构中，是一种常见且有效的方法。这一策略的优势在于，金属原子可以直接与有机配体形成稳定的配位键，从而有效地固定在 MOFs 的内部，防止其迁移和聚集。通过精巧设计配体结构，研究人员能够调整金属原子的电子环境，进而调控其催化活性与选择性。此外，这种方法允许较高的金属载量，进一步增强了催化剂的整体催化性能。

（2）将金属原子嵌入 MOFs 的无机节点。

该方法是将金属原子直接整合进 MOFs 的无机节点处。这种策略的关键在于利用金属离子与无机簇之间的强化学键，确保金属原子的稳固位置。相比于有机配体，无机节点提供的配位环境更为坚固，能够更好地抵抗外界条件的干扰，例如温度波动和化学环境变化，使得金属原子在极端条件下仍能保持稳定。此外，这种嵌入式配置往往有利于催化过程的电子传递，提升催化效率。

在实际应用中，研究人员已经成功地将多种金属原子嵌入不同类型的MOFs 中，并在一系列重要的催化反应中取得了显著的效果。

（3）锚定金属原子于 MOFs 孔隙内的客体物种。

研究人员通过将金属原子锚定在 MOFs 孔隙内的特定客体物种上，形成了另一种有效的稳定机制。这种方式利用了 MOFs 的孔道结构，将金属原子置于预先设定的位置，通过物理或化学手段将其锁定，避免了随机分布带来的不稳定问题。孔隙内的客体物种可以是小分子或是特定的功能化配体，它们通过与金属原子的相互作用，形成额外的约束力，确保金属原子不会随意移动。这种方法的优点在于能够精准控制金属原子的位置和周围环境，为复杂催化反应提供更高的可调性和灵活性。

4. 缺陷稳定的 SACs

载体自带的缺陷特征，如晶格空位、边缘位点等，意外地为 SACs 的合成创造了有利条件。这些内在缺陷实际上起到了锚定金属原子的作用，通过物理或化学途径稳定金属原子，即使在严苛环境下也能确保 SACs 的持久稳定。这类 SACs 往往展现出优越的催化性能，因为缺陷本身降低了金属原子的迁移门槛，同时增强了金属与载体间的相互作用，确保了原子级别的稳定性。

2018 年，湖南大学的王双印等在国际期刊 *Small Methods* 上发表了一篇题为"基于缺陷的单原子电催化剂"的综述文章，系统总结了近期各种缺陷位锚定的单原子催化剂及其在电催化反应中的应用。目前，各种缺陷，如碳缺陷、掺杂缺陷、阴离子缺陷（如 O、S、N）和阳离子缺陷（如 Ni、Al、Ce 等）等被广泛用于制备具有优异催化活性和稳定结构的 SACs。

2020 年，中国科学技术大学的吴宇恩和同济大学的王颖等人在《美国化学会志》上报道了单原子催化剂制备的最新成果。该研究提出了一种创新性的阳离子交换策略，旨在精准合成边缘富含硫（S）和氮（N）双重修饰的单金属位点催化剂。选取硫化镉（CdS）纳米晶体作为前驱体，通过设计阳离子交换反应中的沉淀溶解平衡条件，成功地将 Cu、Pt 和 Pd 等金属原子以单原子或纳米级别的形式精确地嵌入 CdS 的晶格结构中。这种独特的方法使得目标金属原子在 CdS 框架内具有良好的分散性和表面可接触性，从而显著提升催化活性。实验设计中考虑到不同金属的沸点差异，利用低沸点的 Cd 母体可在高温条件下升华移除，而高沸点的客体金属，如 Cu、Pt 和 Pd 等，则被边缘丰富的硫和氮缺陷及时锚定。这一过程确保了金属原子能够在 CdS 结构中得到稳定固定，进而形成高度稳定的金属 - 原子强相互作用体系。结果表明，精确获得的 S、N 双重修饰的 Cu 位点在室温下催化苯羟基化时表现出高活性和低反应能垒，在室温下反应 24 h，实现了 42.3% 的苯转化率和 93.4% 的苯酚选择性。

9.1.4 单原子催化剂的制备方法

单原子催化剂合成策略与方法近年来取得了空前的发展，根据起始前体材料的差异，SACs 的合成主要可分为"自下而上"（bottom - up）和"自上而下"（top - down）两种合成路线。下面将从这两种合成路线出发，简述两种制备方式的原理、优缺点以及最新研究进展。

1. "自下而上"的合成

在"自下而上"的合成中，选择单核金属化合物作为起始前体，因此关键是在去除单核金属化合物配体的后处理过程中，实现这些单核金属化合物的原子分散，并稳定形成的单金属原子，防止其迁移和聚集。最直接和方便的方法是大幅降低金属载荷含量，并选择具有大比表面积的合适载体以及扩大金属原子的分散距离。然而，这种方法合成的 SACs 的金属负载含量通常较低，这限制了其在某些情况下的实际应用。

浸渍法是最早被用于制备 SACs 的方法之一，通过将金属前驱体溶解在溶剂中，然后将其浸渍到选定的载体上，随后经过干燥、焙烧等步骤得到 SACs。这种方法简单易行，但往往难以控制金属分散度和分布均匀性。

质量选择软着陆法则通过物理方法如溅射或蒸发来产生金属原子簇，再将这些原子簇沉降到特定载体上，形成 SACs。此方法能够较好地控制金属颗粒的大小和分散度，但对于大规模生产来说成本较高。

配位锚固法是科学家为了提高金属负载量开发出的一种有效策略。研究人员通过在载体表面构造具有孤对电子的配位原子如 N、P 和 S 等作为锚固位点，或者使用配位原子丰富的载体来吸附和锚固单核金属化合物。这些具有孤对电子的配位原子与金属种类具有很强的配位能力，从而形成稳定的单原子催化剂。

共沉淀法则是在溶液中同时加入金属前驱体和载体材料，通过共沉淀的方式使金属离子与载体紧密结合，再通过后续处理步骤获得 SACs。例如，研究人员通过共沉淀法可以制备出高分散性的单原子催化剂。张涛团队以 H_2PtCl_6 溶液和 Fe（NO_3）$_3$ 溶液为催化剂前驱体，采用共沉淀法成功制备了 Pt_1/FeO_x 单原子催化剂。这种方法能够确保金属离子在前驱体中的均匀分布，并在沉淀过程中有效控制金属颗粒的尺寸，从而获得高分散性的单原子催化剂。

原子层沉积（ALD）策略则是一种更为精细的制备手段，它通过交替沉积反应气体和载体表面来实现金属原子的逐层沉积，从而精确构建出高度分散的 SACs。ALD 技术的优势在于其能够实现对 SACs 结构的精确控制，但同样面临着高成本和高技术门槛的挑战。

主客体策略则是利用载体表面的特定结构来固定和分散金属原子，这种策略通常需要对载体进行特殊设计以提供合适的锚定位点。

光化学合成则是利用光能诱导金属前驱体的分解和还原过程，这种方法因其绿色可持续的特性而受到青睐。

在"自下而上"制备方法中，金属前驱体的选择至关重要，常见的金属前驱体包括金属硝酸盐、金属氯化物和金属乙酰乙酯等。这些前驱体在热处理或光照射下会发生分解，释放出金属原子或离子，随后在载体的辅助下形成 SACs。

2. "自上而下"的合成

相较于"自下而上"的合成路线，"自上而下"的合成路线则是从大块金属或金属纳米颗粒出发，通过物理或化学方法将其分解为单个原子，并将其固定在载体上。这种方法的核心在于如何有效地调控金属 M—M 键的断裂与金属－载体相互作用（MSI）的形成。在这一过程中，必须确保 MSI 比 M—M 相互作用更强以稳定单原子位点。此外，还需要避免小金属纳米颗粒在高温下烧结成较大的纳米颗粒。

Datye 等人报道的一种原子捕获策略就是这一思路的典型代表。在该研究中，1 wt% Pt NPs/Al$_2$O$_3$ 与 CeO$_2$ 混合后在 800 ℃的空气中老化。在时效过程中，CeO$_2$ 棒或多面体能够捕获移动 Pt 原子并形成 SACs。

对于高温热分解法，为了使原子分散的金属从金属纳米颗粒或大块金属的表面逃逸，通常需要高温来加速金属原子的热运动，并提供足够的能量来打破金属纳米颗粒或大块金属的金属—金属键。除高温外，适当的后处理气氛也很重要，根据目前的报道，富氧的环境条件比较适合。

电化学剥离法是一种典型的"自上而下"策略。该方法通过电化学手段将金属原子从大块金属表面剥离下来，并使其均匀分散在电解液中。随后，通过调节电解条件（如电压、电流密度等），研究人员可以实现对金属原子尺寸的精确控制，从而获得高度分散的单原子催化剂。MXene 材料的电化学剥离过程展示了"自上而下"策略的应用潜力。研究人员发现，MXene 材料的电化学剥离过程可以有效地将 $Mo_2TiC_2T_x$ – PtSA 转化为单原子催化剂。这种策略不仅能够提高金属负载量，还能够改善催化剂的稳定性和活性。

在寻求高效且易于推广的 SACs 制造方法上，中国科学院大连化学物理研究所的张涛与乔波涛团队于 2020 年在《自然·通讯》期刊上分享了一项重大突破。他们展示了一种新颖的策略，通过简单的物理混合与热处理工艺，成功批量合成了具有出色热稳定性的 SACs。他们将商用 RuO_2 粉末与 $MgAl_{1.2}Fe_{0.8}O_4$ 尖晶石（简称 MAFO）进行物理混合，随后在空气氛围中分别于 900 ℃ 或 500 ℃ 下煅烧 5 h。值得注意的是，这种合成策略不仅简化了制备流程，降低了生产成本，还有效提升了催化剂的稳定性和催化性能。AC – HAADF – STEM 成像结果显示，经处理后的样品呈现出高密度且均匀分散的 Ru 单原子，充分证明了该方法的有效性。

2022 年，韩国蔚山科学技术院的 Baek 等在《自然·纳米技术》期刊上发表了一篇引人注目的研究论文。该研究通过一种创新的"自上而下"的研磨方法，成功实现了金属块体的原子化，并将其负载到不同的载体上，这一过程不仅高效，而且环保。

这项研究的核心在于利用机械力在载体上原位产生缺陷，从而将块体金属（包括 Fe、Co、Ni 和 Cu）直接原子化。这种方法的优势在于，通过改变磨损率，可以轻松调整金属单原子的载量。更重要的是，整个制备过程不产生副产品、废物和污染，符合当前绿色环保的生产理念。

为什么在球磨过程中能够形成单原子 Fe 呢？

研究者认为，这是因为铁球在反复碰撞过程中将机械能转化为无序结构并诱发表面缺陷。这些活化的铁表面不仅作为催化剂诱导氮气分解为 N 原子，还为单原子催化剂产物提供 Fe 原子。此外，机械力在载体上原位产生缺陷，捕获并稳定地隔离原子化金属。在此过程中，氮气起到了重要的作用，Fe 原子通过跳跃机制从缺陷处迁移，很容易被 N 原子捕获，形成 Fe—N 化学键，这也抑制了单个 Fe 原子在载体表面聚集成团簇。

值得一提的是，该方法还可以扩展至其他金属，用于制备一系列"金属 – N – C"单原子催化剂。这些催化剂包括但不限于 Co、Ni 和 Cu，它们对氧还原反应的催化效果可以赶上甚至超越商用 Pt@C 催化剂。更有趣的是，合金球也能作为单原子金属来源。例如，用黄铜球可以在载体上同时负载单原子 Cu 和 Zn。这意味着通过选择合适的合金球，可以在同一过程中实现多种金属的原子化加载，进一步拓展了该方法的应用范围。除了石墨载体外，其他典型材料如氧化物（MgO、SiO_2 和 CeO_2）、氮化物（C_3N_4）等也可以作为单原子催化剂的载体，这为单原子催化剂的研究和应用提供了更多的选择和可能性。

9.1.5　单原子催化剂的表征方法

在催化科学领域，SACs 以其独特的原子经济性和高效催化活性脱颖而出，为传统催化技术带来了革命性的突破。然而，SACs 的成功运用，依赖于对其微观结构、电子状态及催化机理的深刻理解，而这恰恰需要一系列表征技术的支持。下面介绍几种主要表征技术，包括电子显微镜（EM）、红外光谱（IR）、X 射线表征技术、扫描隧道显微镜（STM）以及三维原子探针断层扫描（APT）技术。

1. 电子显微镜

电子显微镜成像技术是研究单原子催化剂不可或缺的工具之一。早在 1970 年，Langmore 等人便利用高分辨率透射电子显微镜（HRSTEM）技术，观测到了碳膜上的单个 U 和 Th 原子。随着电镜技术的不断进步，球差校正透射电镜（AC – TEM）或球差扫描电镜（AC – STEM）已经能够观察到单原子催化剂中的单个活性位点。这些先进的电子显微设备通常配备电子能量损失能谱（EELS）和能量色散 X 射线能谱（EDS）模块。研究人员通过 EELS 技术，可以获得关于单原子催化剂电子结构的重要信息。核心损失电子能级的能量损失近边结构（ELNES）与费米能级以上的电子态密切相关。在 EELS 中，当电子与材料中的原子发生非弹性散射时，会损失部分能量，这部分能量的损失分布即构成了 EELS 光谱。而 ELNES 正是这一光谱中能量损失较小的部分，它反映了电子与原子相互作用时，电子从低能级跃迁到费米能级以上高能级的过程。研究人员通过分析 ELNES 的形状、位置以及强度等特征，可以推断出单原子催化剂元素的化合价、电子结构以及原子周围的环境等关键信息。

2. 红外光谱

红外光谱基于分子振动能级的跃迁，当分子吸收特定频率的红外辐射后，引起分子中原子间化学键的振动，导致红外光谱中出现对应的吸收峰。由于不同的化学键拥有独特的振动频率，IR 能够识别分子的具体构成，就像化学家们的"指纹"数据库一样，帮助他们精准辨别 SACs 表面的官能团与配体结构。作为一种非破坏性的化学分析工具，IR 能够提供详细的分子结构信息，尤其适用于研究 SACs 复杂的表面化学与催化机制。例如，活性位点的确认：研究人员通过 IR 可以检测到吸附在金属原子表面的分子或中间产物，从而推断哪些位点参与了催化过程。研究人员通过红外光谱可以监测催化剂表面的吸附物种及其变化，从而揭示催化过程中的中间体和过渡态，为理解催化反应路径提供实验依据。IR 能够清晰地区分不同类型的官能团，如羟基（—OH）、羰基（C =O）、氨基（—NH$_2$）等，在 SACs 表面是否存在，这对于理解催化反应活性与选择性的决定因素至关重要。利用 IR 技术还可以研究环境效应的影响，通过考察气体分子（如 H$_2$O、CO$_2$）与 SACs 的相互作用，了解外部条件对催化性能的影响，为实际应用条件下的催化剂性能优化奠定基础。

CO 作为一种小巧而灵敏的探针分子，在红外光谱分析中大放异彩。通过观察 CO 在不同金属位点上的吸附行为及其键振动频率的细微差异，研究人员能够区分出 M$_1$ 位点与众多 NPs 之间的相对比例，这对于理解催化剂的活性位点分布及活性中心的性质至关重要。例如，通过精细的原位 CO 吸附实验，张涛团队揭示了 0.17 wt% Pt$_1$/FeO$_x$ 这一单原子催化剂的特性。从实验中可观察到，该催化剂仅显示出位于 2 080 cm^{-1} 的 CO 线式吸附峰。更重要的是，随着 CO 的逐步通入，这一吸附峰的位置保持不变，没有发生任何偏移。这一发现具有重要的科学意义，它表明吸附在催化剂表面的 CO 分子之间不存在偶极矩 – 偶极矩相互作用。换言之，吸附的 CO 分子之间的距离足够远，以至于它们之间的相互影响可以忽略不计。这一点直接证明了 0.17 wt% Pt$_1$/FeO$_x$ 是一种理想的单原子分散催化剂，其中 Pt 原子以单个原子的形式锚定在 FeO$_x$ 载体上。与此相对照的是，混合相 2.5 wt% Pt/FeO$_x$ 催化剂的表现则大相径庭。在该催化剂中，除了位于 2 030 cm^{-1} 的线式吸附峰外，还观察到了位于 1 950 cm^{-1} 的桥式峰以及 1 860 cm^{-1} 的界面吸附峰。更为关键的是，线式吸附峰的位置随着 CO 的逐渐通入发生了明显的偏移。这一现象揭示了一个不争的事实：在 2.5 wt% Pt/FeO$_x$ 催化剂中，除了存在单原子分散的 Pt 原子外，还存在一定量的 Pt 团簇。

Stair 等人利用了同位素标记的 ^{13}CO 与 ^{12}CO 之间的交换实验，揭示了 CO 在 Pt 纳米颗粒（Pt NPs）和单个铂原子位点（Pt$_1$）上的反应性差异。他们发现，相较于 ^{12}CO，^{13}CO 的吸附峰在红外光谱中发生了大约 50 cm^{-1} 的红移，这一现象直观地展示了同位素效应对振动频率的影响。当实验环境从 ^{13}CO 切换

到 ^{12}CO 时, ^{13}CO 在 Pt NPs 上的吸附峰迅速恢复至 2 080 cm^{-1} 处，与 ^{12}CO 的吸附峰位置重合，且仅用了短短 30 s。相比之下，Pt$_1$ 上的吸附峰恢复则需要长达 18 min，这一显著的时间差揭示了 CO 在两种不同位点上的吸附活性存在明显差别：Pt$_1$ 上的 CO 吸附活性低于 Pt NPs。

3. X 射线表征技术

X 射线表征技术也是研究单原子催化剂的关键手段之一。X 射线光电子能谱（XPS）和 X 射线吸收光谱（XAS）是常用的表征方法。XPS 技术可以方便地获取价态信息，通过比较样品与标准品之间 X 射线激发光电子的能量偏差，得到样品的价态，进而推断出其电子结构。而 XAS 则能够提供有关中心原子周围局部环境的信息，有助于理解单原子催化剂中金属中心的配位环境和电子状态。这些信息对于优化催化剂设计、提高催化性能具有重要意义。

4. 扫描隧道显微镜

扫描隧道显微镜作为一种具有原子级分辨率的表面探测技术，被广泛应用于表面科学研究领域。在单原子催化剂的研究中，STM 可以实现表面形貌的原子级分辨率观测，并且能够实现单原子操作。这对于深入研究单原子催化剂的表面结构和反应活性位点具有重要意义。

5. 三维原子探针断层扫描技术

三维原子探针断层扫描技术是近年来发展起来的一种强大的三维表征技术。它可以用于获取材料的成分信息，特别是局部微观成分。在 APT 表征过程中，用高压电离样品的指定区域，然后用质谱检测离子种类，获得元素分布。研究人员通过对各区域的元素分布进行积分，可以输出材料的结构信息。在单原子催化剂的表征方面，APT 技术能够弥补 AC - STEM 表征不能获得整体几何形状的局限性，为全面理解单原子催化剂的结构和性能关系提供有力支持。

9.1.6　单原子催化剂的研究实例

单原子催化剂领域近年来的迅猛发展得益于制备技术的不断创新、配位环境的精心调控、理论计算的深入应用以及载体与位点协同效应的探索。下面我们简要介绍一些单原子催化剂的研究进展。

1. 单原子催化剂的制备

单原子催化剂的制备面临着一系列挑战，其中最为人们所关注的便是金属负载量低、制备步骤繁杂、产品质量不一以及批量化制备方法缺失等问题。

2016 年，厦门大学的郑南峰教授及其研究团队，在《科学》期刊上发表了一项引人注目的研究成果。他们开发了一种室温下的光化学方法，成功制备出相对高含量、高稳定性的原子级分散 Pd_1/TiO_2 催化剂。这项研究中，团队成员利用光沉积技术，在乙二醇保护的超薄 TiO_2 纳米片上实现了单原子 Pd 的稳定分散。这种 Pd_1/TiO_2 催化剂中的 Pd 原子负载量达到了 1.5 wt%，远高于传统的低负载密度要求。更令人兴奋的是，这种新型催化剂在 C ═C 键加氢反应中表现出极高的催化活性，其表面 Pd 原子的活性比商业 Pd 催化剂高出 9 倍。而且，经过 20 个循环反应后，该催化剂的活性并未出现明显衰减，显示出了优异的稳定性。除了在 C ═C 键加氢反应中的应用，研究发现，Pd_1/TiO_2 – EG 体系能够通过异裂方式活化 H_2，这为醛类分子的催化加氢提供了新的可能性。实验结果显示，这一体系的催化活性比传统方法增强了超过 55 倍。这一发现不仅提高了催化效率，还为精确调控共轭不饱和醛类分子中 C ═O 键与 C ═C 键的加氢位点及加氢程度提供了新的途径。

过渡金属单原子催化剂在每个金属原子位点上都展示出非凡的催化活性，但它们的金属原子密度通常较低（小于 5 wt% 或 1 原子百分比），这限制了它们的整体催化性能。2021 年，莱斯大学的汪淏田与合作者开创性地发明了一种合成单原子催化剂的新方法，实现了高达 40 wt% 过渡金属原子负载量，比文献中报道的值高出数倍。研究人员利用石墨烯量子点界面上修饰的有机胺，通过强螯合作用/配位作用，将溶液中的过渡金属均匀分散并限域在表面。这种强相互作用改善了石墨烯量子点之间的连接，在冷冻干燥过程中形成 $Ir^{3+}/GQDs$ – NH_2 混合层状块体结构，随后在 NH_3 气氛下进行热解处理，最终得到了高密度 Ir 单原子修饰的催化剂。在此过程中，石墨烯量子点交织成碳基体作为支撑物，提供了大量的锚定位点，从而促进了高密度过渡金属原子的产生。这些金属原子之间具有足够的间距，避免了聚集。

为了进一步验证这种方法的有效性，研究团队分别合成了 Ni 负载量为 7.5 wt% 和 15 wt% 的单原子催化剂，并考察了它们在 CO_3 电化学还原反应中的性能。结果显示，两种不同 Ni 负载量的催化剂都实现了超过 90% 的 CO 选择性。当电池电压为 2.55 V 时，15 wt% Ni 负载量的催化剂的 CO 分电流达到了 122 mA/cm^2，比 7.5 wt% Ni 负载量的催化剂性能提高了 2.5 倍。这一结果表明，高负载量的单原子催化剂不仅提高了催化效率，还显著增强了整体的催化性能。

在实验室环境下，SACs 已经取得了显著的进展。然而，将这种先进的材料从小规模实验阶段推广到工业规模生产面临着多重挑战。这些挑战包括高昂的成本、批量生产技术以及产品一致性等问题。2021 年，广东石油化工学院的余长林等在 Green Chemistry 上发表了一篇关于 SACs 规模化制备的综述文章。文章探讨了 SACs 批量制备所面临的瓶颈问题及其解决策略，并介绍几种典型的无溶剂绿色合成方法。SACs 批量制备面临的主要瓶颈问题如下：

一是成本问题。制备 SACs 的成本一直是限制其工业化应用的主要障碍之一。为了解决这一难题，研究人员开始寻找廉价原料并开发高效的合成途径。中国科学院的胡劲松等人提出了一种级联锚定策略，通过将葡萄糖溶液与多孔碳载体及金属盐前驱体混合后进行三聚氰胺热处理，成功获得了高密度、高稳定性的 SACs。这种方法不仅大大降低了制备成本，还提高了材料的活性和稳定性，使其更适合大规模应用。

二是制备技术问题。要实现 SACs 的大批量制备，需要开发出适合大规模生产的通用技术。在这方面，球磨－煅烧联合法展现出巨大的潜力。这是一种无模板、无添加剂、无溶剂的大规模 SACs 合成方法，能够在常压下合成千克级的 SACs。这种技术极大地简化了生产工艺，降低了生产成本，同时确保了产品的高纯度和一致性。因此，它被视为推动 SACs 工业化生产的重要步骤。

三是产品质量问题。产品质量的提升需综合运用多种策略。环境调控、强金属－载体相互作用和空位锚定等手段可以有效提高 SACs 的性能和一致性。例如，采用乙二胺络合与惰性氛围下快速热处理相结合的方法，既实现了高负载的 SACs 制备，又显著提升了产品品质。这种方法通过精确控制反应条件，保证了金属原子在催化剂上的均匀分布，从而获得了性能优异的 SACs。

2022 年，加州大学的忻获麟教授及其合作者运用溶解和碳化策略，成功合成了涵盖 37 种单金属元素的 SACs，构建了迄今为止最为庞大的单原子催化剂库。这一开创性成果，不仅丰富了单原子催化剂的多样性，而且为材料科学与催化工程领域的理性设计提供了全新视角。

通过表征分析，研究团队揭示了单原子催化剂核心参数的统一规律，包括氧化态、配位数、键长、配位元素以及金属负载量等方面的关键影响因素。这些深入见解为后续的 SACs 设计提供了实证依据，特别是为 N 掺杂碳载体上原子级锚定点的精准控制开辟了前所未有的可能性。以这一单原子库为基础，研究者进一步探索了复杂的多金属相空间，证实了采用单原子锚定位点作为结构模块，构建含有多达 12 种不同元素的复杂单原子催化剂材料不存在本质障碍。这意味着，从单一金属到高度多元化合金体系，SACs 的应用边界得到了极大的拓宽。

2. 配位环境对单原子催化剂的影响

SACs 的结构并非单一，它由中心金属原子、紧邻的配位原子、载体及其表面的官能团共同构成。这种复杂的结构使得每个单元在催化过程中都扮演着不可或缺的角色。配位环境直接影响 SACs 的电子结构和化学活性。研究显示，适当的配位环境能够调节金属原子的 d 带中心能量，进而改变其对反应物的吸附能力和催化活性。

氧还原反应（ORR）在燃料电池和金属 – 空气电池中扮演重要角色，也是电合成过氧化氢的一种经济有效的方法。ORR 可以分为两种主要路径：两电子（$2e^-$ ORR）路径和四电子（$4e^-$ ORR）路径。在四电子路径中，氧气被还原为 H_2O，而在两电子路径中，氧气被部分还原为 H_2O_2。不同的反应路径决定了产物的不同，从而影响了其应用领域。

2021 年，澳大利亚阿德莱德大学的乔世璋团队在《美国化学会志》期刊上报道了其研究 $2e^-$ ORR 的单原子催化剂的新进展。他们通过采用"材料设计 – 原位光谱 – 理论计算"的三重研究策略，系统而深入探索了 SACs 的第一配位域和第二配位域对催化反应选择性的影响，并提出了一种新的观点：配位环境在调控反应选择性中起到了关键作用。传统的研究大多关注金属活性中心本身，而该团队发现，实际上，单原子催化剂的结构除了中心金属原子外，还包括紧邻的配位原子、载体及其表面官能团。每个结构单元都不可忽视。研究表明，单原子催化剂的配位环境（第一配位域和第二配位域）对于调控反应活性和选择性也至关重要（见图 9 – 2）。具体来说，不同的配位环境可以实现酸性条件下电催化氧还原从四电子路径到两电子路径的转变。这种调控不仅可以改变中间体的吸附稳定性，还可以促使真正的活性吸附位点从金属中心转变为周围的碳原子。

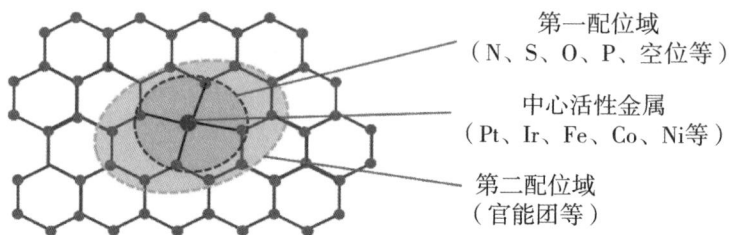

第一配位域
（N、S、O、P、空位等）

中心活性金属
（Pt、Ir、Fe、Co、Ni等）

第二配位域
（官能团等）

图 9-2　单原子催化剂的结构示意图

基于此，团队精心设计并合成了一类 O、S 共配位的 Co SACs，展现出当时酸性条件下最优的 $2e^-$ ORR 催化性能。在较宽的电压区间内，该催化剂展现出超过 95% 的 H_2O_2 产物选择性，对应到 590 mmol/（g·h）的 H_2O_2 生成速率，为酸性过氧化氢的绿色现场合成提供了材料保障和理论支持。

2024 年，德克萨斯大学奥斯汀分校的 Mitlin 在《先进材料》期刊上发表了一篇单原子催化剂方面的综述文章，重点介绍了单原子催化剂的碳载体配位环境在电催化，例如，氧还原反应、析氧反应（OER）、析氢反应（HER）、氮还原反应（NRR）及二氧化碳还原反应（CO_2RR）中的独特作用。文章聚焦于金属原子碳配位环境的调控，通过第一配位壳层的调控和第二层及更高配位壳层的调控，重点关注氮和其他非金属配位。例如，利用 N、S、P、B 和 Si 等元素作为中心金属原子的第一配位壳层配体，创造了一系列复杂多样化的 $M-N_x$、$M-N_3S/P/B/Si/O$ 和 $M-N_2O_2$ 构型，以此精准地调整中心金属原子的电子结构与活性位点的几何特性。这些调整直接影响催化活性与选择性，揭示了 SACs 的电子与几何结构之间的紧密联系。除了第一配位壳层外，对第二层及更高配位壳层的环境调控亦至关重要。研究指出，碳原子与掺杂原子间的电负性差异、价电子数目、长程电子离域等要素，均能影响 SACs 的电子结构，进而优化其电催化性能。诸如 $M-N_x-C_yS_z/Se_z$、$M-N_4C_xP_y$、$M-N_3SC_xB_y$ 等配置的出现，显示了对单原子位点进行多层次调控的可能性，为电催化的效能与稳定性带来质变。

2024 年，华盛顿州立大学的 Wang 教授团队在《美国化学会志》期刊上发表了一篇最新的研究报告。研究重点聚焦于一种创新热稳定型 TiO_2 负载 Pd 单原子催化剂，该催化剂通过对 Pd 原子的局部配位环境进行精细调控，克服了传统 Pd 基催化剂因高温团聚而导致效能衰减的问题。通过引入 H_2 处理，研究人员调整了 Pd 原子与 TiO₂ 载体的交互模式，促成了短距 Pd—Ti 配位的形成，这是维持 Pd 单原子状态在高温条件下保持稳定的关键所在。这种独特的配位结构保证了即便在恶劣环境下，Pd 仍能保持孤立原子形态，防止团聚现象的发生。实验发现，Pd—Ti 配位在 CO 氧化反应中展现出动态性质，O₂ 或 CO 分子介入时，部分替换原有 Pd—Ti 连接处的钛原子位置，这一机制不仅加强了 CO 吸附，还激活了周围的氧物种，极大地提升了催化活性。实验数据表明，H₂ 处理的 Pd 单原子催化剂在 120 ℃下的转化频率超过了 O₂ 处理的 Pd 单原子催化剂一个数量级，充分验证了这种方法在催化性能提升上的显著成效。

由厦门大学的王野教授、傅钢教授与中国科学院上海应用物理研究所的姜政教授共同提出的一种新颖策略，展现了在沸石内部稳定锚定单原子催化剂的能力，尤其在烷烃脱氢反应中表现出色。他们通过第二种金属——铟（In）的作用，实现贵金属原子（如 Rh）在沸石 ZSM – 5 内的定点锚定，构建出单原子 Rh – In 团簇催化剂。这一策略的核心是在反应条件下利用 In 的动态迁移特性，促使 Rh 原子与沸石框架紧密结合，形成稳定高效的脱氢催化剂。该催化剂在连续纯丙烷脱氢反应中展示出长达 5 500 h 的超常稳定性，丙烯选择性高达 99%，丙烷转化率接近 550 ℃下的热力学平衡值。即使在 600 ℃的苛刻条件下，该催化剂也能维持丙烷转化率超过 60%，丙烯选择性不低于 95%，展现了极高的耐热性和持久性。该催化剂在 450 ℃～650 ℃的宽温域内，对 C₂～C₄ 烷烃的转化率达到热力学平衡值附近，显示出优异的烯烃选择性。在非氧化丙烷脱氢（PDH）反应中，该催化剂的稳定性超过了 1 200 h，即便在极端工况下，如纯丙烷环境中，也能在 5 500 h 内保持活性无明显下降。在 45% 丙烷转化率情况下，丙烯时空产率（STY）可达 600 mol/(g_{Rh}·h)，远超同类 Pt 基催化剂 1～2 个数量级，彰显了其优越性的催化效能。

研究揭示，In 不仅充当了"溶剂"，使得 Rh 原子得以在沸石内部均匀扩散和定位，还在 In—Rh 原子间形成 $RhIn_4$ 锚定点，强化了 Rh 与沸石框架的结合，有效防止了 Rh 原子的聚集与流失。原本非选择性且不稳定的 Rh 基催化剂转变为高选择性、超稳定的 PDH 催化剂，这种方式大幅度提升了催化效率和耐用性。

3. SACs 催化剂的理论研究

尽管 SACs 的结构简单，其催化活性的起源却一直是科学界的一大难题。NiN_4 SACs 在二氧化碳还原反应（CO₂RR）中展现出优异的活性，这一现象与传统理论认知相悖，引发了科学家们的广泛兴趣和深入探索。近日，东南大学的王金兰团队在《美国化学会志》期刊上发表了他们的研究成果，揭示了单原子催化剂活性的物理起源，为这一领域带来了新的理论突破。他们通过对 NiN_4 SACs 的深入研究，首次提出了"杂化态转变"的新模型，这一发现不仅解答了长期以来关于 SACs 催化活性起源的谜团，还为电催化剂的设计和应用提供了新的指导思路。

王金兰教授团队的研究聚焦于 N 掺杂碳负载 Ni SACs，这种催化剂在 CO_2 RR 中的应用表现出了极高的催化性能。通过系统的理论计算，他们发现 dsp^2 杂化的 Ni 中心是 NiN_4 SACs 的基态，但这种状态下的 Ni 中心对 CO_2RR 是惰性的。这意味着，尽管催化剂的基本结构已经确定，但其在实际反应中的活性表现远未达到预期。研究团队进一步探讨了工作条件下 Ni 中心的变化，他们发现外加电势的增加和反应中间产物的吸附会诱导 Ni 中心的杂化态转变，从惰性的 dsp^2 态转变为活性的 d^2sp^3 态。这一转变过程对于理解 SACs 的催化机理至关重要。形成的 d^2sp^3 态 Ni 中心具有优异的 CO_2RR 催化性能，这一发现与实验数据高度吻合，验证了"杂化态转变"模型的正确性。

这一研究工作的意义远不止于此。它不仅揭示了 SACs 催化活性的物理起源，还为 SACs 的设计和应用提供了新的视角。传统的催化剂设计理念往往依赖于经验性的试错法，而"杂化态转变"模型的提出，使得科学家们能够从理论上预测和设计具有更高催化活性的 SACs。这种基于电子结构进化原理的设计策略可能会彻底改变未来催化剂的设计方向，为电催化领域带来革命性的影响。

2024 年，王金兰团队运用 DFT 的计算方法，首次建立了氮掺杂碳载体单原子催化剂（MN_4SACs）在 CO_2 还原反应中的结构与稳定性关系。这项研究首先考虑了多个因素对 SACs 稳定性的影响，并通过系统机制的研究确定了初始氢吸附在配位 N 原子上的重要作用。具体来说，这种吸附过程被认为是决定金属原子是否溶解的关键步骤。如果氢分子能够有效地吸附于配位 N 原子上，则可以显著提高 SACs 的整体稳定性；反之亦然。基于此，研究人员构造了一个由电子数目和电负性构成的描述符，该描述符能够快速准确地预测 SACs 的稳定性。这意味着未来科学家们可以通过简单的计算方法来评估不同类型 SACs 材料的潜在性能，从而加速新型高效催化剂的研发进程。

为了进一步提高 SACs 的稳定性而不改变其活性中心的特性，研究团队提出了通过调控局部几何结构的创新策略。这种方法旨在优化原子间的空间排列方式，使得整个催化体系更加稳固耐用。实验结果表明，采用上述手段确实能有效增强 SACs 的稳定性，同时保持较高的催化效率。这不仅验证了理论模型的正确性，还为实际应用中的催化剂设计提供了新的思路和技术路径。

4. 载体空位与单原子位点的协同效应

载体空位在单原子催化剂中发挥着至关重要的作用，它们不仅提供了额外的吸附位点，增强了扩散速率，还与单原子催化剂产生协同效应，共同提高了催化性能。

2024 年，广东石油化工学院的李泽胜团队在 *Chem Cat Chem* 期刊上发表了一篇综述文章，深入探讨了 SACs 与载体空位之间的协同作用机制。通过详细的分析，该文章揭示了载体中不同类型空位对催化剂性能的影响，包括阴离子空位、阳离子空位和杂化空位等，为未来催化剂的设计提供了重要的理论基础。

阴离子空位，例如氧空位就广泛存在于金属氧化物载体中。金属氧化物中的氧空位具有高吸附能，是理想的 SACs 的锚定位点。氧空位的存在，促使金属氧化物电子结构和配位环境发生显著变化，缩小了金属与载体的距离，加强了相互作用，有助于 SACs 的形成与稳定。研究揭示，氧空位与金属如 Ru 之间的电子协同作用明显降低了催化速率确定步骤的能量势垒，优化了电催化性能。此外，氧空位显著提高了电导率和电荷转移效率，强化了催化过程中的电子传递速度，对 SACs 性能提升起到了核心作用。

阳离子空位可以调节催化剂的几何与电子属性。例如 Jin 等人通过在镍铁层状双氢氧化物（LDH）中引入阳离子空位（M^{II} 或 M^{III}），成功打造了几何和电子属性可调的 Ru SACs。这一策略使 Ru—O 配位环境和单原子 Ru 的电子构型变得易于调制，显著提升了苯甲醇氧化效率。阳离子空位赋予了 SACs 更多的调控灵活性，进一步优化了其催化性能。

杂化空位具有协同增效的作用。例如，Tang 等研究人员利用嵌入在缺陷丰富的 MXene 纳米片中的过渡金属（TM）原子，如 $Ti_{3-x}C_2O_y$ 和 $Ti_{2-x}CO_y$ 含有 Ti 空位，可作为氮还原反应（NRR）的单原子电催化剂。精心调节 TM 原子与 Ti 空位的协同作用能合理控制极化电荷，优化 $^*N_2H$ 结合强度，显著提升催化性能。这一策略揭示了 Ti 原子与额外氧空位的协同效应，共同促进催化剂活性的飞跃。

5. SACs 催化剂的应用

烯烃的加氢甲酰化是有机合成中至关重要的反应，尤其是在醛的生产中。长期以来，这一过程在脂肪族烯烃中得以广泛应用，但对于芳香族烯烃而言，面临着支链产物偏好生成的问题。中国科学院大连化学物理研究所的乔波涛研究员与张涛院士领导的团队创新性地采用单原子催化剂体系（Rh_1/CeO_2），通过耦合反应实现了对芳香烃加氢甲酰化反应产物选择性的调控。采用 Rh_1/CeO_2 催化剂，无须添加有机膦配体的情况下，通过与 WGS 反应耦合，苯乙烯可以高选择性地转化为 3 - 苯基丙醛，正异比达到了惊人的 3：1。与此不同的是，CeO_2 负载的 Rh 纳米催化剂（$5Rh/CeO_2$），尽管 Rh 负载量是 Rh_1/CeO_2 的 10 倍，目标产物为苯丙醇，而非 3 - 苯基丙醛，但仍保持了以正构为主的特征，体现了催化剂形态对产物类型的影响。

9.1.7 双原子催化剂

SACs 近年来在多相催化领域成为研究热点，因其高原子利用率和优异的催化性能而备受关注。然而，SACs 面临的挑战也不容忽视：一是活性位点孤立的问题，单个金属原子活性位点往往导致催化过程中难以克服某些关键步骤的能量壁垒，降低了催化剂的活性并限制了其应用范围；二是中心金属载量限制与稳定性问题，影响催化剂的活性和实用性。

早在 20 个世纪 70 年代，科学家们就发现某些生物体中的金属蛋白具有独特的催化功能。例如，甲烷单加氧酶（MMOs）就是一种天然存在的双金属蛋白，其活性位点仅由两个 Cu 原子构成，这两个铜原子之间的距离仅为 2.26 Å。通过计算模拟，科学家们发现这种高度紧凑的结构极大地限制了两个铜原子之间的距离，因此它们只能与一个氧气分子作用。然而，令人惊讶的是，这两个 Cu 原子能够高效地将甲醇转化为甲醛和水，并且产物选择性接近 100%。

为了克服 SACs 的固有缺陷，科研人员提出了双原子催化剂（DACs）概念，也属于单原子催化剂家族的一员，旨在通过构建含有两个相邻金属原子的活性位点，充分发挥金属间的相互作用，实现超越单一原子的综合效应。

双原子催化剂的结构多样性为其功能化提供了广泛的空间。目前，科研人员已经开发出多种类型的双原子催化剂，包括异核双原子催化剂、同核双原子催化剂，以及带碳载体或不带碳载体的双原子催化剂等。异核双原子催化剂，顾名思义由两种不同的金属元素组成，它们之间的相互作用可以产生独特的催化性能。同核双原子催化剂则是由相同的金属元素构成的。

双原子催化剂的这种协同效应并非简单地达到 $1+1=2$ 的效果，而是通过电子轨道的相互杂化耦合或两个金属原子位点之间的独特空间排布，实现了一系列优化催化性能的作用机制。具体而言，协同效应能够调节局部电子结构，使得催化过程中的电子转移更为顺畅，从而提高整体反应效率。进一步地，协同效应还能优化催化剂的吸附、脱附特性，这是催化反应中的关键步骤。

在 M—N—C 型的双原子催化剂中，当分散的单个原子足够接近时，会发生一种独特的现象——两个相邻的单原子或两对双原子团簇之间会形成强烈的相互作用，从而产生 M—N—C 的双活性中心，并显著提高其催化性能。这种现象被称为间距增强效应。

间距增强效应一般可以通过以下三种方式来实现：一是增加双原子催化剂表面两个金属活性位点的数量。增加催化剂表面金属活性位点的数量，可以使得更多的单原子或双原子团簇相互靠近，从而提高它们之间的相互作用概率和强度。这种方法简单而直接，是实现间距增强效应的有效途径之一。二是设计和控制双金属原子间短距离的二元催化剂。通过巧妙设计催化剂的结构，双金属原子之间的距离保持在一个较短的水平。这样，即使不增加金属活性位点的总数，也能通过缩短原子间距离来增强它们之间的相互作用。这种方法需要对催化剂的结构进行精细的设计和控制。三是通过引入非配位原子来调节与中心原子的距离。这些非配位原子可以作为"隔离层"，使得中心原子之间的距离保持在一个合适的范围内，从而优化它们的相互作用。

电子效应指的是金属原子之间的电子重新分配和电荷传递现象，这一过程能够调整催化活性位点的电子结构，从而更有利于反应物的吸附和转化。那么，究竟是什么导致了这种电子效应？又是如何通过电子效应来优化催化性能的呢？

双原子催化剂的电子效应主要源于不同元素间的相互作用。这些元素的原子在空间中以特定的几何配置存在，这样的配置决定了它们之间键合电子的能级。正是这些能级的差异，电子可以在原子间发生转移，从而产生电子效应。

最近，广东石油化工学院的李泽胜等在 *Small* 上发表了双原子催化剂方面的综述文章。通过分析大量的文献，他们总结出导致电子效应的三个主要原因：

（1）双原子位点之间的电子转移。当两种不同的金属原子紧密相邻时，它们之间的电负性差异会导致电子从一种金属原子转移到另一种金属原子上。这种电子转移不仅改变了金属原子的电荷状态，还影响了周围环境的电子云分布，进而影响反应物的吸附和活化过程。

（2）相邻金属活性位点之间的 d–d 轨道杂化效应。在某些双原子催化剂中，两个金属原子的 d 轨道会发生重叠，形成杂化轨道。这种杂化作用会诱导局部电子分布的不对称性，改变金属原子的电子性质，从而影响催化活性。

（3）相邻金属位点具有独特的长距离自旋耦合效应。在一些特定条件下，相邻的金属位点可以通过结构适应和电子转换实现长距离的自旋耦合。这种效应不仅能够稳定反应中间体，还能降低反应的活化能，从而提高催化效率。

2021 年，中国科学院大连化学物理研究所的黄家辉和合作者在《ACS 催化》期刊上报道了双原子催化剂研究的新成果。研究人员在氩气氛围下对 TiO_2 负载的单金属羰基化合物和双金属羰基簇合物进行了处理，分别制备出了单原子催化剂 Ir_1/TiO_2 和 Mo_1/TiO_2，以及双原子催化剂 Ir_1Mo_1/TiO_2。

研究发现，双原子催化剂的协同催化作用极大地提高了硝基苯乙烯催化加氢反应的活性和选择性。与传统的单原子催化剂 Ir_1/TiO_2 相比，新型双原子催化剂 Ir_1Mo_1/TiO_2 使得 4–硝基苯乙烯的加氢转化率从 87% 提升至 100%，而产物中 4–氨基苯乙烯的选择性则从 37% 大幅跃升至 100%。这一显著的性能提升，无疑为硝基苯乙烯的高效转化提供了新的解决方案。深入探究其背后的机理，可以发现单原子催化剂在催化过程中存在一定的局限性。H_2 活化和 4–硝基苯乙烯的加氢反应发生在同一活性中心上，导致了加氢位置的不确定性，从而产生了三种不同的加氢产物（见图 9–3）。然而，在双原子催化剂 Ir_1Mo_1/TiO_2 中，单 Ir 原子位点负责活化 H_2，而单 Mo 原子位点则负责吸附硝基苯乙烯，两者协同作用，有效提高了目的产物 4–氨基苯乙烯的选择性。

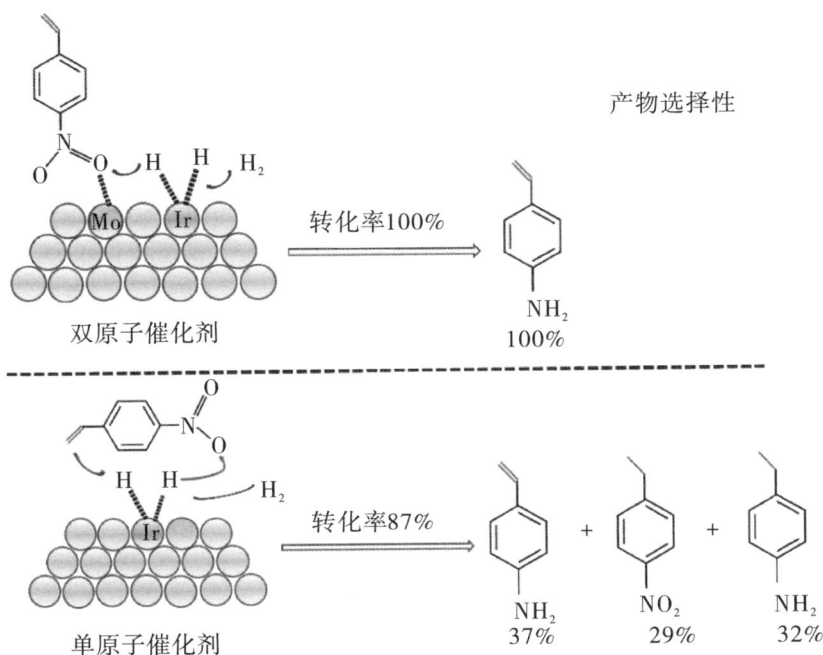

图 9-3　双原子催化剂 Ir_1Mo_1/TiO_2 上协同催化作用

　　2023 年，清华大学的牛志强团队在《美国化学会志》期刊上发表了关于大环前驱体介导双原子催化剂库的通用合成的研究论文。这项研究的亮点在于，团队成功通过一种创新的大环前驱体介导方法，合成了包括 6 种同核（Fe_2、Co_2、Ni_2、Cu_2、Mn_2 和 Pd_2）和 4 种异核（Fe-Cu、Fe-Ni、Cu-Mn 和 Cu-Co）在内的十种双原子催化剂。该合成策略基于封装-热解方法，其中多孔材料封装的大环复合物通过在热解过程中保留分子框架的主体来介导 DAC 的结构。在十种催化剂中，Fe-Cu 双原子因其独特的性能脱颖而出。氧还原反应性能表明，Fe-Cu 双原子对芬顿过程具有显著的抑制效应，从而表现出高稳定性。这一发现对于提高催化剂的稳定性具有重要意义，因为传统的芬顿路径往往会导致催化剂的快速失活。而 Fe-Cu 双原子则能够有效避免这一问题。

　　在塑料污染日益严重的今天，清华大学的王定胜课题组带来了一项令人振奋的科研成果——在加压双级串联固定床反应器中，使用 Co、Ni 双原子催化剂（Co-N-Ni），成功实现了将聚苯乙烯（PS）高选择性地降解为乙苯。该研究采用的 Co-N-Ni 催化剂是通过将 Co 和 Ni 原子锚定在 N 掺杂的石墨烯上，巧妙地实现了空间上的匹配，使得催化剂与苯乙烯分子间的相互作用更加高效。通过球差电镜、XPS和同步辐射拟合等表征手段，科学家们确定了该催化剂为N桥连的Co、Ni双原子结构（N_3—Co—N—Ni—N_3）。这种独特的结构赋予了该催化剂优异的塑料降解催化性能。在双级串联反应器中，相比于单原子催化剂Co-SA和Ni-SA，双原子催化剂Co-N-Ni展现出了更高的模型PS转化率和乙苯得率。具体来说，模型PS的转化率高达95.2 wt%，而乙苯的得率则达到了91.8 wt%。这一数据无疑证明了Co-N-Ni催化剂在PS降解方面的卓越性能。

更为难得的是，该催化剂在稳定性测试中表现出色，循环稳定性达到70次以上，且经过9次再生后仍能保持原有的乙苯得率。这意味着在实际工业应用中，Co-N-Ni催化剂有望实现长期稳定的运行，大大降低了生产成本和维护难度。

DFT计算的结果为这一现象提供了理论支撑。计算结果表明，苯乙烯分子倾向于通过C＝C键吸附到Co位点，而不是同时吸附到Co和Ni位点。这种吸附方式使得苯乙烯分子能够在催化剂表面形成稳定的中间体，从而促进其进一步的反应。同时，Ni原子的存在以及Co和Ni原子之间的适当距离优化了苯乙烯的吸附构型，进一步提高了反应的选择性和效率。

值得一提的是，这项研究不仅仅停留在实验室层面。研究者还对一次性塑料杯、一次性食品容器、保温泡沫和高冲击聚苯乙烯等真实PS塑料进行了降解实验。结果显示，这些真实PS塑料的废塑料转化率均在90 wt%左右，乙苯得率更是超过了86 wt%。这一结果充分证明了Co-N-Ni催化剂在实际应用中的潜力和价值。

2023年，浙江大学的谢鹏飞团队联合荷兰埃因霍温理工大学的Hensen教授团队在《德国应用化学》期刊上发表文章，全面总结了近50年来DAC的发展历史、合成方法、定性与定量表征、性能和理性设计等方面的研究进展。谢鹏飞谈到："尽管DACs在过去的几十年里取得了显著进展，但由于它们结构的复杂性和多样性，目前还没有统一的合成策略，也没有统一的表征方法来描述它们的物理化学性质。此外，由于缺乏对DACs基本概念和合成策略的理解，研究人员在设计和开发新的DACs时往往需要进行大量的实验探索，这极大地增加了研究成本和时间。"

该论文最后指出未来双原子催化剂研究的方向应该聚焦于：

（1）在大尺度上精确构建具有更高负载的双原子位点。

（2）通过调整螯合元素和/或引入助剂来微调配位和氧化态。

（3）时间分辨原位/原位表征，以及建立完整的 DACs 库，以满足通用设计原则等方面。

9.2　铠甲催化剂

9.2.1　铠甲催化剂概念的提出

自聚合物电解质膜燃料电池（PEMFC）问世以来，寻找经济且高效的阴极催化剂一直是科研人员的重点攻关难题。面对高昂的 Pt 成本与金属活性组分在极端环境下的失活问题，多年来科学家们致力于探索非贵金属催化剂的应用。针对这一问题，2012 年，中国科学院大连化学物理研究所的包信和和邓德会团队在《德国应用化学》期刊上发表了一篇重要文章，首次提出了"铠甲催化剂"的概念。所谓"铠甲催化剂"，是指将金属纳米颗粒嵌入保护性材料中，从而形成一种具有高活性和高稳定性的新型催化剂。

该团队创造性地将 Fe 纳米颗粒封装在类似于豌豆荚的碳纳米管（CNT）内，构建了一种全新的 Fe 基阴极催化剂。碳纳米管具有良好的导电性和机械强度，能够有效隔离金属颗粒与外界恶劣反应环境（如酸性介质，氧气和硫污染物）的直接接触，同时不影响 O_2 的活化过程。实验证明，即使在 SO_2 存在下，该催化剂依旧保持了高活性与出色的稳定性，展现出优于传统 Pt 催化剂的性能。DFT 计算揭示了铠甲催化剂背后的电子转移机制。研究表明，Fe 颗粒与 CNT 之间的电子流动降低了碳表面的局部功函数，促进了 O_2 的活化过程。更为重要的是，N 掺杂碳晶格进一步增加了费米能级附近的态密度（DOS），降低了局部功函数，显著增强了氧还原反应活性。

包信和和邓德会团队通过一系列创新的合成策略，成功将非贵金属纳米粒子包裹于石墨烯等二维材料的卷曲"铠甲"之内，开创了"铠甲催化"这一前沿概念。这种独特的设计不仅保护非贵金属在极端环境中（如强酸、强碱溶液）免遭腐蚀，还激活了材料表面的催化潜能，为苛刻条件下高性能催化剂的开发铺平了道路。团队首先证实了二维材料的优异保护效果，随后进一步将这一原理延伸至零维、一维乃至三维体系中，展示了"铠甲催化"概念的普遍适用性与强大潜力。在各类"铠甲"保护下，非贵金属催化剂在燃料电池、电解水制氢、电解硫化氢、二氧化碳转化等多个催化场景中展现出了高活性与高稳定性，即便面临强酸、强碱、高温等严峻考验，也能持续高效运转。

什么是铠甲催化剂？

催化剂的铠甲，这一概念源自战场上穿着铠甲的战士（见图9-4）。

图9-4　铠甲催化剂示意图（石墨烯包裹的催化剂）

正如铠甲能够为战士提供关键保护，防止战斗伤害，从而确保其战斗能力得以充分发挥，催化剂在化学反应中也面临着各种挑战，需要一种特殊的"铠甲"来保护其免受恶劣环境的损害，同时保持其催化效果。具体来说，铠甲催化剂是一种经过精心构造的复合材料，其核心部分由高效催化成分组成，外层则包裹着高度稳定且具有良好选择性的物质。这种结构设计使得内部活性中心得到充分保护的同时，还能允许目标分子顺畅进入进行反应，并且在反应后易于分离回收利用。简而言之，它就像是给普通催化剂穿上了一件坚固耐用又灵活多变的"铠甲"。

9.2.2　铠甲催化剂的结构要求

铠甲催化剂作为一种新兴的催化体系，其核心设计理念在于通过特殊的结构设计，为活性金属中心提供保护，同时维持甚至增强其催化性能。这一概念的成功实施，依赖于对催化剂结构的精心考量与严格要求，具体如下：

1. 保护外壳的稳定性

铠甲催化剂的核心在于其精心设计的保护层，这一层不仅是活性金属中心的护盾，还是整个催化体系稳定性的关键所在。理想的保护材料应具备出色的化学惰性，能在极端环境下保持稳定，如石墨烯和碳纳米管等碳基材料，以其优异的抗氧化性和耐腐蚀性脱颖而出。这些材料的选用，确保了铠甲催化剂在强酸、强碱或高温条件下依然能保持其结构的完整性，避免了活性中心的直接暴露和腐蚀，从而延长催化剂的使用寿命。在结构设计方面，保护层需要拥有足够厚度和强度，以隔绝有害物质与活性中心的直接接触，同时，要保证反应底物分子能够自由进出，不影响催化活性。

2. 活性中心的可控定位

铠甲的作用不仅要保护活性中心，还要确保它们能够高效参与反应。

活性位点暴露：铠甲的结构必须确保活性金属中心的充分暴露，以便与反应底物分子有效接触，参与催化循环。这意味着在保护层上开孔或者留有足够的空隙，使活性位点容易接近。

电子效应：铠甲材料的选择和设计还应该考虑对活性中心的电子性质产生正面影响，促进电子传输，提高催化效率。例如，引入导电性好、能与金属中心形成协同作用的材料，可以优化电子结构，增强催化活性。

3. 热力学稳定性

在实际应用中，铠甲催化剂往往需要在高温或高压条件下工作，这就要求其结构不仅能承受极端温度变化而不失稳态，还需具备足够的机械强度以抵御物理冲击。选择具有高熔点、低热膨胀系数的材料是提高热稳定性的有效途径。同时，为了应对催化过程中可能出现的机械应力，铠甲结构需展现出一定的弹性和韧性，避免因外力作用而导致的破裂或磨损，确保催化剂在整个生命周期内的性能稳定。

4. 可逆性与重复使用性

环保与可持续性是现代科学研究的重要考量。铠甲催化剂在这方面展现了巨大潜力。通过精心设计，催化剂在使用后能够恢复到初始状态，实现多次循环使用，显著降低了生产成本和环境污染。例如，利用磁性材料构建铠甲外壳，可以通过简单的磁分离技术轻松回收催化剂，大大提高了资源利用率。此外，铠甲催化剂的可逆性设计也意味着它能够在多种不同的催化反应中灵活切换，进一步拓宽了其应用范围。

铠甲催化剂的结构设计是一个综合性的课题，涉及材料科学、化学工程、界面科学等多领域知识的交叉运用。

9.2.3 影响铠甲催化剂性能的因素

铠甲催化剂由两部分组成：一是提供保护功能的"铠甲"层，二是被封装在其中的活性组分。这两部分相互作用，共同决定了催化剂的性能。影响铠甲催化剂性能的关键因素很多，包括但不限于铠甲表面的物理化学性质、铠甲与活性组分之间的界面效应、保护层的组成及其厚度，以及复合结构的设计等方面。

首先是铠甲表面的影响。铠甲催化剂的保护层通常采用碳材料或氮化物等物质构成，这些材料具有优异的稳定性和导电性，能够有效隔绝外界环境对活性组分的影响。然而，铠甲表面的微观结构、化学组成以及表面缺陷等因素都会对催化性能产生影响。例如，表面缺陷可以作为活性位点参与反应过程，而不同的表面修饰策略则可以进一步优化这些缺陷的性质，提升催化剂的选择性和活性。

其次是铠甲与活性组分之间的界面。界面处的电子转移机制对于催化反应至关重要。例如，当过渡金属单原子作为活性组分时，它们可以通过电荷传递将其附近的 C 或 N 原子活化，从而促进化学反应的发生。这种电子效应不仅增强了催化剂的稳定性，还提高了其催化效率。此外，界面处可能存在的协同作用也是提高催化性能的一种重要途径。调控界面结构和电子密度可以实现对中间体吸附强度的精确控制，进而优化整个催化循环的效率和选择性。

除了上述两点之外，保护层的厚度也是一个不可忽视的因素。过厚的保护层可能会导致活性组分被过度隔离，降低催化活性，而过薄的保护层则可能无法提供足够的保护作用。因此，在实际应用中需要根据具体情况选择合适的保护层厚度，以达到最佳的催化效果。同时，保护层的材料选择也非常关键，不同的材料会对电子结构产生不同的影响，从而改变催化性能。

此外，复合结构的设计也是影响铠甲催化剂性能的一个重要方面。合理的结构设计可以使催化剂具有更大的比表面积和更多的活性位点，从而提高催化效率。例如，构建多孔结构的保护层可以增加反应物的接触面积，有利于提高反应速率。此外，我们还可以通过引入第二金属或者非金属元素来调节催化剂的电子性质，进一步提升其性能表现。

综上所述，铠甲催化剂的性能受到多种因素的影响，从铠甲表面的物理化学特性到界面效应，再到保护层的组成、厚度以及复合结构的设计等。

9.2.4 铠甲催化剂研究实例

室温下的 CO 氧化反应在气体净化领域占据着至关重要的地位，它不仅关系到环境保护，还影响着工业生产的效率与成本。长久以来，科学家们一直在寻找能够在温和条件下高效催化 CO 氧化的催化剂。Pt 基催化剂因其优异的催化性能而备受关注，但 CO 在 Pt 表面的强竞争吸附问题一直是制约其性能的关键因素。

2021 年，包信和和邓德会团队在《自然·通讯》期刊上发表的文章，标志着"铠甲催化"研究取得了新的突破。这项研究不仅为解决 CO 在 Pt 表面的竞争吸附问题提供了新思路，还为室温下 CO 的高效氧化开辟了新途径。团队首先分别以 CH_3CN 和 CH_4 为碳源，采用了化学气相沉积的方法，制备出了石墨烯包覆的两种 CoNi 合金，即 CoNi@ NC 和 CoNi@ C。这一步骤的创新之处在于，通过精确控制沉积条件，实现了对石墨烯层厚度和结构的精细调控，为后续的催化剂设计奠定了基础。接下来，团队将 Pt 纳米颗粒负载在石墨烯封装的 CoNi 合金上，制备出了铠甲催化剂 Pt/CoNi@ NC 和 Pt/CoNi@ C。这种独特的结构设计，使得 Pt 纳米颗粒被石墨烯层所保护，同时又能保持与 CoNi 纳米颗粒的电子穿透效应。这种电子结构的精确调控，为 O_2 在 Pt － 石墨烯界面处的吸附活化创造了有利条件。实验结果表明，Pt/CoNi@ NC 和 Pt/CoNi@ C 在室温下可以达到接近 100% 的 CO 转化率，这一性能远远高于传统的 Pt/C 和 Pt/CoNiO$_x$ 催化剂。这一结果充分证明了铠甲催化剂在室温下 CO 氧化反应中的高效性。为了深入理解铠甲催化剂的工作原理，团队进行了一系列的实验和理论计算。结果显示，O_2 可以在 Pt － 石墨烯封装 CoNi 纳米颗粒的界面处吸附活化，而 CO 则在 Pt 纳米颗粒上吸附，两者互不干扰，有效避免了竞争吸附的问题。这样一来，O_2 的活化过程得到了促进，为后续的 CO 氧化反应提供了充足的活性氧物种。

这一发现的意义在于解决了长期困扰科学家的 CO 在 Pt 表面的竞争吸附问题，更重要的是，它为室温下 CO 的高效氧化提供了一种全新的解决方案。

在当今环保与资源可持续利用日益受到重视的背景下，高级氧化技术（EAOPs）因其能有效处理难降解有机污染物而备受关注。特别是非均相电芬顿（EF）工艺，作为一种能够在常温常压下实现高效氧化还原反应的技术，其在废水处理领域展现出巨大的应用潜力。然而，该工艺在实际应用中面临催化剂稳定性与活性平衡的挑战，尤其是当涉及基于 Fe 功能化阴极的催化体系时，这一问题尤为突出。

2022 年，清华大学深圳国际研究生院的张正华团队针对上述难题取得了重要突破。他们通过创新地在传统功能化阴极催化剂表面包覆一层超薄且紧密的碳层，制备出 FeOCl/CC@ rGO 催化剂，巧妙地解决了高活性与高稳定性之间的矛盾。这一设计的核心在于，利用还原氧化石墨烯（rGO）作为保护壳，不仅有效阻止了活性 Fe 的流失，还允许电子自由出入，确保了催化剂活性不受损害的同时，显著提升了其长期稳定性。

在传统的 EF 工艺中，碳负载金属化合物催化剂，尤其是含 Fe 化合物，往往面临一个两难境地：一方面，催化剂需保持高活性以促进过氧化氢（H_2O_2）的生成，这是产生强氧化性羟基自由基的关键；另一方面，这些催化剂又极易因电解液中的复杂环境因素，如高过电位、强酸环境和侵蚀性活性氧物种的作用，导致活性金属氧化、脱落或浸出，从而迅速失去活性。这种"活性－稳定性悖论"一直是限制 EF 工艺广泛应用的瓶颈。

张正华团队的 FeOCl/CC@ rGO 催化剂之所以能够破解这一难题，关键在于其独特的结构设计。rGO 保护壳如同坚固的"铠甲"，为内部的 FeOCl 活性中心提供了物理屏障，有效阻挡了外界不利因素的侵袭。更重要的是，这层碳膜还具有优异的电子传导能力，使得电子能够轻松穿透至催化活性位点，促进了 2 电子氧还原反应，减少了 4 电子路径下的副产物生成，从而大幅提升了 H_2O_2 的产率和催化效率。此外，这种电子穿透效应还赋予了碳层额外的芬顿催化功能，进一步阻断了反应介质对活性金属的侵蚀破坏，从根本上打破了非均相电芬顿工艺长期以来面临的活性与稳定性不可兼得的困境。

实验结果表明，相比于未加保护的传统 FeOCl/CC 催化剂，FeOCl/CC@ rGO 在各种 pH 条件下均表现出更加优异的催化性能。尤其是在宽 pH 范围内，FeOCl/CC@ rGO 对目标污染物土霉素（OTC）的去除效率显著提升，其反应速率常数甚至超过了传统催化剂。更为关键的是，FeOCl/CC@ rGO 的总铁浸出量远低于 FeOCl/CC，显示出极高的抗腐蚀性和稳定性。

　　海水制氢技术，作为未来能源解决方案之一，一直备受关注。然而，该技术的发展遇到了一个难以逾越的障碍——催化剂失活问题。传统上，电催化水制氢常用 Pt 系催化剂，但这类催化剂成本昂贵且资源稀缺，限制了其在大规模应用中的潜力。近年来，Mo 基催化剂如 MoS_2、Mo_2C/MoC、MoP、MoN、Mo_2N 和 Mo_5N_6 等在电化学析氢反应中展现出良好的性能，尤其是在较宽的 pH 范围内。这些 Mo 基化合物因其独特的电子结构和表面特性，被认为是替代 Pt 系催化剂的理想候选者。然而，海水制氢中的催化剂失活问题仍未得到有效解决。海水中含有大量的不良离子，如钙、镁离子，它们会导致催化剂中毒，进而失去活性。此外，海水的腐蚀性环境也会加速催化剂的腐蚀过程，进一步降低其使用寿命和效率。这些问题严重制约了海水制氢技术的实际应用和发展。

　　为了解决这一难题，中国科学院福建结构所的张健与阿卜杜拉国王科技大学的张华彬合作，利用 Zn – Mo 基杂化沸石型咪唑框架（HZIF – Zn/Mo）的独特热/化学稳定性，成功制备了核壳结构的 $MoCS_x@MoS_2$ 铠甲催化剂。这种新型催化剂不仅具有优异的电催化析氢活性，而且在海水中表现出了卓越的抗腐蚀性能和抗中毒能力。测试表明，在 1.0 M PBS 中，$C – MoCS_x@MoS_2$ 纳米反应器展现出了优异的电催化析氢活性。在 10 mA/cm^2 和 50 mA/cm^2 电流密度下的 HER 过电位分别低至 163 mV 和 256 mV，并且具有低的塔菲尔斜率和较高的交换电流密度。这意味着该催化剂在较低的能量消耗下能实现高效的 H_2 生成。更为重要的是，在海水中，当电流密度达到 10 mA/cm^2 时，其过电位为 312 mV。而且，当电流密度大于 43 mA/cm^2 时，它的活性甚至超过了传统的 Pt/C 催化剂。这一发现无疑为海水制氢技术的发展带来了新的希望。经过 8 h 的电解海水测试后，研究人员观察到该催化剂表面有明显的颗粒聚集现象，通过 XPS、EDX 及元素分布表征分析，他们发现这些聚集的颗粒主要是 Ca 和 Mg。这表明 MoS_2 壳层具有一定的铠甲效应，能够抵御海水中的不良离子侵蚀，从而保护催化剂内部的活性组分不被破坏或失活。

参考文献

［1］陈家磊. 中国化学催化技术发展史（1900—2010）［M］. 北京：中国社会科学出版社，2017.

［2］韩维屏. 催化化学导论［M］. 北京：科学出版社，2003.

［3］黄开辉，万惠霖. 催化原理［M］. 北京：科学出版社，1983.

［4］辛勤. 催化研究中的原位技术［M］. 北京：北京大学出版社，1993.

［5］陈诵英，陈平，李永旺，等. 催化反应动力学［M］. 北京：化学工业出版社，2007.

［6］李作骏. 多相催化反应动力学基础［M］. 北京：北京大学出版社，1990.

［7］季生福，张谦温，赵彬侠. 催化剂基础及应用［M］. 北京：化学工业出版社，2011.

［8］吴越. 催化化学：上、下［M］. 北京：科学出版社，1990.

［9］吴越，杨向光. 现代催化原理［M］. 北京：科学出版社，2005.

［10］吴越. 应用催化基础［M］. 北京：化学工业出版社，2009.

［11］黄英，金彦任，黄振兴. 活性炭孔径分布测定与计算中的一些问题研究 对几种孔径分布计算模型的分析比较［J］. 离子交换与吸附，2012，28（2）：176－182.

［12］何世坤，张文豪，冯君锋，等. 负载金属型固体酸催化木质纤维生物质定向转化为乙酰丙酸甲酯［J］. 化工进展，2024，43（6）：3042－3050.

［13］王婷，蔡文静，刘熠斌，等. 固体酸催化制备生物柴油研究进展［J］. 化工进展，2016，35（9）：2783－2789.

［14］郭建平，陈萍. 多相化学合成氨研究进展［J］. 科学通报，2019，64（11）：1114－1128.

［15］刘化章. 合成氨工业：过去、现在和未来：合成氨工业创立100周

年回顾、启迪和挑战［J］. 化工进展，2013，32（9）：1995 - 2005.

［16］邓景发. 催化作用原理导论［M］. 长春：吉林科学技术出版社，1984.

［17］甄开吉，王国甲，毕颖丽，等. 催化作用基础［M］. 3 版. 北京：科学出版社，2005.

［18］刘恒源，王海辉，徐建鸿. 电催化氮还原合成氨电化学系统研究进展［J］. 化工学报，2022，73（1）：32 - 45.

［19］HAGEN J. Industrial catalysis：a practical approach［M］. Hoboken：John Wiley & Sons Inc，2006.

［20］MA H B，IBÁÑEZ-ALÉ E，YOU F T，et al. Electrochemical formation of C_{2+} products steered by bridge-bonded $^*CO$ confined by $^*OH$ domains［J］. Journal of the American chemical society，2024，146（44）：30183 - 30193.

［21］HUBER F，BERWANGER J，POLESYA S，et al. Chemical bond formation showing a transition from physisorption to chemisorption［J］. Science，2019，366（6462）：235 - 238.

［22］TRASATTI S. Work function，electronegativity，and electrochemical behaviour of metals Ⅲ. Electrolytic hydrogen evolution in acid solutions［J］. Journal of electroanalytical chemistry，1972，39（1）：163 - 184.

［23］LING C Y，OUYANG Y，LI Q，et al. A general two-step strategy-based high-throughput screening of single atom catalysts for nitrogen fixation［J］. Small methods，2019，3（9）：1 - 8.

［24］YE T N，PARK S W，LU Y F，et al. Dissociative and associative concerted mechanism for ammonia synthesis over Co-based catalyst［J］. Journal of the American chemical society，2021，143（32）：12857 - 12866.

［25］LI Z R，WERNER K，QIAN K，et al. Oxidation of reduced ceria by incorporation of hydrogen［J］. Angewandte chemie-international edition，2019，58（41）：14686 - 14693.

［26］LOX E S，FROMENT G F. Kinetic of the Fischer - Tropsch reaction on a precipitated promoted iron catalyst，Ⅰ，experimental procedure and results［J］. Industrial & engineering chemistry research，1993，32（1）：61 - 70.

［27］WANG Y N，MA W P，LU，Y J，et al. Kinetics modeling of Fischer -

Tropsch synthesis over an industrial Fe – Cu – K catalyst [J]. Fuel, 2003, 82 (2): 195 –213.

[28] YANG J, LIU Y, CHANG J. Detailed kinetics of Fischer – Tropsch synthesis on an industrial Fe – Mn ultrafine particle iron catalyst [J]. Industrial & engineering chemistry research, 2003, 42 (21): 5066 –5090.

[29] ZHAO K F, TANG H L, QIAO B T, et al. High activity of Au/γ-Fe$_2$O$_3$ for CO oxidation: effect of support crystal phase in catalyst design [J]. ACS catalysis, 2015, 5 (6): 3528 –3539.

[30] ZHANG Y S, LIU J X, QIAN K, et al. Structure-sensitivity of Au – TiO$_2$ strong meta-support interaction [J]. Angewandte chemie-international edition, 2021, 60 (21): 12074 –12081.

[31] ZHANG Y R, SU X, LI L, et al. Ru/TiO$_2$ catalysts with size-dependent metal/support interaction for tunable reactivity in Fischer – Tropsch synthesis [J]. ACS catalysis, 2020, 10 (21): 12967 –12975.

[32] WU Y, YU H. G, GUO Y R, et al. A rare earth hydride supported ruthenium catalyst for the hydrogenation of *N*-heterocycles: boosting the activity via a new hydrogen transfer path and controlling the stereoselectivity [J]. Chemical science, 2019, 10 (45): 10459 –10465.

[33] DU X R, HUANG Y K, PAN X L, et al. Size-dependent strong metal-support interaction in TiO$_2$ supported Au nanocatalysts [J]. Nature communications, 2020, 11 (1): 1 –8.

[34] WANG L, ZHANG J, ZHU Y H, et al. Strong metal-support interactions achieved by hydroxide-to-oxide support transformation for preparation of sinter-resistant gold nanoparticle catalysts [J]. ACS catalysis, 2017, 7 (11): 7461 –7465.

[35] SHI Z Y, ZHANG X, LIN X Q, et al. Phase-dependent growth of Pt on MoS$_2$ for highly efficient H$_2$ evolution [J]. Nature, 2023, 621 (7978): 300 –305.

[36] MURAVEV V, PARASTAEV A, BOSCH Y V D, et al. Size of cerium dioxide support nanocrystals dictates reactivity of highly dispersed palladium catalysts [J]. Science, 2023, 380 (6650): 1174 –1178.

[37] WANG L B, LI H L, ZHANG W B, et al. Supported rhodium catalysts for ammonia-borane hydrolysis: dependence of the catalytic activity on the highest

occupied state of the single rhodium atoms ［J］. Angewandte chemie-international edition, 2017, 56（17）: 4712 - 4718.

［38］ ZHAO K F, TANG H L, QIAO B T, et al. High activity of Au/γ-Fe₂O₃ for CO oxidation: effect of support crystal phase in catalyst design ［J］. ACS catalysis, 2015, 5（6）: 3528 - 3539.

［39］ SUN J, CAI Q X, WAN Y, et al. Promotional effects of cesium promoter on higher alcohol synthesis from syngas over cesium-promoted Cu/ZnO/Al₂O₃ catalysts ［J］. ACS catalysis, 2016, 6: 5771 - 5785.

［40］ ZHANG C, XU M J, YANG Z X, et al. Uncovering the electronic effects of zinc on the structure of Fe₅C₂ - ZnO catalysts for CO₂ hydrogenation to linearα-olefins ［J］. Applied catalysis b: environmental, 2021, 295: 1 - 11.

［41］ XU Y F, LI X Y, GAO J H, et al. A hydrophobic FeMn@ Si catalyst increases olefins from syngas by suppressing C1 by-products ［J］. Science, 2021, 371（6529）: 610 - 613.

［42］ WANG S, WANG P F, QIN Z F, et al. Relation of catalytic performance to the aluminum siting of acidic zeolites in the conversion of methanol to olefins, viewed from a comparison between ZSM-5 and ZSM-11 ［J］. ACS catalysis, 2018, 8（6）: 5485 - 5505.

［43］ CUI T L, KE W Y, ZHANG W B, et al. Encapsulating palladium nanoparticles inside mesoporous MFI zeolite nanocrystals for shape-selective catalysis ［J］. Angewandte chemie-international edition, 2016, 128: 9324 - 9328.

［44］ MU X H, WANG D Z, WANG Y R, et al. Nanosized molecular sieves as petroleum refining and petrochemical catalysts ［J］. Chinese journal of catalysis, 2013, 34（1）: 69 - 79.

［45］ WANG Z C, JIANG Y J, LAFON O, et al. Brønsted acid sites based on penta-coordinated aluminum species ［J］. Nature communications, 2016, 7（1）: 1 - 5.

［46］ SUN S, ZHAO L J, YANG J R. Eco-friendly synthesis of SO₃H-containing solid acid via mechanochemistry for the conversion of carbohydrates to 5-hydroxymethylfurfural ［J］. ACS sustainable chemistry & engineering, 2020, 8（18）: 7059 - 7067.

［47］ WANG Z C, O'DELL L A, ZENG X, et al. Insight into tri-coordinated aluminium species on ethanol-to-olefin conversion over ZSM-5 zeolites [J]. Angewandte chemie-international edition, 2019, 58 (50): 18061 – 18068.

[48] SABYROV K, JIANG J C, YAGHI O M, et al. Hydroisomerization of *n*-hexane using acidified metal-organic framework and platinum nanoparticles [J]. Journal of the American chemical society, 2017, 139 (26): 12382 – 12385.

[49] HAO J Q, ZHOU J, WANG Y D, et al. Pore mouth catalysis promoting n-hexane hydro-isomerization over a Pt/ZSM-5 bifunctional catalyst [J]. Chem catalysis, 2024, 4 (8): 1 – 11.

[50] FENG X Y, SONG Y, LIN W B. Dimensional reduction of lewis acidic metal-organic frameworks for multicomponent reactions [J]. Journal of the American chemical society, 2021, 143 (21): 8184 – 8192.

[51] JI P F, FENG X Y, OLIVERES P, et al. Strongly lewis acidic metal-organic frameworks for continuous flow catalysis [J]. Journal of the American chemical society, 2019, 141 (37): 14878 – 14888.

[52] QI M H, GAO M L, LIU L, et al. Robust bifunctional core-shell MOF@POP catalyst for one-pot tandem reaction [J]. Inorganic chemistry, 2018, 57 (23): 14467 – 14470.

[53] WANG T Q, XU Y, HE Z D, et al. Acid-base bifunctional microporous organic nanotube networks for cascade reactions [J]. Macromolecular chemistry and physics, 2017, 218 (7): 1 – 7.

[54] WANG C F, ZHANG L, HUANG X, et al. Maximizing sinusoidal channels of HZSM-5 for high shape-selectivity to *p*-xylene [J]. Nature communications, 2019, 10 (1): 1 – 8.

[55] LIN Q F, GAO Z R, LIN C, et al. A stable aluminosilicate zeolite with intersecting three-dimensional extra-large pores [J]. Science, 2021, 374 (6575): 1605 – 1608.

[56] LI J, GAO Z R, LIN Q F, et al., A 3D extra-large pore zeolite enabled by 1D-to-3D topotactic condensation of a chain silicate [J]. Science, 2023, 379 (6629): 283 – 287.

[57] GAO Z R, YU H J, CHEN F J, et al. Interchain-expanded extra-large-pore zeolites [J]. Nature, 2024, 628 (8006): 99 – 103.

［58］SHI J Q, HU J Y, WU Q M, et al. A six-membered ring molecular sieve achieved by a reconstruction route ［J］. Journal of the American chemical society, 2023, 145 （14）: 7712 –7717.

［59］CHEN J L, LIANG T Y, LI J F, et al. Regulation of framework aluminum siting and acid distribution in H-MCM-22 by boron incorporation and its effect on the catalytic performance in methanol to hydrocarbons ［J］. ACS catalysis, 2016, 6 （4）: 2299 –2313.

［60］LIU H Z. Ammonia synthesis catalyst 100 years: practice, enlightenment and challenge ［J］. Chinese journal of catalysis, 2014, 35 （10）: 1619 –1640.

［61］SCHLÖGL R. Catalytic synthesis of ammonia—a "never – ending story"? ［J］. Angewandte chemie-international edition, 2003, 42 （18）: 2004 –2008.

［62］CHORKENDORFF I, NIEMANTSVERDRIET J W. Concepts of modern catalysis and kinetics ［M］. Hoboken: John Wiley & Sons Inc, 2017.

［63］SHELDON R A, ARENDS I, HANEFELD U. Green chemistry and catalysis ［M］. Weinheim: Wiley-VCH, 2007.

［64］SOMORJAI G A. Introduction to surface chemistry and catalysis ［M］. Hoboken: Wiley, 2010.

［65］GUO J P, CHEN P. Ammonia history in the making ［J］. Nature catalysis, 2021, 4 （9）: 734 –735.

［66］LI W Q, XU M, CHEN J S, et al. Enabling sustainable ammonia synthesis: from nitrogen activation strategies to emerging materials ［J］. Advanced materials, 2024, 36 （40）: 1 –37.

［67］TIAN F Y, LI J K, CHEN W Q, et al. Innovative progress of thermal ammonia synthesis under mild conditions ［J］. International journal of hydrogen energy, 2024, 78: 92 –122.

［68］MEDFORD A J, HATZELL M C. Photon-driven nitrogen fixation: current progress, thermodynamic considerations, and future outlook ［J］. ACS catalysis, 2017, 7 （4）: 2624 –2643.

［69］CHEN X Z, LI N, KONG Z Z, et al. Photocatalytic fixation of nitrogen to ammonia: state-of-the-art advancements and future prospects ［J］. Materials horizons, 2018, 5 （1）: 9 –27.

［70］CHEN Z W, YAN J M, JIANG Q. Single or double: which is the altar of atomic catalysts for nitrogen reduction reaction? ［J］. Small methods, 2018, 3 (6): 1 - 8.

［71］ZHANG Y, YANG X L, YANG X F, et al. Tuning reactivity of Fischer - Tropsch synthesis by regulating TiO$_x$ overlayer over Ru/TiO$_2$ nanocatalysts ［J］. Nature communications, 2020, 11 (1): 1 - 8.

［72］GALVIS H M T, BITTER J H, KHARE C B, et al. Supported iron nanoparticles as catalysts for sustainable production of lower olefins ［J］. Science, 2012, 335 (6070): 835 - 838.

［73］JIAO F, LI J J, PAN X L, et al. Selective conversion of syngas to light olefins ［J］. Science, 2016, 351 (6277): 1065 - 1068.

［74］JIAO F, BAI B, LI G, et al. Disentangling the activity-selectivity trade-off in catalytic conversion of syngas to light olefins ［J］. Science, 2023, 380 (6646): 727 - 730.

［75］ZHONG L S, YU F, AN Y L, et al. Cobalt carbide nanoprisms for direct production of lower olefins from syngas ［J］. Nature, 2016, 538 (7623): 84 - 87.

［76］CHENG K, GU B, LIU X L, et al. Direct and highly selective conversion of synthesis gas into lower olefins: design of a bifunctional catalyst combining methanol synthesis and carbon-carbon coupling ［J］. Angewandte chemie-international edition, 2016, 55: 4725 - 4728.

［77］YUAN Y, HUANG S Y, WANG H Y, et al. Monodisperse nano-Fe$_3$O$_4$ on α-Al$_2$O$_3$ catalysts for Fischer - Tropsch synthesis to lower olefins: promoter and size effects ［J］. Chemcatchem, 2017, 9: 3144 - 3152.

［78］XU Y F, LIU J G, WANG J, et al. Selective conversion of syngas to aromatics over Fe$_3$O$_4$ @ MnO$_2$ and hollow HZSM-5 bifunctional catalysts ［J］. ACS catalysis, 2019, 9 (6): 5147 - 5156.

［79］SUN Z Y, SHAO B, GAO Z H, et al. Unraveling the roles of individual metals in bifunctional catalysts Zn$_x$Cr$_y$Mn$_z$/SAPO-34 for boosting syngas conversion to light olefins ［J］. Journal of physical chemistry c, 2024, 128 (12): 5102 - 5111.

［80］ZHAO B, ZHAI P, WANG P F, et al. Direct transformation of syngas to aromatics over Na-Zn-Fe$_5$C$_2$ and hierarchical HZSM-5 tandem catalysts ［J］. Chem,

2017, 3 (2): 323 - 333.

［81］ZHOU W, KANG J C, KANG CHENG K, et al. Direct conversion of syngas into methyl acetate, ethanol, and ethylene by relay catalysis via the intermediate dimethyl ether ［J］. Angewandte chemie international edition, 2018, 57 (37): 12012 - 12016.

［82］LIN T J, QI X Z, WANG X X, et al. Direct production of higher oxygenates by syngas conversion over a multifunctional catalyst ［J］. Angewandte chemie-international edition, 2019, 58: 4627 - 4631.

［83］HU J T, WEI Z Y, ZHANG Y L, et al. Edge-rich molybdenum disulfide tailors carbon-chain growth for selective hydrogenation of carbon monoxide to higher alcohols ［J］. Nature communications, 2023, 14 (1): 1 - 11.

［84］GUO X G, FANG G Z, LI G, et al. Direct, nonoxidative conversion of methane to ethylene, aromatics, and hydrogen ［J］. Science, 2014, 344 (6184): 616 - 619.

［85］LIU Y, LIU J C, LI T H, et al. Unravelling the enigma of nonoxidative conversion of methane on iron single-atom catalysts ［J］. Angewandte chemie-international edition, 2020, 132: 18745 - 18749.

［86］HOU Y P, LAN Y X, QIAN C, et al. Direct conversion of methane to propylene ［J］. Research, 2023, 6: 1 - 10.

［87］WANG L S, TAO L X, XIE M S, et al. Dehydrogenation and aromatization of methane under non-oxidizing conditions ［J］. Catalysis letters, 1993, 21: 35 - 41.

［88］LIU Y, LI D F, WANG T Y, et al. Efficient conversion of methane to aromatics by coupling methylation reaction ［J］. ACS catalysis, 2016, 6 (8): 5366 - 5370.

［89］MOREJUDO S H, ZANÓN R, ESCOLÁSTICO S, et al. Direct conversion of methane to aromatics in a catalytic co-ionic membrane reactor ［J］. Science, 2016, 353 (6299): 563 - 566.

［90］XU Y B, CHEN M Y, WANG T, et al. Probing cobalt localization on HZSM-5 for efficient methane dehydroaromatization catalysts ［J］. Journal of catalysis, 2020, 387: 102 - 118.

［91］XU Y B, YUAN X, CHEN M Y, et al. Identification of atomically dispersed Fe-oxo species as new active sites in HZSM-5 for efficient non-oxidative methane dehydroaromatization [J]. Journal of catalysis, 2021, 396: 224 – 241.

[92] GRUNDNER S, MARKOVITS M A C, LI G N, et al. Single-site trinuclear copper oxygen clusters in mordenite for selective conversion of methane to methanol [J]. Nature communications, 2015, 6 (1): 1 – 9.

[93] NARSIMHAN K, IYOKI K, DINH K, et al. Catalytic oxidation of methane into methanol over copper-exchanged zeolites with oxygen at low temperature [J]. ACS central science, 2016, 2 (6): 424 – 429.

[94] SUSHKEVICH V L, PALAGIN D, RANOCCHIARI M, et al. Selective anaerobic oxidation of methane enables direct synthesis of methanol [J]. Science, 2017, 356 (6337): 523 – 527.

[95] IKUNO T, ZHENG J, VJUNOV A, et al. Methane oxidation to methanol catalyzed by Cu-oxo clusters stabilized in UN-1000 metal-organic framework [J]. Journal of the American chemical society, 2017, 139 (30): 10294 – 10301.

[96] AGARWAL N, FREAKLEY S J, MCVICKER R U, et al. Aqueous Au-Pd colloids catalyze selective CH_4 oxidation to CH_3OH with O_2 under mild conditions [J]. Science, 2017, 358 (6360): 223 – 227.

[97] SHEN Q K, CAO C Y, HUANG R K, et al. Single chromium atoms supported on titanium dioxide nanoparticles for synergic catalytic methane conversion under mild conditions [J]. Angewandte chemie-international edition, 2020, 59 (3): 1216 – 1219.

[98] JIN Z, WANG L, ZUIDEMA E. et al. Hydrophobic zeolite modification for in situ peroxide formation in methane oxidation to methanol [J]. Science, 2020, 367 (6474): 193 – 197.

[99] XU Y S, WU D X, ZHANG Q H, et al. Regulating Au coverage for the direct oxidation of methane to methanol [J]. Nature communications, 2024, 15, 564: 1 – 10.

[100] ZUO Z J, RAMÍREZ P J, SENANAYAKE S D, et al. Low-temperature conversion of methane to methanol on CeO_x/Cu_2O catalysts: water controlled activation of the C—H bond [J]. Journal of the American chemical society, 2016, 138 (42): 13810 – 13813.

［101］ LIU Z Y, HUANG E, OROZCO I, et al. Water-promoted interfacial pathways in methane oxidation to methanol on a CeO_2-Cu_2O catalyst ［J］. Science, 2020, 368: 513 –517.

［102］ ZHANG H L, HAN P J, WU D F, et al. Confined Cu—OH single sites in SSZ-13 zeolite for the direct oxidation of methane to methanol ［J］. Nature communications, 2023, 14: 1 –10.

［103］ KELLER G E, BHASIN M M, Synthesis of ethylene via oxidative coupling of methane. I. Determination of active catalysts ［J］. Journal of catalysis, 1982, 73: 9 –19.

［104］ WANG W Y, ZHOU W, TANG Y C, et al. Selective oxidation of methane to methanol over Au/H-MOR ［J］. Journal of the American chemical society, 2023, 145, 23: 12928 –12934.

［105］ ITO T, WANG J X, LIN C H, et al. Oxidative dimerization of methane over a lithium-promoted magnesium oxide catalyst ［J］. Journal of the American chemical society, 1985, 107 (18): 5062 –5068.

［106］ YILDIZ M, AKSU Y, SIMON U, et al. Enhanced catalytic performance of Mn_xO_y-Na_2WO_4/SiO_2 for the oxidative coupling of methane using an ordered mesoporous silica support ［J］. Chemical communication, 2014, 50: 14440 –14442.

［107］ WANG P W, ZHAO G F, WANG Y, et al. $MnTiO_3$-driven low-temperature oxidative coupling of methane over TiO_2-doped Mn_2O_3-Na_2WO_4/SiO_2 catalyst ［J］. Science advances, 2017, 3: 1 –9.

［108］ XU J W, XI R, XIAO Q Y, et al. Design of strontium stannate perovskites with different fine structures for the oxidative coupling of methane (OCM): interpreting the functions of surface oxygen anions, basic sites and the structure-reactivity relationship ［J］. Journal of catalysis, 2022, 408: 465 –477.

［109］ ZHU X C, ROHLING R, FILONENKO G, et al. Synthesis of hierarchical zeolites using an inexpensive mono-quaternary ammonium surfactant as mesoporogen ［J］. Chemical communication, 2014, 50: 14658 –14661.

［110］ WU L L, DEGIRMENCI V, MAGUSIN P C M M, et al. Mesoporous SSZ-13 zeolite prepared by a dual-template method with improved performance in the methanol-to-olefins reaction ［J］. Journal of catalysis, 2013, 298: 27 –40.

［111］ ZHU X C, HOFMANN J P, MEZARI B, et al. Trimodal porous hierarchical SSZ-13 zeolite with improved catalytic performance in the methanol-to-olefins reaction ［J］. ACS catalysis, 2016, 6: 2163 – 2177.

［112］ SUN Q M, WANG N, BAI R S. Seeding induced nano-sized hierarchical SAPO-34 zeolites: cost-effective synthesis and superior MTO performance ［J］. Journal of materials chemistry a, 2016, 4: 14978 – 14982.

［113］ LI J Z, WEI Y X, CHEN J R, et al. Cavity controls the selectivity: insights of confinement effects on MTO reaction ［J］. ACS catalysis, 2015, 5: 661 – 665.

［114］ LI J Z, WEI Y X, CHEN J R, et al. Observation of heptamethylbenzenium cation over SAPO-type molecular sieve DNL-6 under real MTO conversion conditions ［J］. Journal of the American chemial society, 2012, 134: 836 – 839.

［115］ XU S T, ZHENG A M, WEI Y X, et al. Direct observation of cyclic carbenium ions and their role in the catalytic cycle of the methanol-to-olefin reaction over chabazite zeolites ［J］. Angewandte communications, 2013, 52: 11564 – 11568.

［116］ WU X Q, XU S T, ZHANG W N, et al. Direct mechanism of the first carbon-carbon bond formation in the methanol-to-hydrocarbons process ［J］. Angewandte chemie-international edition, 2017, 129: 9167 – 9171.

［117］ WU X Q, XU S T, WEI Y X, et al. Evolution of C—C bond formation in the methanol-to-olefins process: from direct coupling to autocatalysis ［J］. ACS catalysis, 2018, 8: 7356 – 7361.

［118］ GAO M B, LI H, LIU W J, et al. Imaging spatiotemporal evolution of molecules and active sites in zeolite catalyst during methanol-to-olefins reaction ［J］. Nature communications, 2020, 11: 1 – 11.

［119］ FREEMAN D, WELLS R P K, HUTINGS G J. Methanol to hydrocarbons: enhanced aromatic formation using composite group 13 oxide/H-ZSM-5 catalysts ［J］. Catalysis letters, 2002, 82 (3 – 4): 217 – 225.

［120］ CONTE M, LOPEZ-SANCHEZ J A, HE Q. Modified zeolite ZSM-5 for the methanol to aromatics reaction ［J］. Catalysis science & technology, 2012, 2 (1): 105 – 112.

［121］ NIU X J, GAO J, MIAO Q, et al. Influence of preparation method on the performance of Zn-containing HZSM-5 catalysts in methanol-to-aromatics [J]. Microporous and mesoporous materials, 2014, 197: 252 – 261.

[122] BI Y, WANG Y L, CHEN X, et al. Methanol aromatization over HZSM-5 catalysts modified with different zinc salts [J]. Chinese journal of catalysis, 2014, 35 (10): 1740 – 1751.

[123] ZHANG Y K, QU Y X, WANG D L, et al. Cadmium modified HZSM-5: a highly efficient catalyst for selective transformation of methanol to aromatics [J]. Industrial & engineering chemistry research, 2017, 56 (44): 12508 – 12519.

[124] ZHANG W N, CHEN J R, XU S T, et al. Methanol to olefins reaction over cavity-type zeolite: cavity controls the critical intermediates and product selectivity [J]. ACS catalysis , 2018, 8 (12): 10950 – 10963.

[125] WANG Y H, LI T T, OUYANG Y Q, et al. Novel-ordered hierarchical ZSM-5 zeolite with interconnected macro-meso-microporosity for the enhanced methanol to aromatics reaction [J]. Catalysis science & technology, 2024, 14: 2461 – 2469.

[126] NI Y M, SUN A M, WU X L, et al. Aromatization of methanol over La/Zn/HZSM-5 catalysts [J]. Chinese journal of chemical engineering, 2011, 19 (3): 439 – 445.

[127] JIA Y M, WANG J W, ZHANG K, et al. Promoted effect of zinc-nickel bimetallic oxides supported on HZSM-5 catalysts in aromatization of methanol [J]. Journal of energy chemistry, 2017, 26 (3): 540 – 548.

[128] VICENTE H, LIU C C, GAYUBO A G, et al. Improving the dehydrogenation function and stability of Zn-modified ZSM-5 catalyst in methanol-to-aromatics reaction by Ca addition [J]. Applied catalysis a: general, 2024, 683: 1 – 12.

[129] SAMSON K, SLIWA M, SOCHA R P, et al. Influence of ZrO_2 structure and copper electronic state on activity of Cu/ZrO_2 catalysts in methanol synthesis from CO_2 [J]. ACS catalysis, 2014, 4: 3730 – 3741

[130] KATTEL S, YU W T, YANG X F, et al. CO_2 hydrogenation over oxide-supported PtCo catalysts: the role of the oxide support in determining the product selectivity [J]. Angewandte chemie-international edition, 2016, 55: 7968 – 7973.

［131］KATTEL S, YAN B H, YANG Y X, et al. Optimizing binding energies of key intermediates for CO_2 hydrogenation to methanol over oxide-supported copper ［J］. Journd of the American chemical society, 2016, 138: 12440 – 12450.

［132］AN B, ZHANG J Z, CHENG K, et al. Confinement of ultrasmall Cu/ZnO_x nanoparticles in metal-organic frameworks for selective methanol synthesis from catalytic hydrogenation of CO_2 ［J］. Journd of the American chemical society, 2017, 139: 3834 – 3840.

［133］WANG Y H, KATTEL S, GAO W G, et al. Exploring the ternary interactions in Cu-ZnO-ZrO_2 catalysts for efficient CO_2 hydrogenation to methanol ［J］. Nature communications, 2019, 10: 1 – 10.

［134］NOH G, LAM E, BREGANTE D T, et al. Lewis acid strength of interfacial metal sites drives CH_3OH selectivity and formation rates on Cu-based CO_2 hydrogenation catalysts ［J］. Angewandte chemie-international edition, 2021, 60 (17): 9736 – 9745.

［135］SHAO Y, KOSARI M, XI S B, et al. Single solid precursor-derived three-dimensional nanowire networks of CuZn-silicate for CO_2 hydrogenation to methanol ［J］. ACS catalysis, 2022, 12: 5750 – 5765.

［136］FUJITANI T, SAITO M, KANAI Y, et al. Development of an active Ga_2O_3 supported palladium catalyst for the synthesis of methanol from carbon dioxide and hydrogen ［J］. Applied catalysis a: general, 1995, 125: 199 – 202.

［137］SONG J M, LIU S H, YANG C S, et al. The role of Al doping in Pd/ZnO catalyst for CO_2 hydrogenation to methanol ［J］. Applied catalysis b: environmental, 2020, 263: 1 – 9.

［138］DÍEZ-RAMÍREZ J, VALVERDE J L, SANCHEZ P, et al. CO_2 hydrogenation to methanol at atmospheric pressure: influence of the preparation method of Pd/ZnO catalysts ［J］. Catalysis letters, 2016, 146: 373 – 382.

［139］ZABILSKIY M, SUSHKEVICH V L, NEWTON M A, et al. Mechanistic study of carbon dioxide hydrogenation over Pd/ZnO-based catalysts: the role of palladium-zinc alloy in selective methanol synthesis ［J］. Angewandte chemie-international edition, 2021, 60: 17190 – 17196.

［140］CAI Z J, DAI J J, LI W. et al. Pd supported on MIL-68 (In) -derived

In_2O_3 nanotubes as superior catalysts to boost CO_2 hydrogenation to methanol [J]. ACS catalysis, 2020, 10: 13275 – 13289.

[141] SUN Q M, LIU X Y, GU Q Q, et al. Breaking the conversion-selectivity trade-off in methanol synthesis from CO_2 using dual intimate oxide/metal interfaces [J]. Journal of the American chemical society, 2024, 146: 28885 – 28894.

[142] YANG C S, PEI C L, LUO R, et al. Strong electronic oxide-support interaction over In_2O_3/ZrO_2 for highly selective CO_2 hydrogenation to methanol [J]. Journal of the American chemical society, 2020, 142: 19523 – 19531.

[143] CUI W G, ZHANG Q, ZHOU L, et al. Hybrid MOF template-directed construction of hollow-structured In_2O_3 @ ZrO_2 heterostructure for enhancing hydrogenation of CO_2 to methanol [J]. Small, 2023, 19: 1 – 12.

[144] BEULS A, SWALUS C, JACQUEMIN M, et al. Methanation of CO_2: further insight into the mechanism over $Rh/\gamma-Al_2O_3$ catalyst [J]. Applied catalysis b: environmental, 2012, 113 – 114: 2 – 10.

[145] KARELOVIC A, RUIZ P. CO_2 hydrogenation at low temperature over $Rh/\gamma-Al_2O_3$ catalysts: effect of the metal particle size on catalytic performances and reaction mechanism [J]. Applied catalysis b: environmental, 2012, 113 – 114: 237 – 249.

[146] DONG T J, LIU X Y, TANG Z F, et al. Ru decorated TiO_x nanoparticles via laser bombardment for photothermal co-catalytic CO_2 hydrogenation to methane with high selectivity [J]. Applied catalysis b: environmental, 2023, 326: 1 – 11.

[147] TADA S, JINUSHIZONO T, ISHIKAWA K, et al. Low-temperature CO_2 methanation over Ru nanoparticles supported on monoclinic zirconia [J]. Energy & fuels, 2024, 38: 2296 – 2304.

[148] CHOI H, OH S, PARK J Y, et al. High methane selective Pt cluster catalyst supported on Ga_2O_3 for CO_2 hydrogenation [J]. Catalysis today, 2020, 352: 212 – 219.

[149] PARK J N, MCFARLAND E W. A highly dispersed $Pd-Mg/SiO_2$ catalyst active for methanation of CO_2 [J]. Journal of catalysis, 2009, 266: 92 – 97.

[150] YANG C Y, ZHANG J L, LIU W P, et al. Rational H_2 partial pressure

over nickel/ceria crystal enables efficient and durable wide-temperature-zone air-level CO_2 methanation [J]. Chemistry-a European journal, 2024, 30: 1 – 10.

[151] YANG D D, XU F, JIN D M, et al. Enhanced low-temperature catalytic activity for CO_2 methanation over NiMgx/Na-HNTs: the role of MgO [J]. International journal of hydrogen energy, 2024, 78: 1108 – 1116.

[152] AI Z, NA W, LI J Y, et al. Enhanced low-temperature CO_2 hydrogenation to methane over Co-Zn oxides catalysts [J]. Catalysis letters, 2024, 154: 5110 – 5123.

[153] WEI J, GE Q J, YAO R W, et al. Directly converting CO_2 into a gasoline fuel [J]. Nature communications, 2017, 8: 1 – 8.

[154] GAO P, LI S G, BU X N, et al. Direct conversion of CO_2 into liquid fuels with high selectivity over a bifunctional catalyst [J]. Nature chemistry, 2017, 9: 1 – 6.

[155] WANG X X, ZENG C Y, GONG N N, et al. Effective suppression of CO selectivity for CO_2 hydrogenation to high-quality gasoline [J]. ACS catalysis, 2021, 11: 1528 – 1547.

[156] WANG X X, YANG G H, ZHANG J F. Synthesis of isoalkanes over a core (Fe-Zn-Zr) -shell (zeolite) catalyst by CO_2 hydrogenation [J]. Chemical communication, 2016, 52: 7352 – 7355.

[157] WANG C W, JIN Z L, GUO L S, et al. New insights for high-throughput CO_2 hydrogenation to high-quality fuel [J]. Angewandte chemie-international edition, 2024, 63: 1 – 13.

[158] ZHENG N F, ZHANG T. Preface: single-atom catalysts as a new generation of heterogeneous catalysts [J]. National science review, 2018, 5: 625.

[159] GAWANDE M B, ARIGA K, YAMAUCHI Y. Single-atom catalysts [J]. Small, 2021, 17: 1 – 4.

[160] YANG X F, WANG A Q, QIAO B T, et al. Single-atom catalysts: a new frontier in heterogeneous catalysis [J]. Accounts of chemical research, 2013, 46: 1740 – 1748.

[161] QIAO B T, WANG A Q, YANG X F, et al. Single-atom catalysis of CO oxidation using Pt_1/FeO_x [J]. Nature chemistry, 2011, 3: 634 – 641.

［162］ CHEN Z, LIU Z, XU X. Dynamic evolution of the active center driven by hemilabile coordination in Cu/CeO$_2$ single-atom catalyst ［J］. Nature communications, 2023, 14: 1 – 10.

［163］ KAISER S K, CHEN Z P, AKL D F, et al. Single-atom catalysts across the periodic table ［J］. Chemical reviews, 2020, 120: 11703 – 11809.

［164］ ZHANG H B, LIU G G, SHI L, et al. Single-atom catalysts: emerging multifunctional materials in heterogeneous catalysis ［J］. Advanced energy materials, 2018, 8: 1 – 24.

［165］ GAWANDE M B, FORNASIERO P, ZBOĚIL R. Carbon-based single-atom catalysts for advanced applications ［J］. ACS catalysis, 2020, 10: 2231 – 2259.

［166］ WEI H S, LIU X Y, WANG A Q, et al. FeO$_x$-supported platinum single-atom and pseudo-single-atom catalysts for chemoselective hydrogenation of functionalized nitroarenes ［J］. Nature communications, 2014, 5: 1 – 8.

［167］ ZHANG X Y, SUN Z C, WANG B, et al. C—C Coupling on single-atom-based heterogeneous catalyst ［J］. Journal of the American chemical society, 2018, 140: 954 – 962.

［168］ FU Q, SALTSBURG H, FLYTZANI-STEPHANOPOULOS M. Active nonmetallic Au and Pt species on ceria-based water-gas shift catalysts ［J］. Science, 2003, 301: 935 – 938.

［169］ MITCHELL S, PÉREZ-RAMÍREZ J. Single atom catalysis: a decade of stunning progress and the promise for a bright future ［J］. Nature communications, 2020, 11: 1 – 3.

［170］ DATYE A K, GUO H. Single atom catalysis poised to transition from an academic curiosity to an industrially relevant technology ［J］. Nature communications, 2021, 12: 1 – 3.

［171］ HE X H, HE Q, DENG Y C, et al. A versatile route to fabricate single atom catalysts with high chemoselectivity and regioselectivity in hydrogenation ［J］. Nature communications, 2019, 10: 1 – 9.

［172］ CUI Y, REN C J, WU M L, et al. Structure-stability relation of single-atom catalysts under operating conditions of CO$_2$ reduction ［J］. Journal of the American chemical society, 2024, 146: 29169 – 29176.

［173］ZHOU H, ZHAO Y F, GAN J, et al. Cation-exchange induced precise regulation of single copper site triggers room-temperature oxidation of benzene ［J］. Journal of the American chemical society, 2020, 142: 12643 - 12650.

［174］TANG C, CHEN L, LI H J. Tailoring acidic oxygen reduction selectivity on single-atom catalysts via modification of first and second coordination spheres ［J］. Journal of the American chemical society, 2021, 143: 7819 - 7827.

［175］JIA C, SUN Q, LIU R R, et al. Challenges and opportunities for single-atom electrocatalysts: from lab-scale research to potential industry-level applications ［J］. Advanced materials, 2024, 36: 1 - 26.

［176］DENG D H, YU L, CHEN X Q, et al. Iron encapsulated within pod-like carbon nanotubes for oxygen reduction reaction ［J］. Angewandte chemie-international edition, 2013, 52: 371 - 375.

［177］LIU P X, ZHAO Y, QIN R X, et al. Photochemical route for synthesizing atomically dispersed palladium catalysts ［J］. Science, 2016, 352: 797 - 801.

［178］WANG Y, REN P J, HU J T, et al. Electron penetration triggering interface activity of Pt-graphene for CO oxidation at room temperature ［J］. Nature communications, 2021, 12: 1 - 7.

［179］HAN G F, LI F, RYKOV A I, et al. Abrading bulk metal into single atoms ［J］. Nature nanotechnology, 2022, 17: 403 - 407 .

［180］LI Y. ZUO S W, LI Q H, et al. Hierarchical C-MoCS$_x$ @ MoS$_2$ nanoreactor as a chainmail catalyst for seawater splitting ［J］. Applied catalysis b: environmental, 2022, 318: 1 - 8.

［181］FU J H, DONG J H, SI R, et al. Synergistic effects for enhanced catalysis in a dual single-atom catalyst ［J］. ACS catalysis, 2021, 11: 1952 - 1961.

［182］ZHANG Y X, ZHANG S B, HUANG H L, et al. General synthesis of a diatomic catalyst library via a macrocyclic precursor-mediated approach ［J］. Journal of the American chemical society, 2023, 145: 4819 - 4827.

［183］PU T C, DING J Q, ZHANG F X, et al. Dual atom catalysts for energy and environmental applications ［J］. Angewandte chemie-internaitonal edition, 2023, 62: 1 - 20.

［184］ LI R Z, ZHANG Z D, LIANG X, et al. Polystyrene waste thermochemical hydrogenation to ethylbenzene by a N-bridged Co, Ni dual-atom catalyst ［J］. Journal of the American chemical society, 2023, 145: 16218 – 16227.

［185］ HU Y F, LI Z S, LI B L, et al. Recent progress of diatomic catalysts: general design fundamentals and diversified catalytic applications ［J］. Small, 2022, 18: 1 – 63.

［186］ CUI Y, REN C J, LI Q, et al. Hybridization state transition under working conditions: activity origin of single-atom catalysts ［J］. Journal of the American chemical society, 2024, 146: 15640 – 15647.

［187］ HAN L L, CHENG H, LIU W, et al. A single-atom library for guided monometallic and concentration-complex multimetallic designs ［J］. Nature materials, 2022, 21: 681 – 688.

［188］ LU Y B, LIN F, ZHANG Z H, et al. Enhancing activity and stability of Pd-on-TiO$_2$ single-atom catalyst for low-temperature CO oxidation through in situ local environment tailoring ［J］. Journal of the American chemical society, 2024, 146: 28141 – 28152.

［189］ RAO P, HAN X Q, SUN H C, et al. Precise synthesis of dual-single-atom electrocatalysts through pre-coordination-directed in situ confinement for CO$_2$ reduction ［J］. Angewandte chemie-international edition, 2024, 64: 1 – 8.

［190］ SONG W Q, XIAO C X, DING J, et al. Review of carbon support coordination environments for single metal atom electrocatalysts (SACS) ［J］. Advanced materials, 2024, 36: 1 – 54.

［191］ CAI D X, ZHANG J, KONG Z, et al. Synergistic effect of single-atom catalysts and vacancies of support for versatile catalytic applications ［J］. Chemcatchem, 2024, 16: 1 – 21.

［192］ LI T B, CHEN F, LANG R, et al. Styrene hydroformylation with in situ hydrogen: regioselectivity control by coupling with the low-temperature water-gas shift reaction ［J］. Angewandte chemie-international edition, 2020, 59: 7430 – 7434.

［193］ XIA C, QIU Y R, XIA Y, et al. General synthesis of single-atom catalysts with high metal loading using graphene quantum dots ［J］. Nature chemistry, 2021, 13: 887 – 894.

［194］ HU Y F, LI H X, LI Z S, et al. Progress in batch preparation of single-atom catalysts and application in sustainable synthesis of fine chemicals ［J］. Green chemistry, 2021, 23: 8754 – 8794.

［195］ ZENG L, CHENG K, SUN F F, et al. Stable anchoring of single rhodium atoms by indium in zeolite alkane dehydrogenation catalysts ［J］. Science, 2024, 383: 998 – 1004.